1. Téléchargement et installation

Qgis est un logiciel libre, il est gratuit et peut être utilisé pour n'importe quel usage, la liberté d'adapter le logiciel. Il s'adapte à n'importe quel système : Windows, Lunix, Mac et Androide.

Pour le télécharger

- Allez sur votre navigateur google

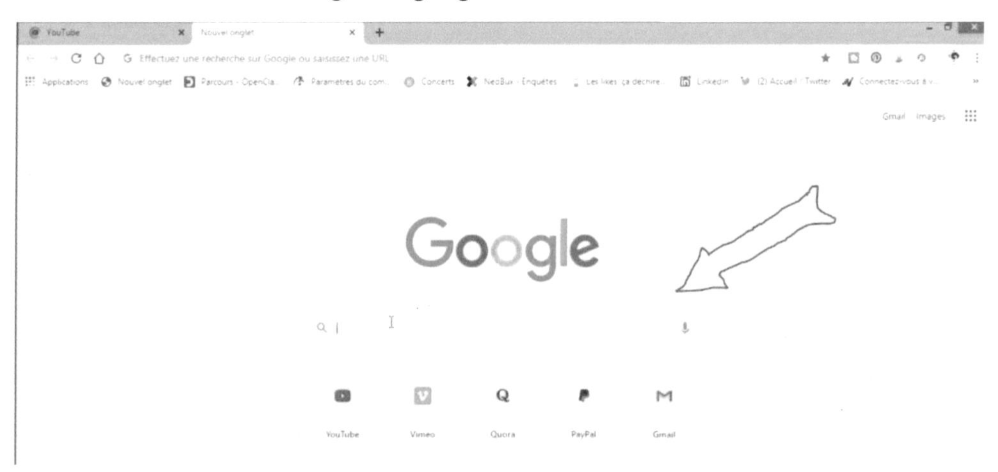

- Tapez : « Qgis téléchargé gratuitement » puis appuyer sur la touche entrer de votre clavier.

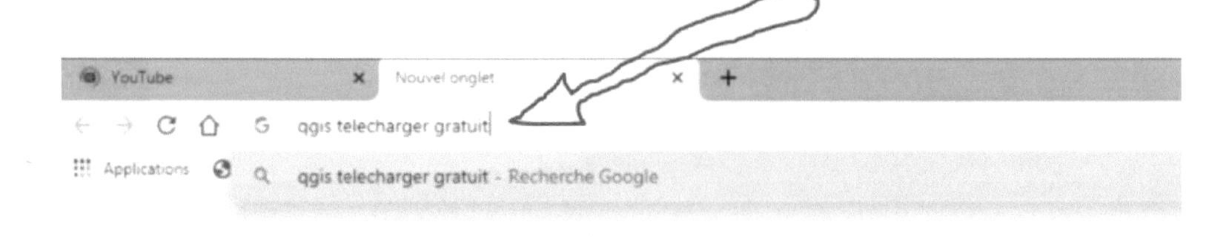

- Google va vous proposer plusieurs pages de téléchargement, cliquez la page **Télécharger QGIS**.

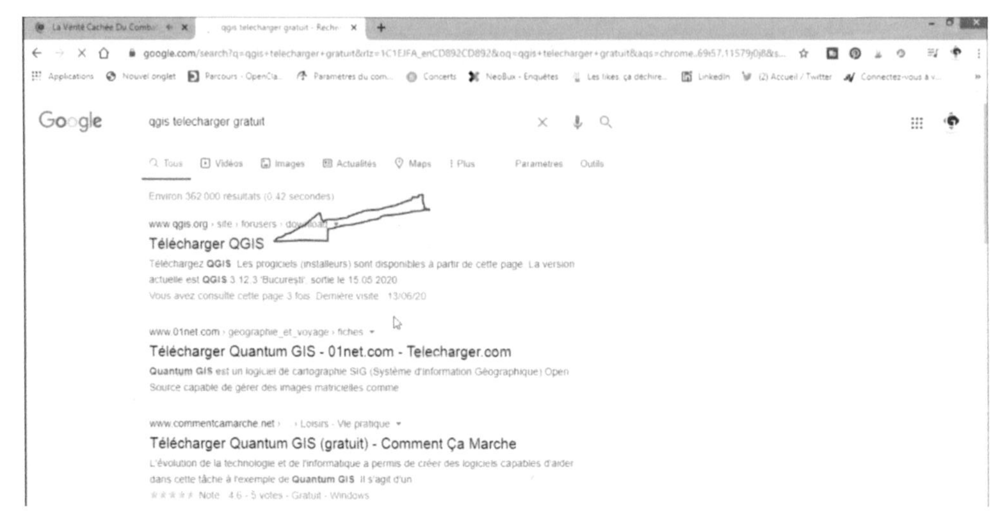

- Vous serez dirigé vers la page de téléchargement de Qgis

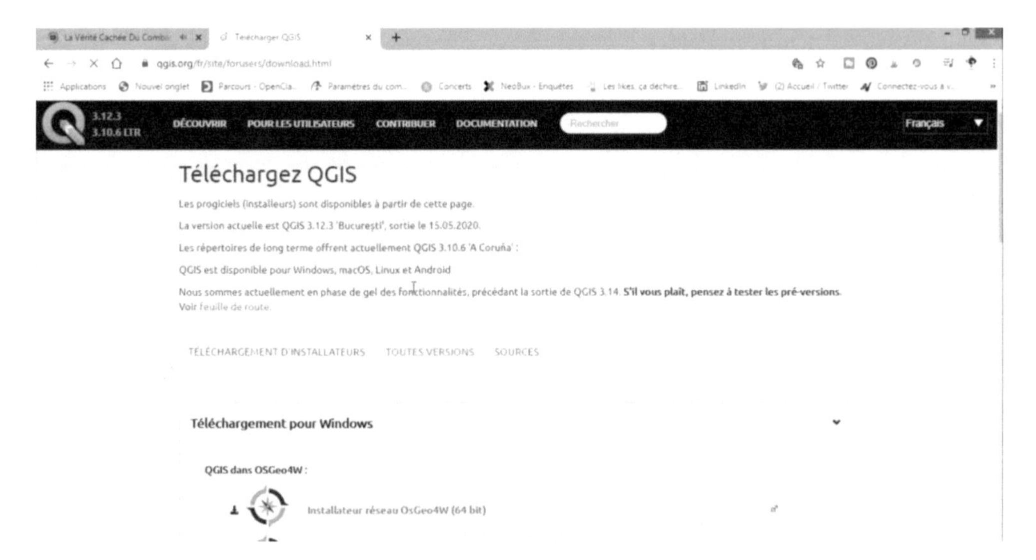

Vous y trouverez 2 versions de Qgis, la version 3.12 plus adaptée pour les programmeurs et la Version 3.10 que nous vous recommandons de télécharger. Vous devriez choisir de télécharger l'installeur de 32 bits ou de 64 Bits selon que votre système d'exploitation est de 32 ou 64 bits.

- Cliquez sur l'installeur QGIS de la version 3.10

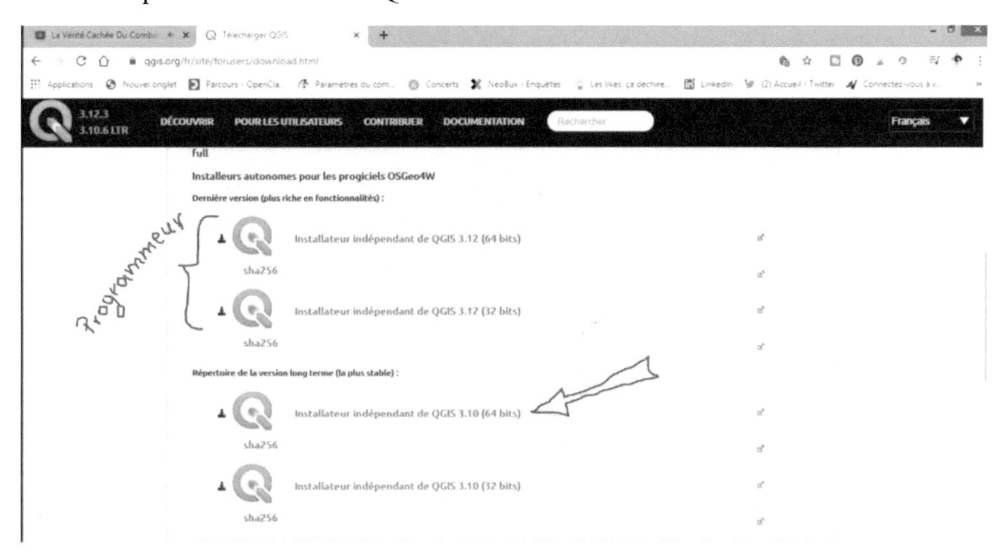

- Le téléchargement se lance vers le bas de la page et vous êtes ramené sur une page de Remerciement.

- Et votre installeur de Qgis va s'enregistrer par défaut dans le dossier Téléchargement dans votre ordinateur.

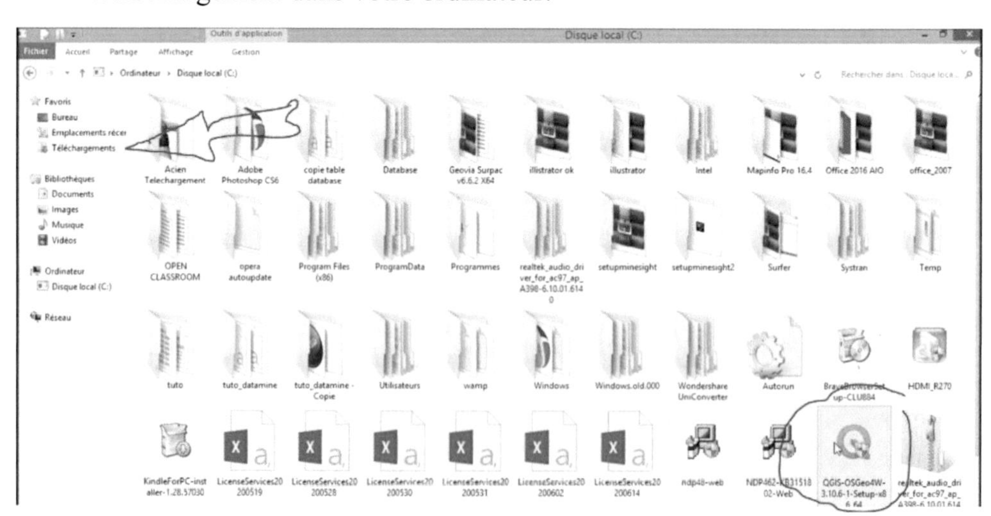

- Pour installer QGIS, faites un clic droit sur son installeur et sélectionnez **Ouvrir**.

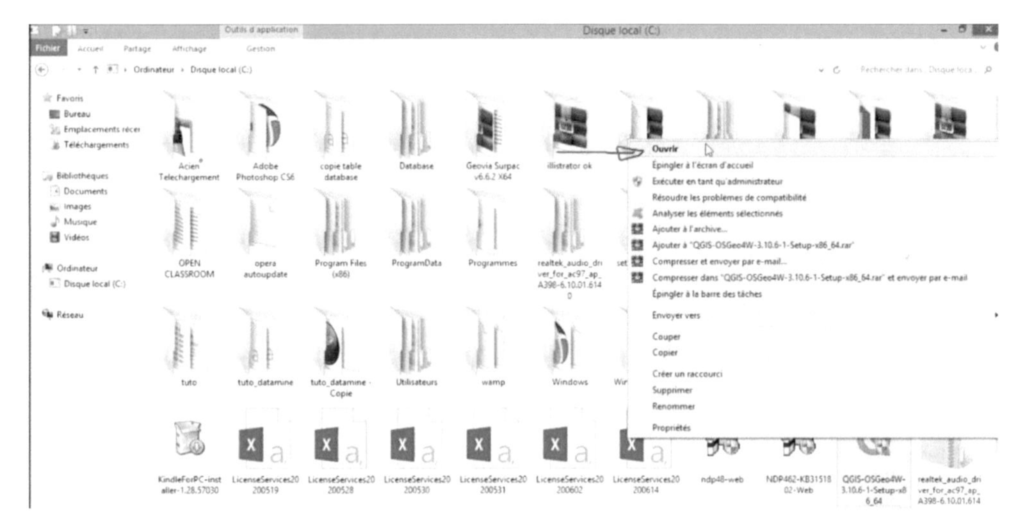

- L'installation se charge

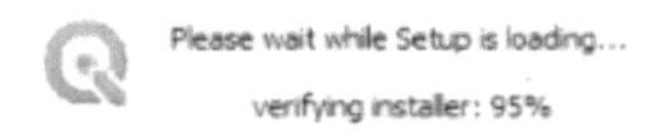

- Pour démarrer l'installation, cliquez sur **Suivant** dans la fenêtre Installation de QGIS.

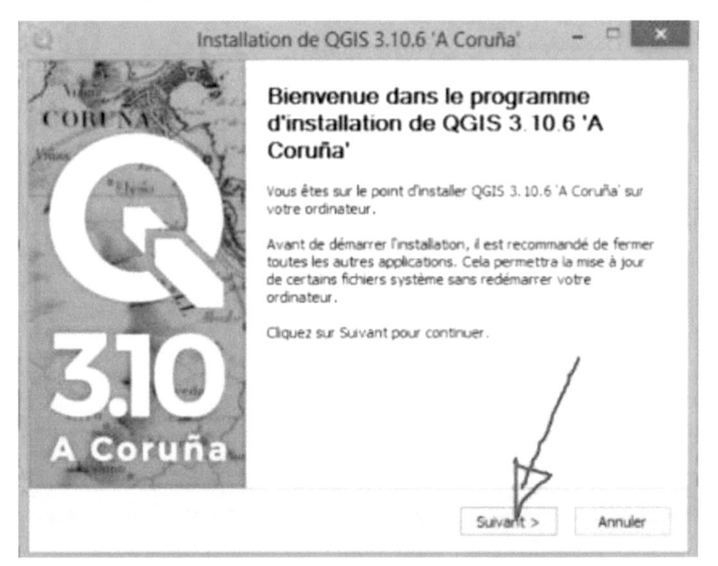

- Puis accepter la licence en cliquant sur le bouton **Accepter**.

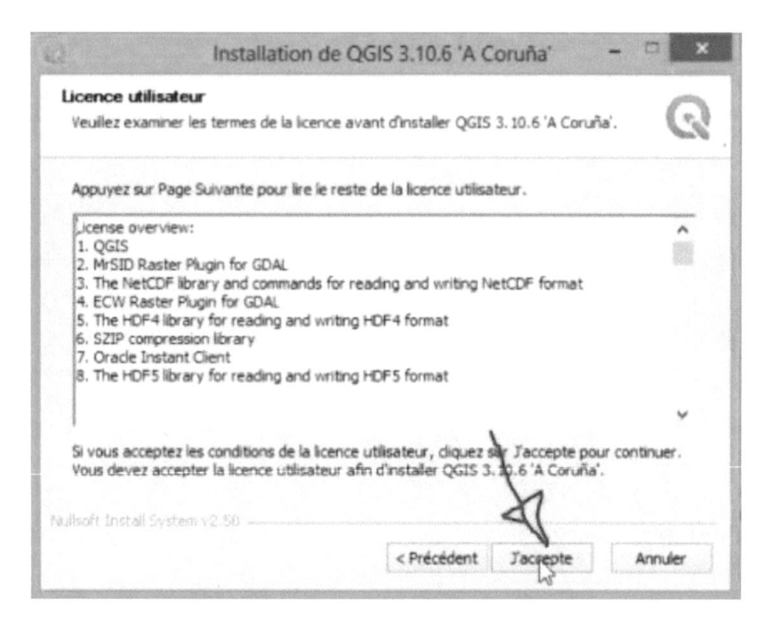

- Choisissez l'emplacement d'installation du logiciel, si vous n'en avez pas, cliquez sur **Suivant**.

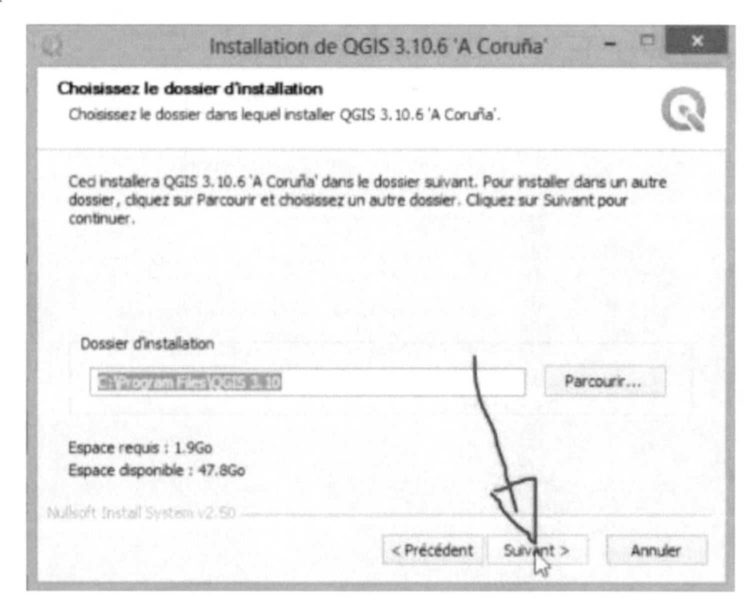

- Puis cliquez sur **installer**.

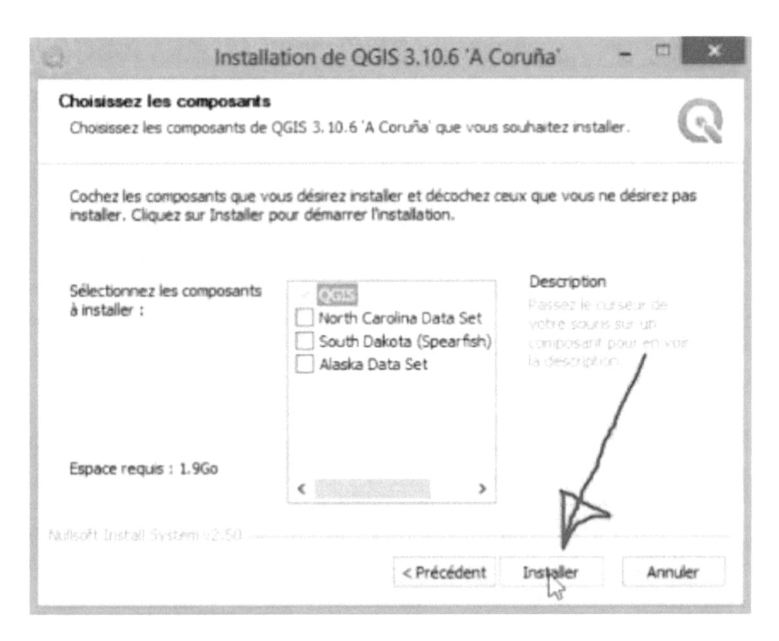

- L'installation de Qgis se lance et vous n'avez plus qu'à patienter jusqu'à ce que sa barre de progression atteigne 100 %.

- Dans la boite de dialogue **Information**, cliquez sur **Oui**.

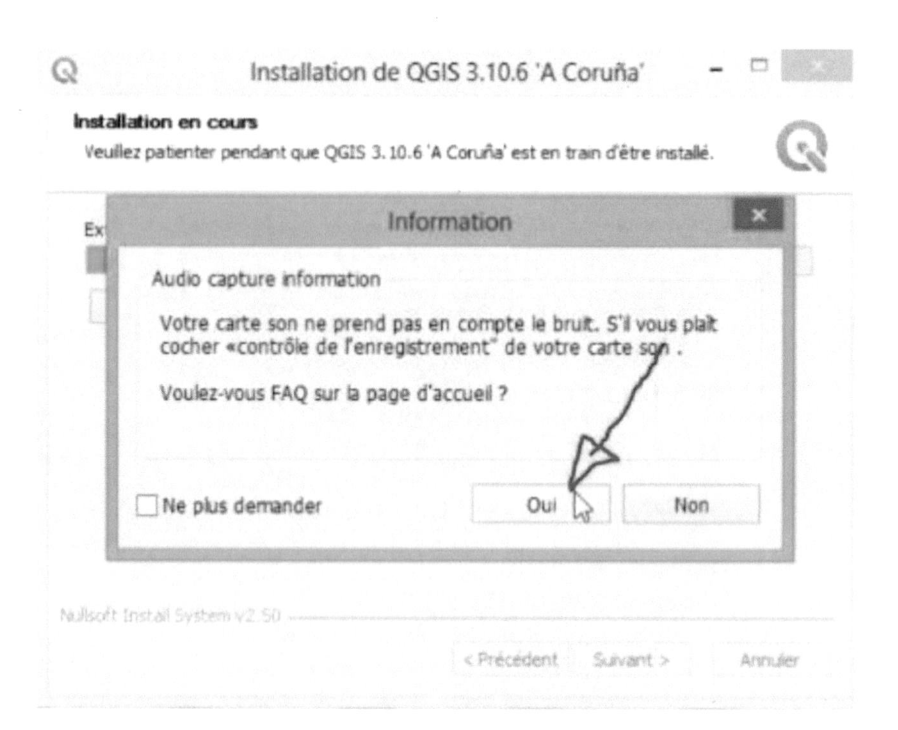

- La barre de progression atteint 100 % d'évolution.

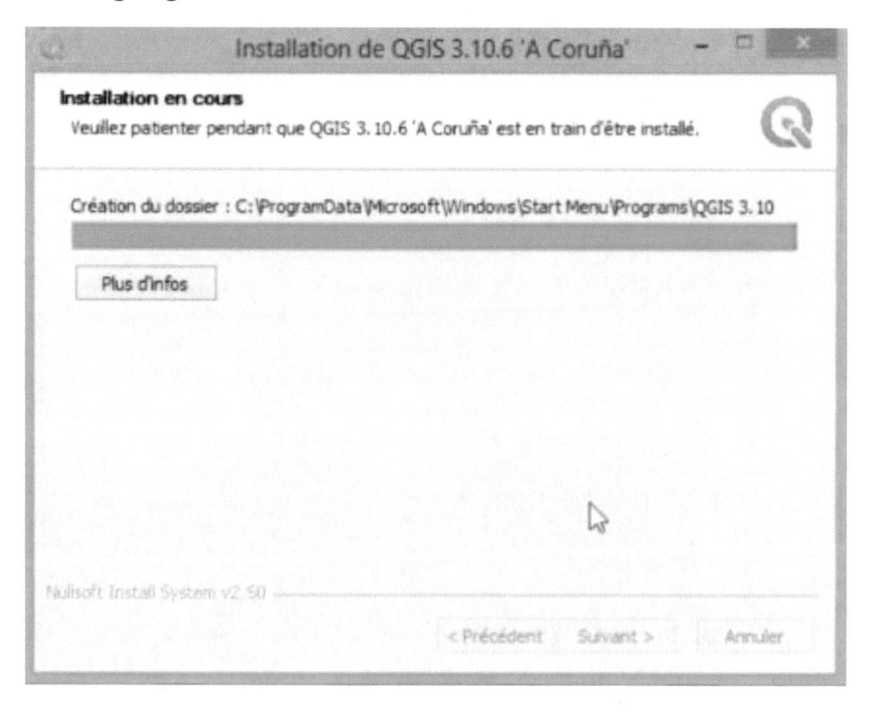

- Cliquez ensuite sur le bouton **Fermer**.

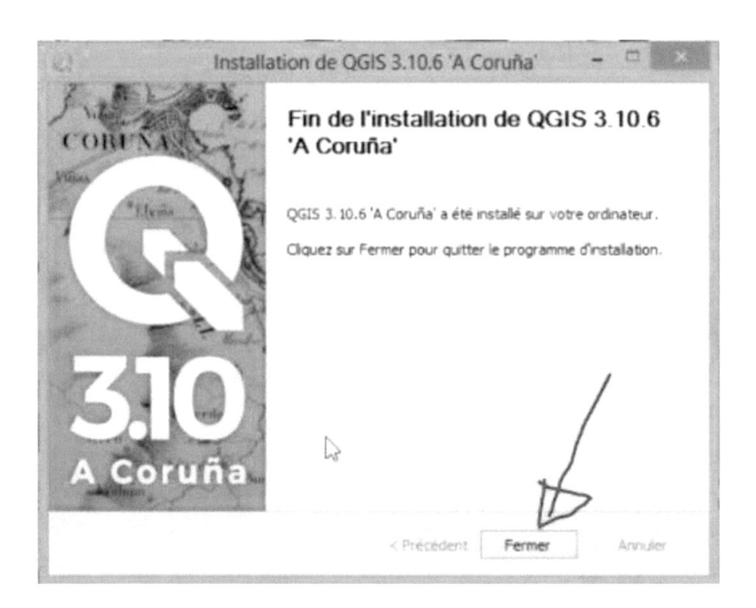

Qgis est désormais installé sur votre machine. Pour le voir,

- allez sur votre outil recherche

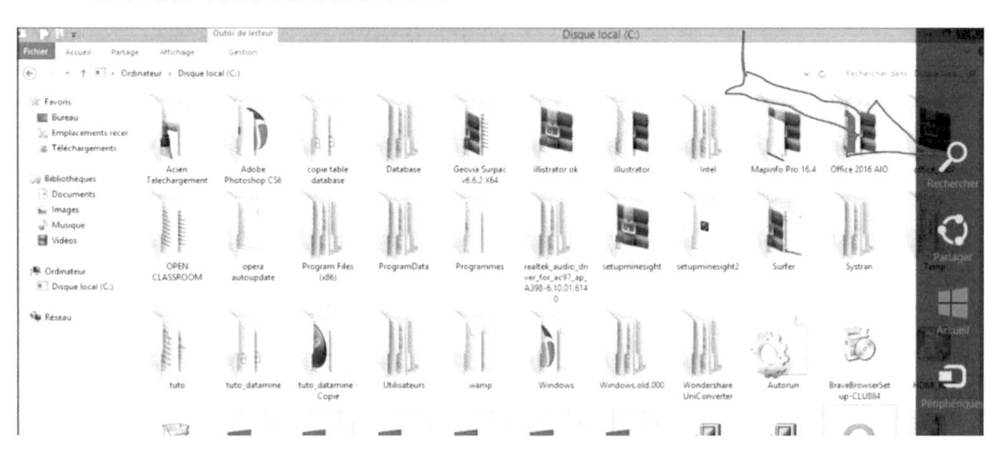

.

- Tapez QGIS, et vous verrez les différentes extensions installer.

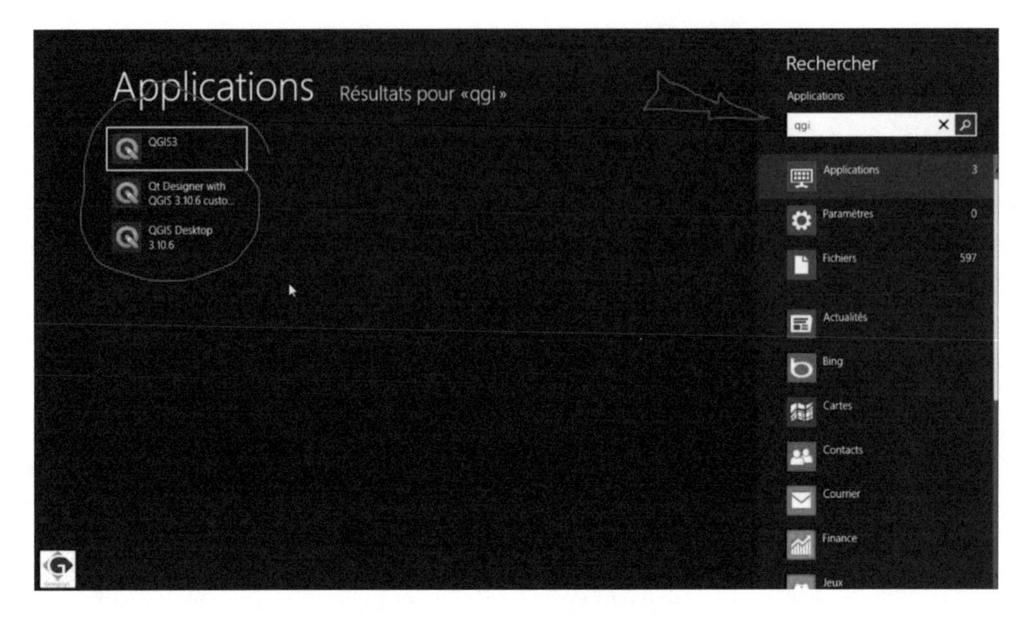

2. Interface graphique

L'interface graphique de Surfer est la fenêtre à laquelle nous faisons face lorsque nous ouvrons le logiciel Qgis, éventuellement en doublecliquant son icône sur bureau.

Elle comprend 3 grandes parties : les barres, les fenêtres et l'espace d'affichage.

2.1 Barres

Il existe 3 types de barres sur l'interface graphique de Qgis, la barre classique ou barre de titre, la barre de menu et la barre d'outils. Ces trois barres nous pouvons associer le pied de l'interface graphique.

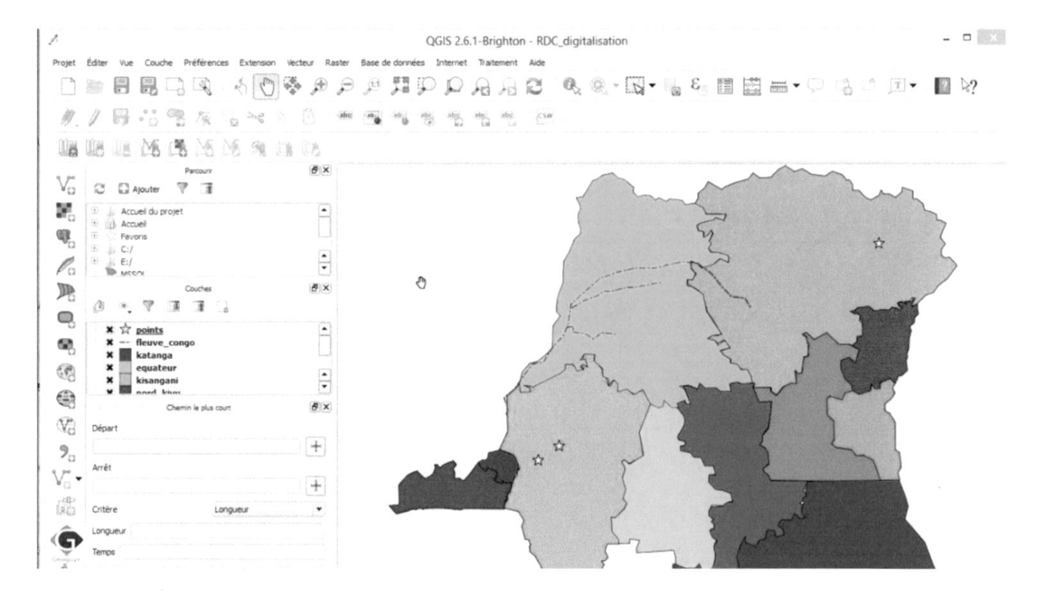

2.1.1 Barre classique ou barre de titre

Il s'agit de la toute première barre de l'interface graphique. Elle est grise et comporte à l'extrême gauche l'icône de logiciel et à l'extrême droite le bouton cacher-réduire-fermé. Au milieu de ce dernier se trouve le nom du logiciel ainsi que le titre du document sur lequel vous travaillez.

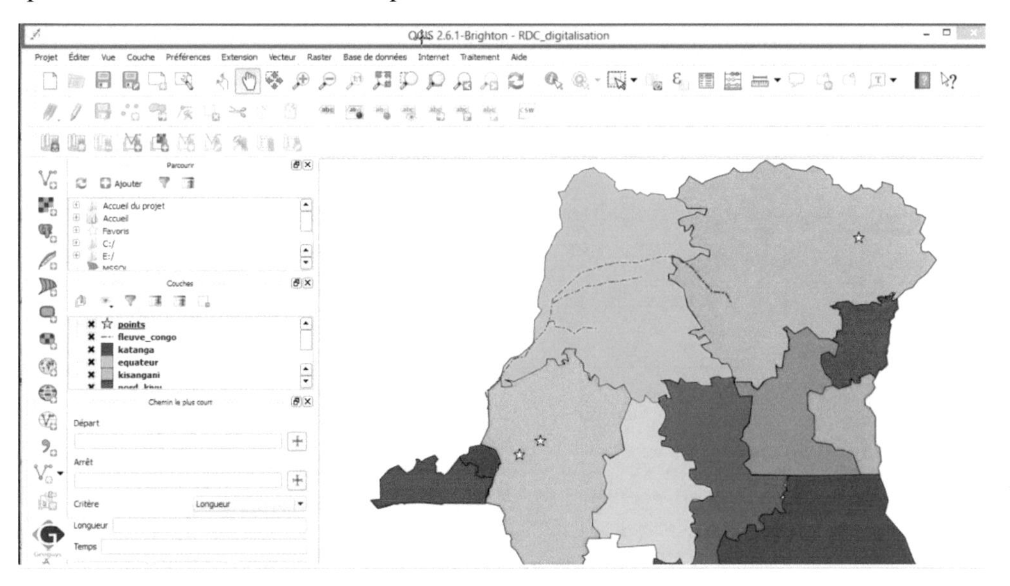

2.1.2 Barre de menus

C'est la deuxième barre de l'interface graphique, elle vient tout juste après la barre classique. Elle est tout aussi grise. Comme son nom l'indique, cette barre est constituée de menus. Il s’agit de 12 menus à savoir : Projet, éditer, vue, Préférences, Extensions, Vecteur, Raster, Base de données, Internet. Traitement et Aide.

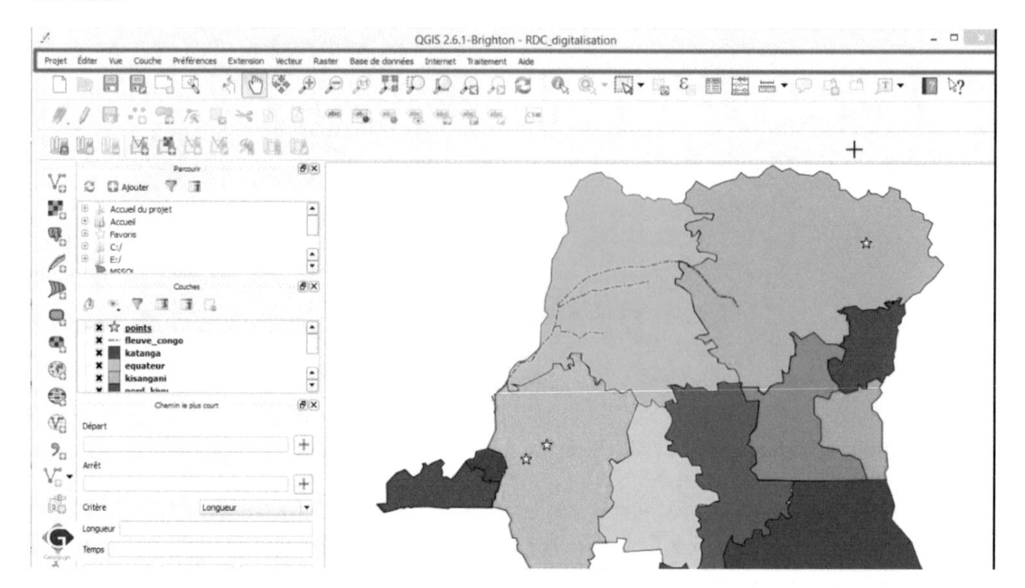

Chacun de ces menus possède des options que vous pouvez visualiser juste en cliquez dessus. Par exemple le Menu Projet comprend les options suivantes : nouveau, ouvrir, Nouveau depuis un modèle, sauvegarder, etc.

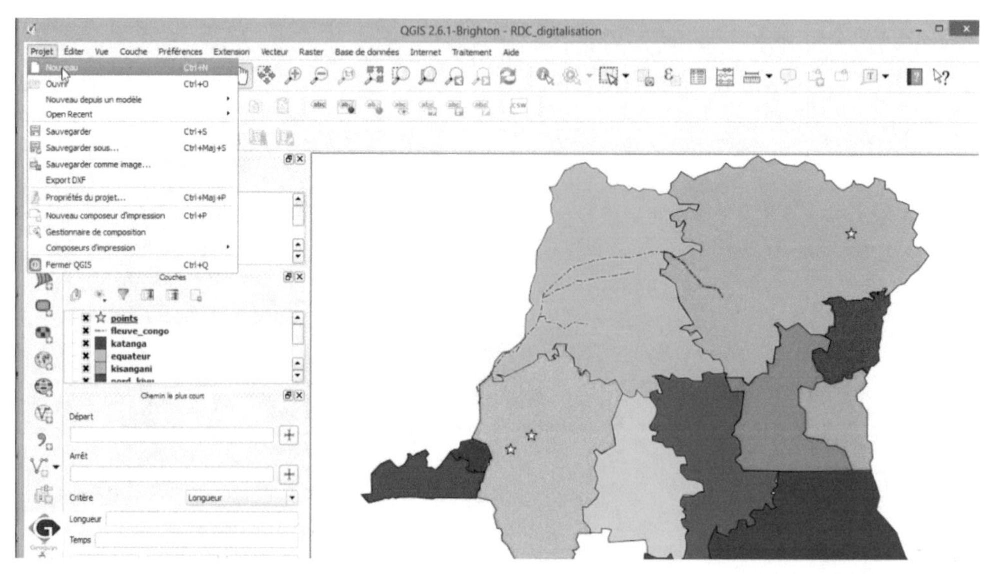

Le Menu vu comprend les options suivantes : Zoom+, Zoom — , Selection, etc.

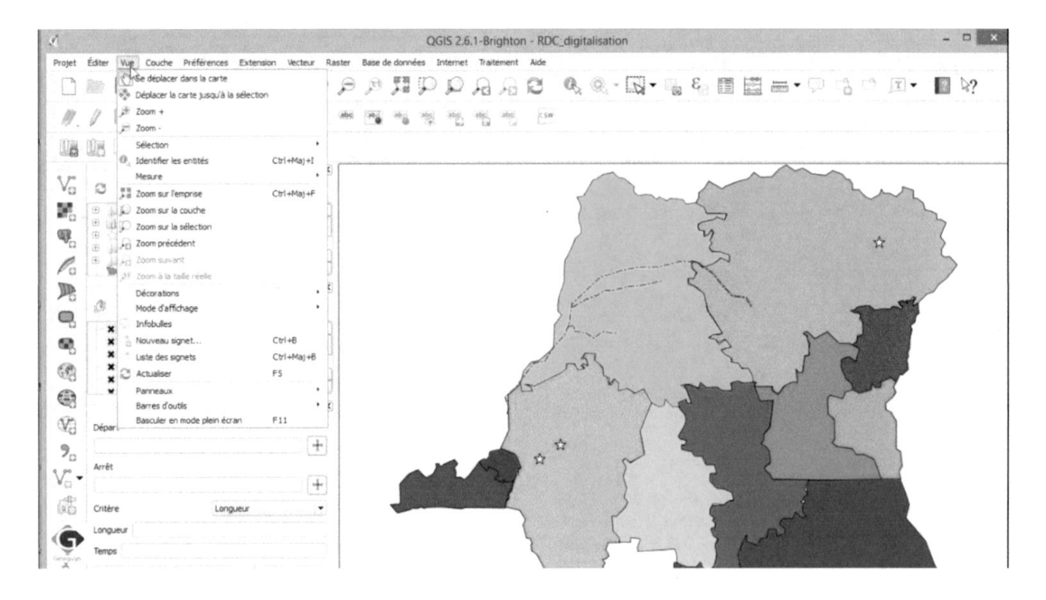

2.1.3 Barre de menus

Comme son nom l'indique, elle est constituée d'outils. Ces outils peuvent être disposés de façon horizontale (barre d'outils horizontale) ou verticaux (Barre d'outils flottante) et sont rangés en groupe.

Barre d'outils flottante

Elle vient juste après la barre de menus. Elle est tout aussi grise et comprend plusieurs groupes d'outils.

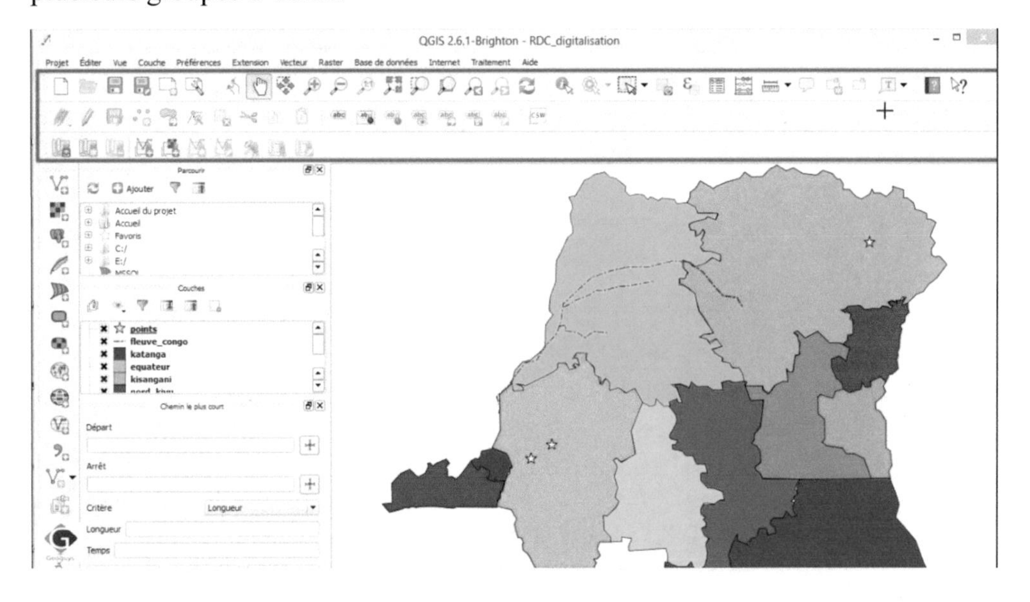

Chaque groupe comporte trois pointus verticaux à l'extrême gauche. Et chaque groupe de la barre d'outils se rapporte à un menu donné.

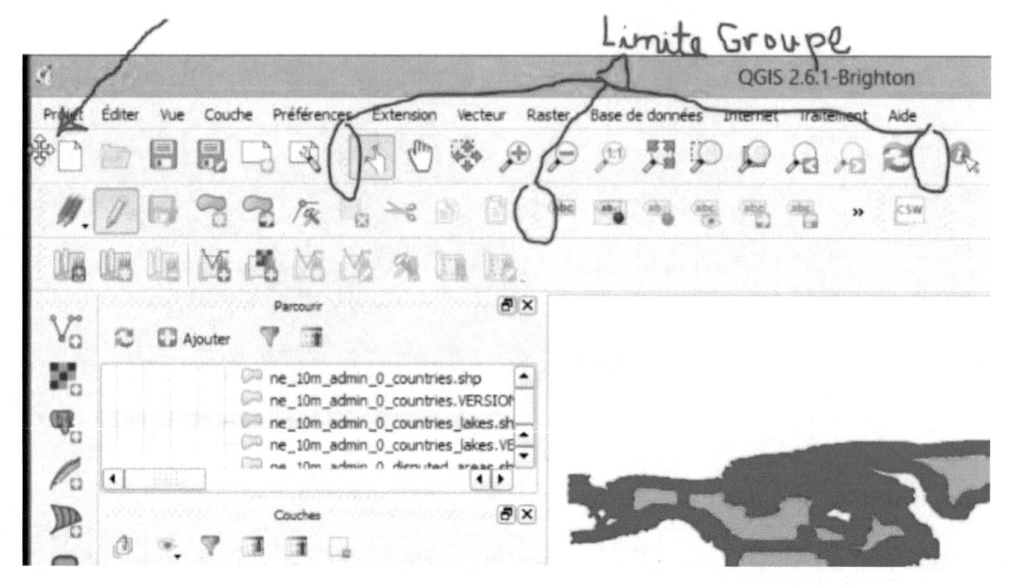

Par défaut, certains outils sont inactifs. Il faut réaliser une tâche quelconque pour qu'ils s'activent. C'est le cas de l'outil **édité** matérialisé sur la barre d'outils par un petit stylo. Pour l'activer, il suffit d'afficher une carte par exemple.

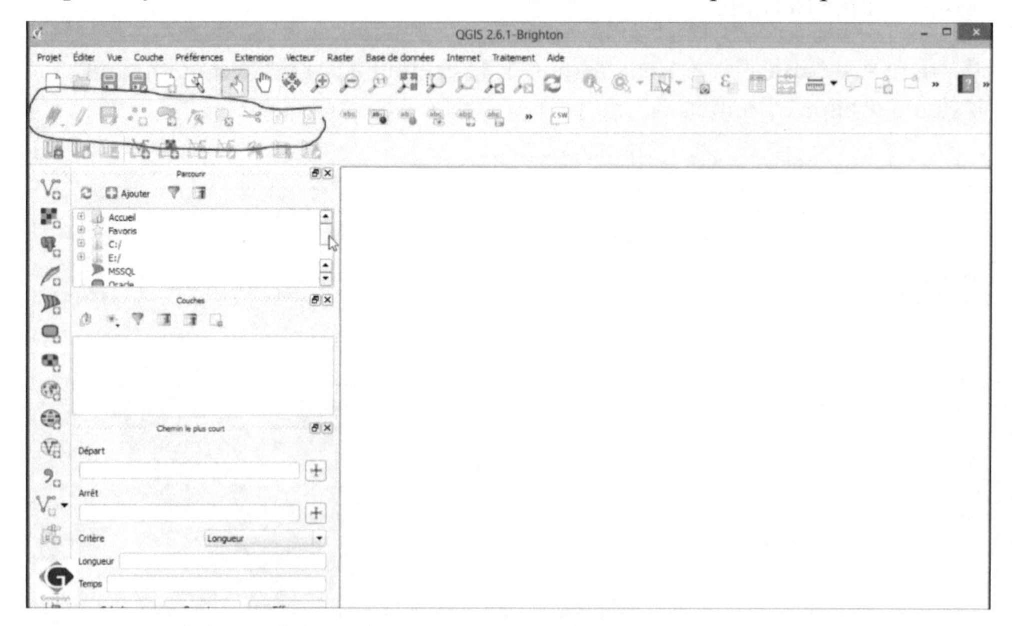

Après l'affichage de la carte, l'outil **Editer** est actif.

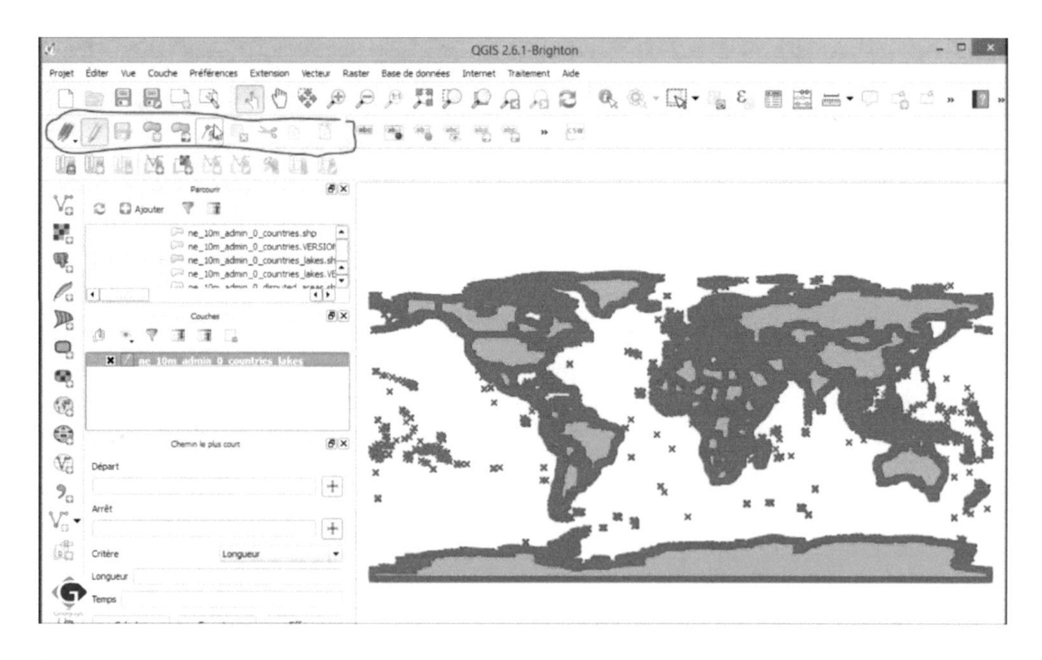

Barre d'outils flottante

Ces outils sont disposés par défaut de marinière verticale, mais il existe un moyen de déplacer l'ensemble de ces outils.

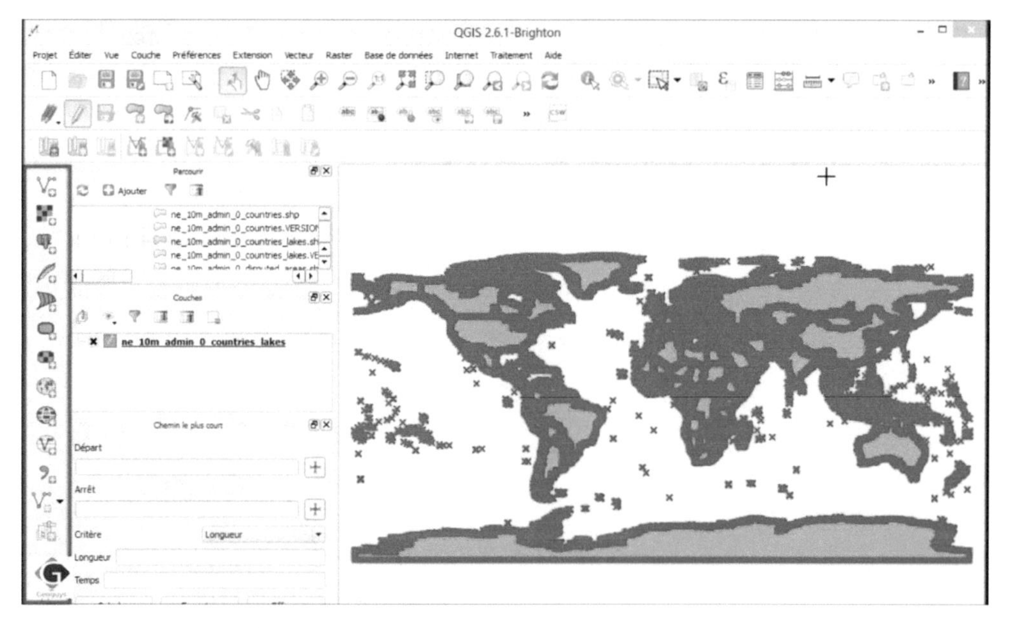

Il suffit de maintenir un clic gauche sur les pointues qui constituent son entête et de le faire basculer pour le placer à un endroit spécifique de l'interface graphique.

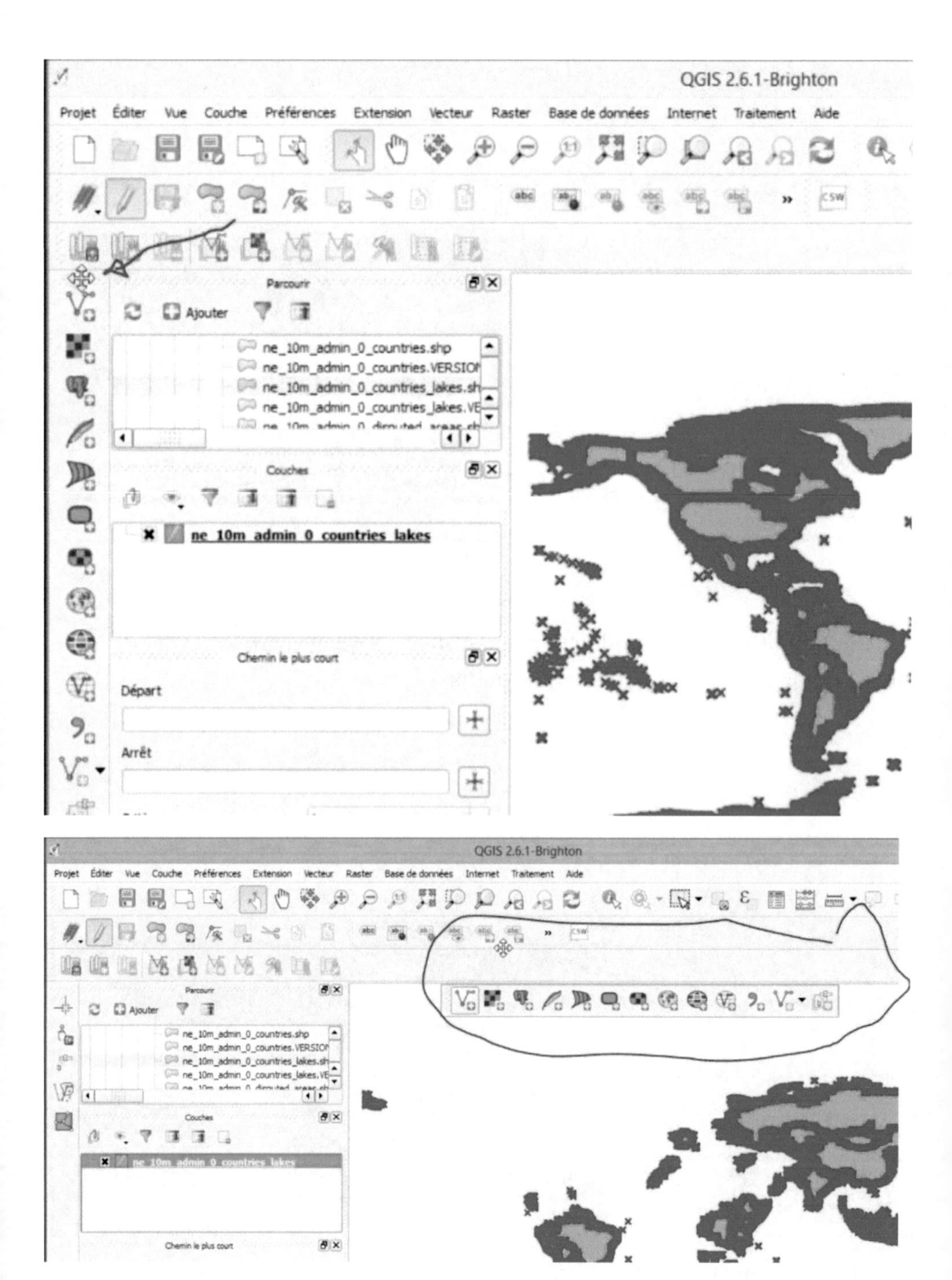

Voici le résultat

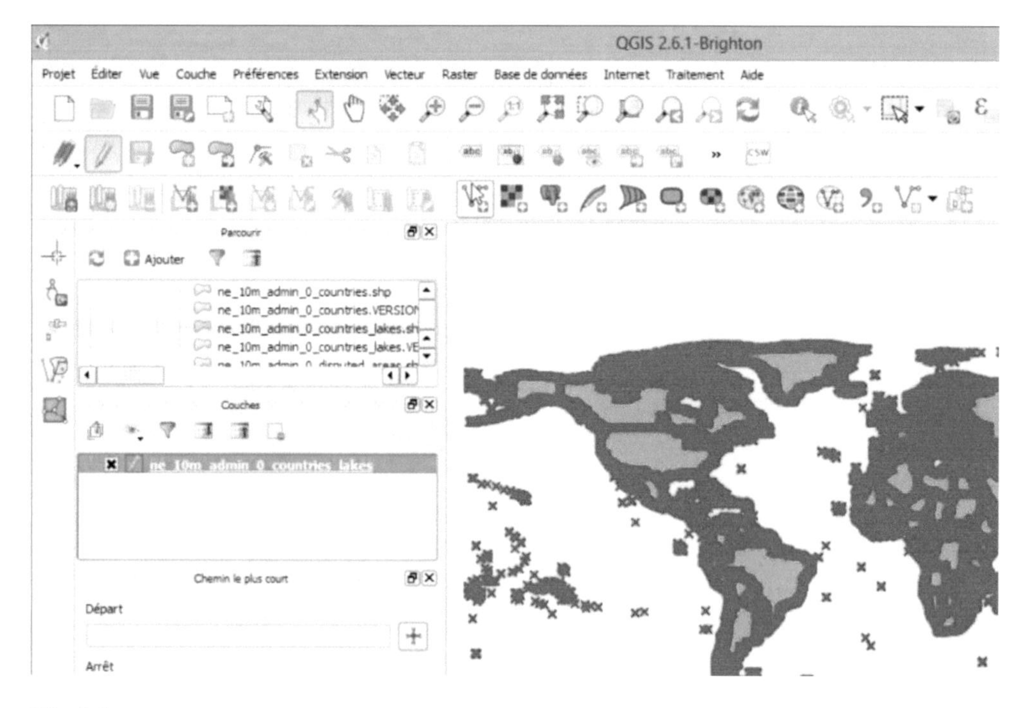

Pied de page

Le pied de page de l’interface graphique est une partie intégrante qui est très importante. Elle vous indique les différentes coordonnées géographiques du point sur lequel vous vous situez sur la carte et éventuellement le système de projection de la carte ainsi que son échelle.

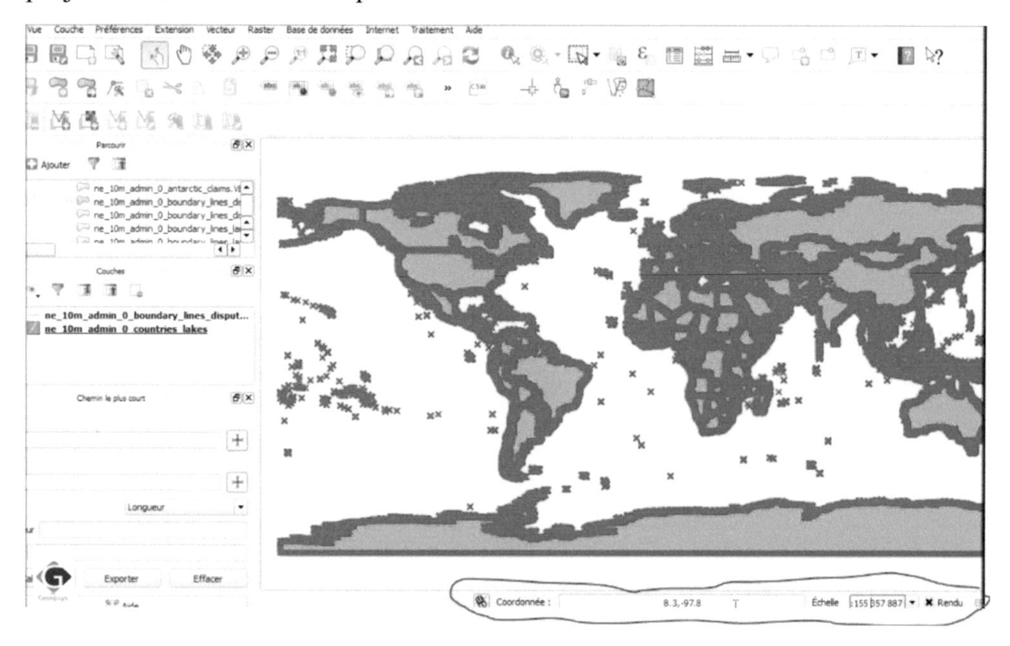

1.2 Fenêtres

Les fenêtres sont des munis interfacées qui vous permettent d'accomplir des tâches diverses. Par défaut l'interface graphique de QGIS 2.6 vous affiche 3 fenêtres : **parcourir**, **Couche** et **chemin** le plus court. La fenêtre parcourir vous permet de naviguer dans votre ordinateur pour rechercher une carte que vous pouvez afficher juste en la glissant dans l'espace d'affichage alors que la fenêtre couche vous permet de gérer les différentes couches (ou carte) affichées.

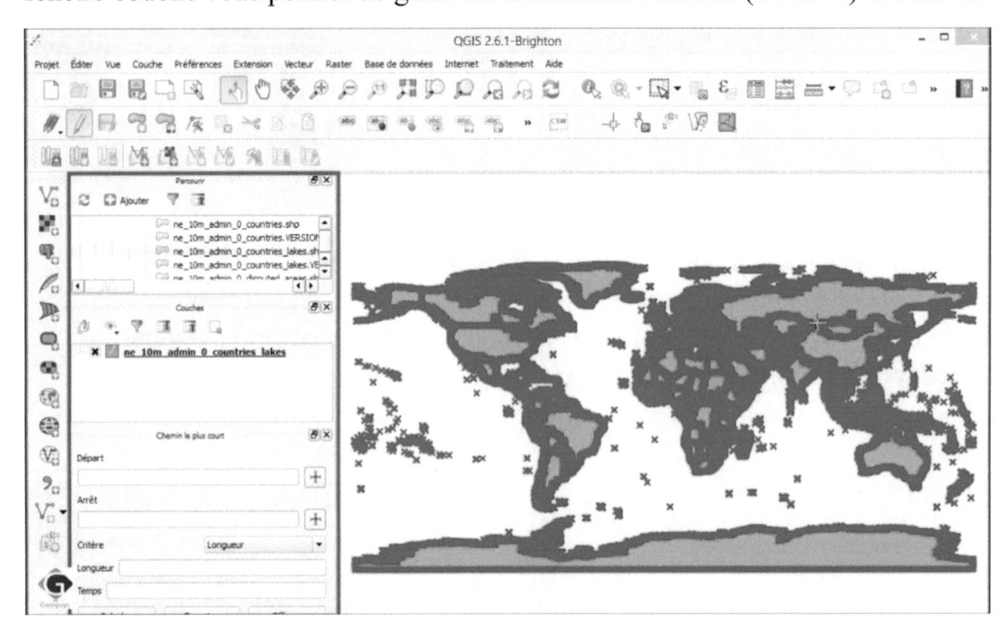

1.3 Espace d'affichage

C'est la plus grande partie de l'interface graphique. Elle est toute blanche et permet de visualiser les cartes dans Qgis.

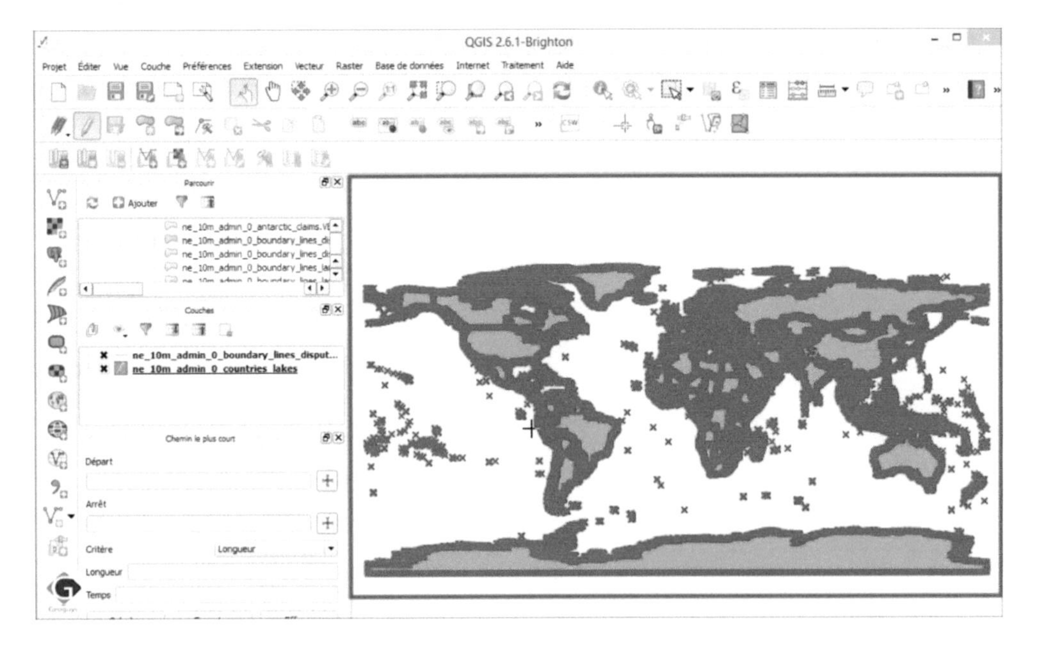

Par défaut, l'interface graphique de QGIS version 3,10 (que nous vous avons appris à télécharger) n'affiche pas certaines barres et parties de l'interface graphique. Ces éléments sont masqués. Pour l'afficher, voici la procédure à suivre :

- Faites un clic droit sur l'espace vide de la barre de **Menu,** la liste de panneau apparait, sélectionnez Gestion de couches.

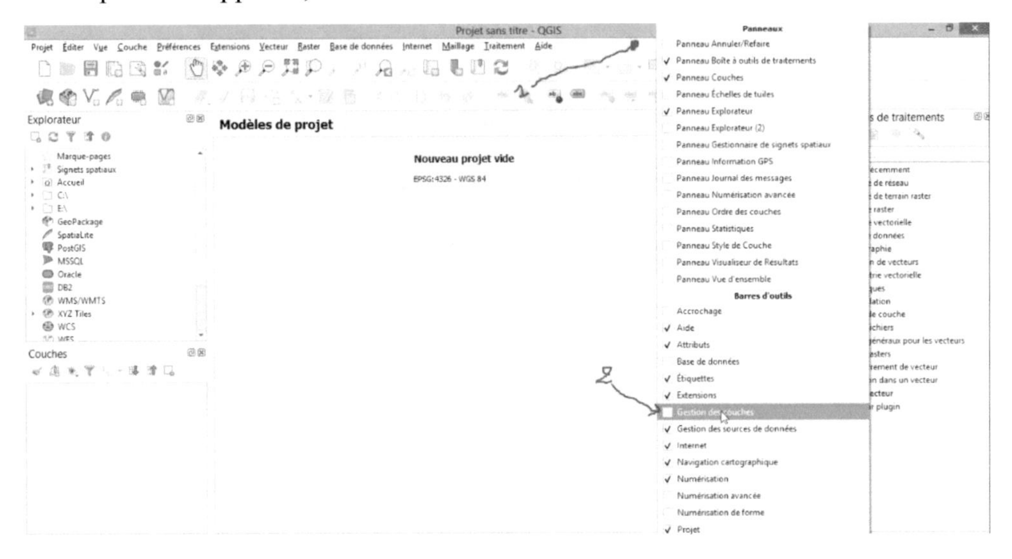

Voici le résultat :

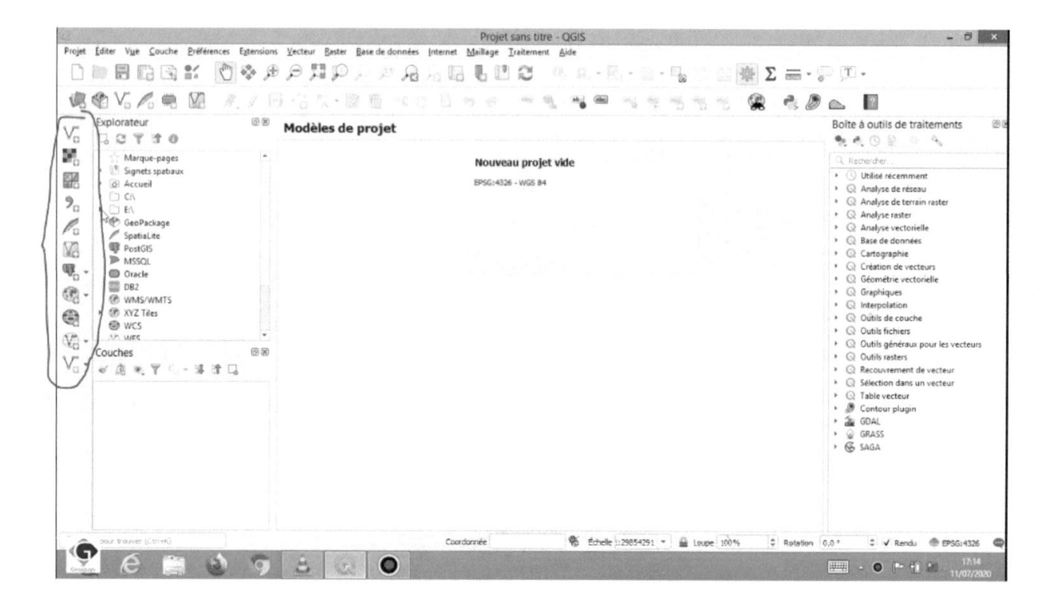

3. Géoréférencement d'une carte.

3.1 Introduction

Le géoréférencement est le processus par lequel une image quelle qu'elle soit (image satellitaire, image photographiée, image capturée sur un écran d'ordinateur ou de téléphone, image scannée…) est numérisée dans un logiciel SIG pour un traitement spécifique. Une image géoréférencee offre les coordonnées géographiques de chacun de son point.

Le plus gros avantage d'une image géo-référencée, c'est sa propriété à être digitalisée. Ainsi d'anciennes cartes géologiques faites à la main peuvent ainsi être refaites et mises en forme pour une bonne présentation.

3.2 Comment géoréférencer une carte avec Qgis ?

Pour géoréférencer une carte en Qgis, vous devez avoir au départ une carte pour laquelle vous connaissez les coordonnées géographiques (Logitude, latitude et altitude) de 4 de ses points. Peu importe que ce soit une carte capturée sur un écran d'ordinateur, une carte scannée ou image satellitaire. Une fois que vous connaissez 4 de ses points, vous pouvez la géoréférencer.

Voici les étapes à suivre pour géoréférencer une carte :

- Aller sur la barre de Menus et cliquer sur le Menu Georeferencer puis sélectionner Georeferencer.

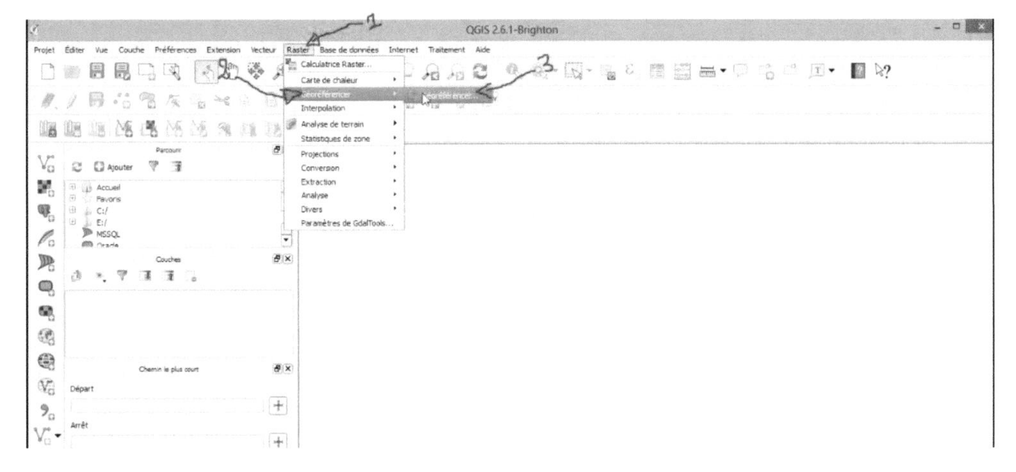

Dans la fenêtre Georeferencer qui apparait :

- Cliquez sur l'outil Ajouter une **couche Raster**.

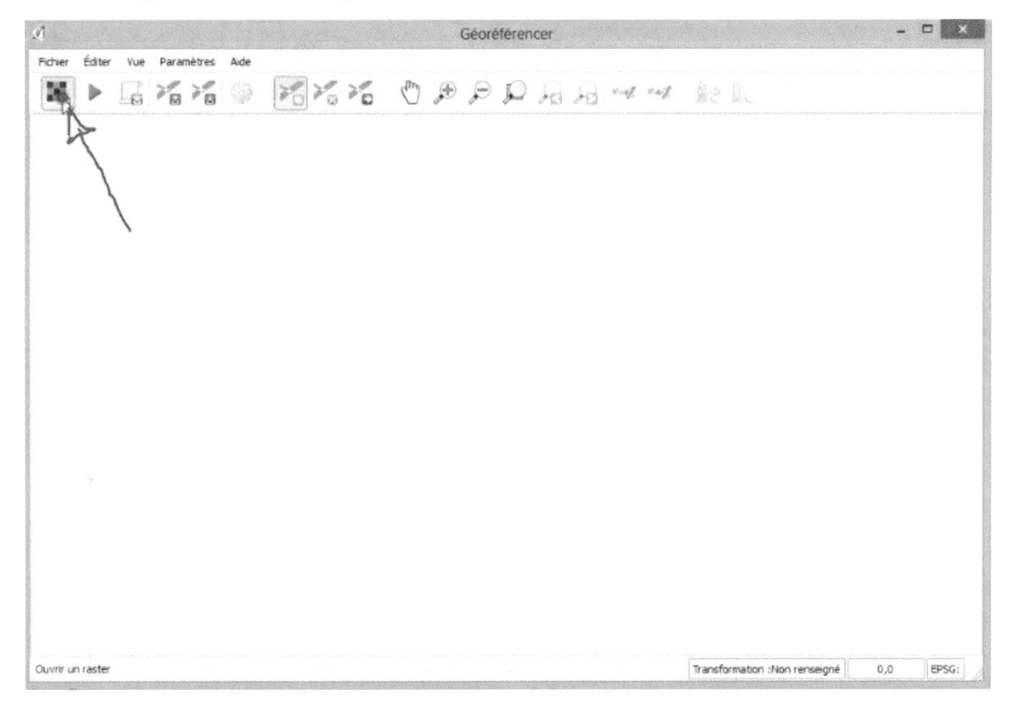

Vous serez dirigé dans votre ordinateur. Trouvez l'emplacement de votre carte.

- Sélectionnez la carte, cliquez sur Ouvrir

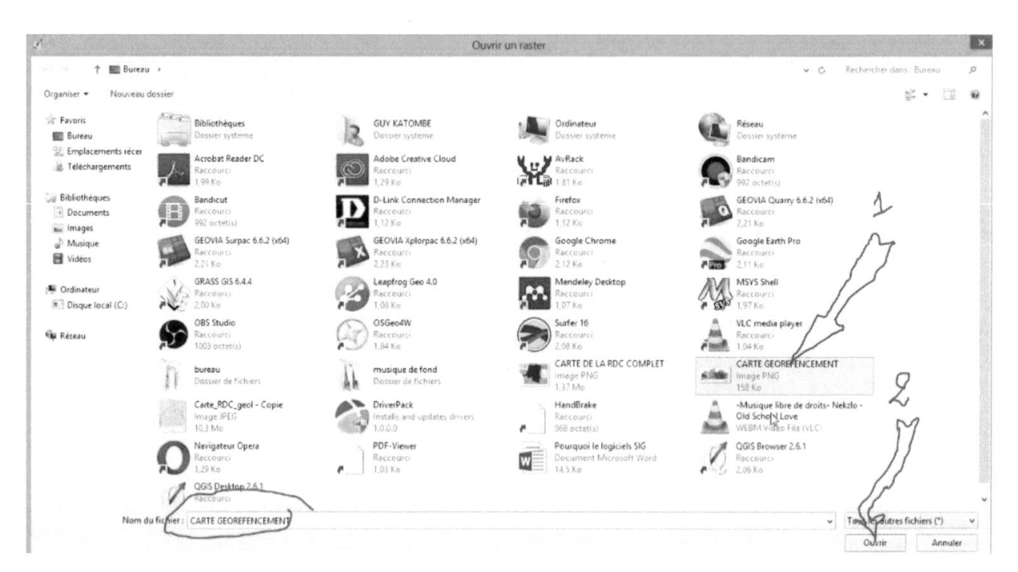

Vous êtes en suite appelée à choisir votre système de projection dans la fenêtre **Sélectionneur de Systèmes de projection**.

- Dans le champ Filtre, tapez un mot clef, un nom du pays de votre carte ou un système de projection spécifique. Dans le champ **liste de SCR mondiales**, sélectionner le système de projection correspond puis cliquez sur **OK**.

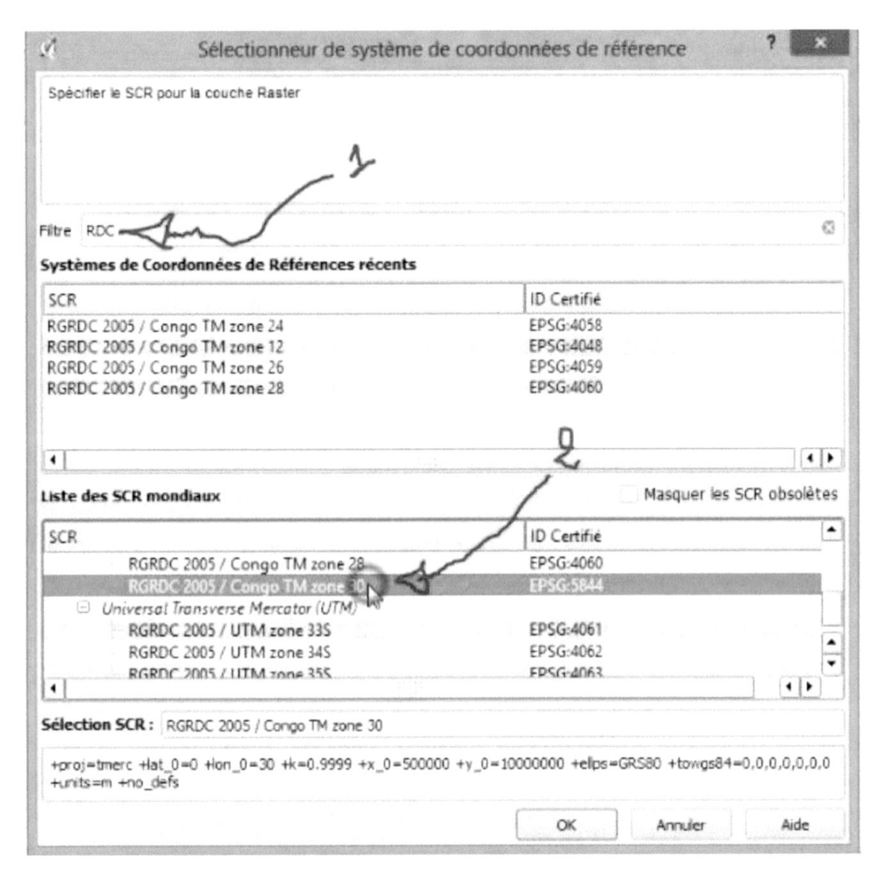

- Sélectionnez Zoom+ pour agrandir le premier prix devant faire l'objet du géoréférencement.

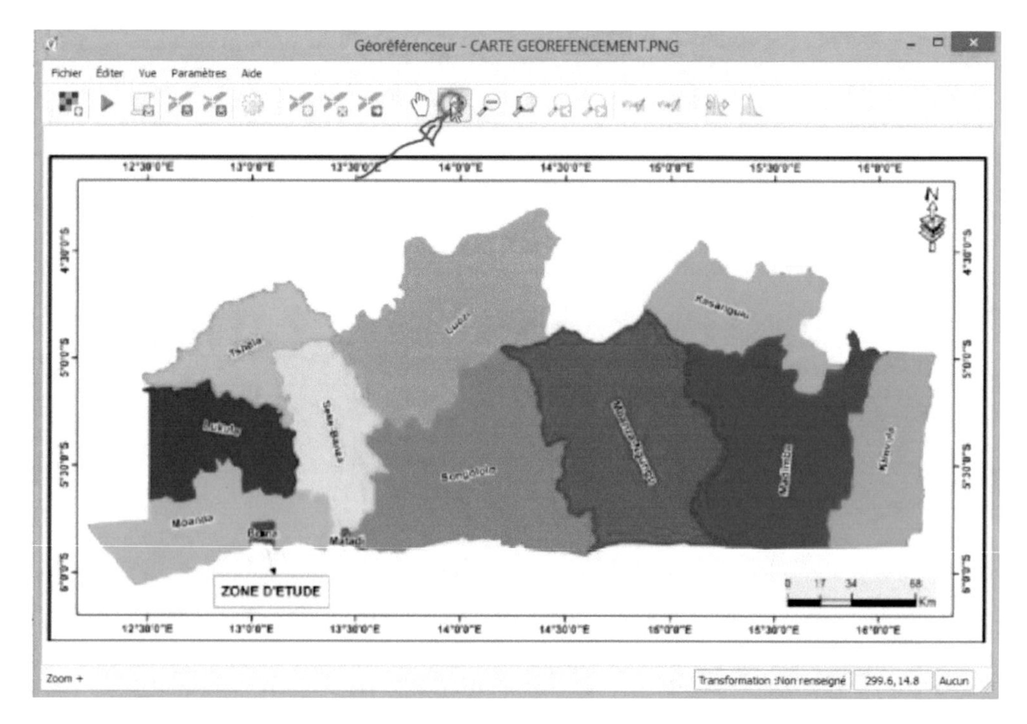

- En maintenant un clic gauche, faites un carré sur cet espace

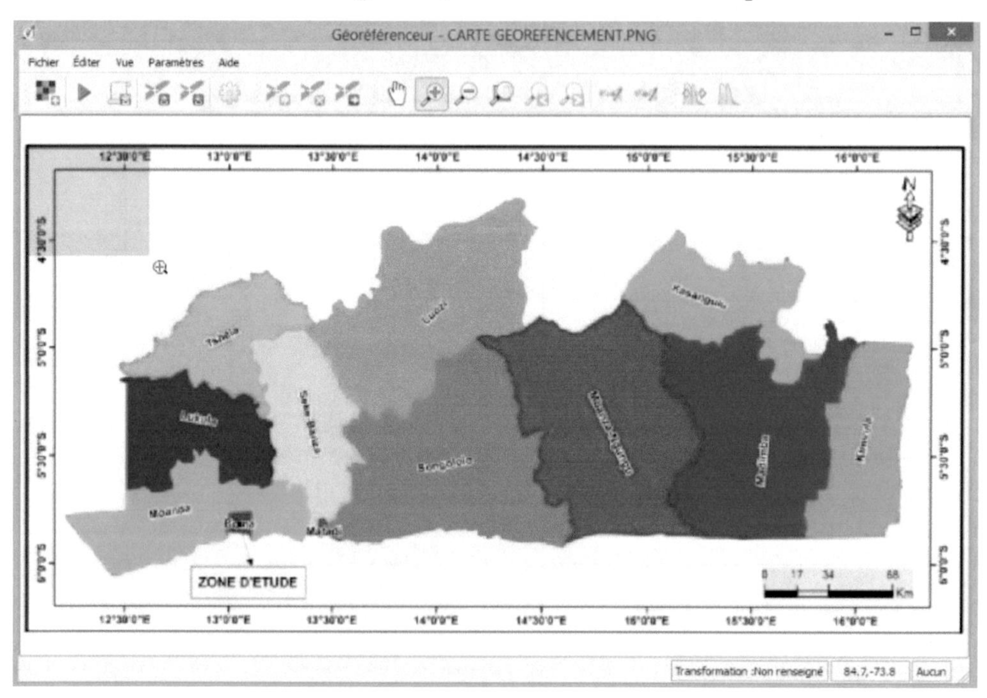

- Cliquez sur l'outil **Ajouter un point**.

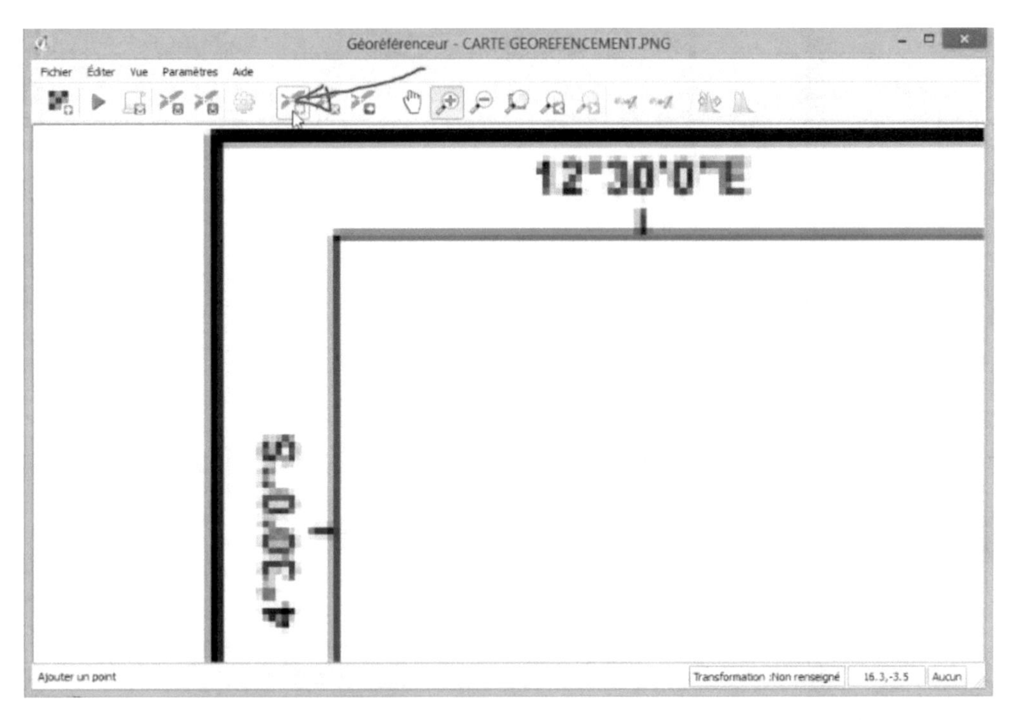

Dès que vous approchez la carte, votre pointeur de la souris prend la forme en croix.

- Allez sur votre point (situé à l'intersection de la parallèle et méridien) et cliquez dessus.

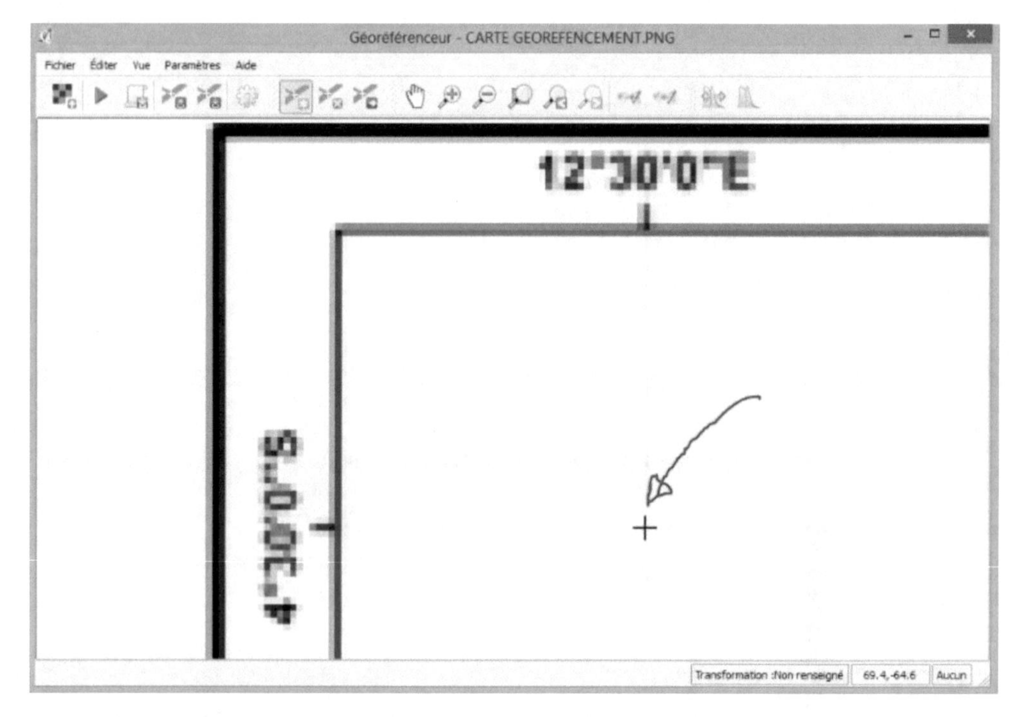

La fenêtre **saisir les coordonnées de la carte** apparait

- Renseignez les coordonnées du point (longitude X et latitude Y) puis cliquez sur **OK**.

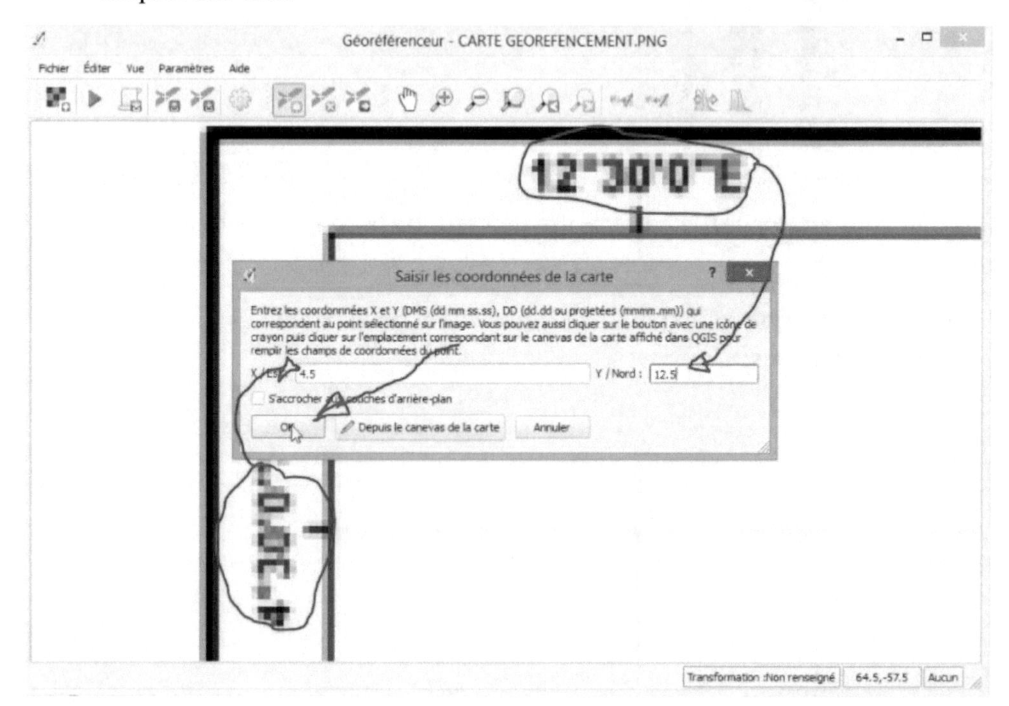

Il faut ensuite dézoomer la carte pour repérer le deuxième point à ajouter.

- Cliquez sur l'outil zoom —

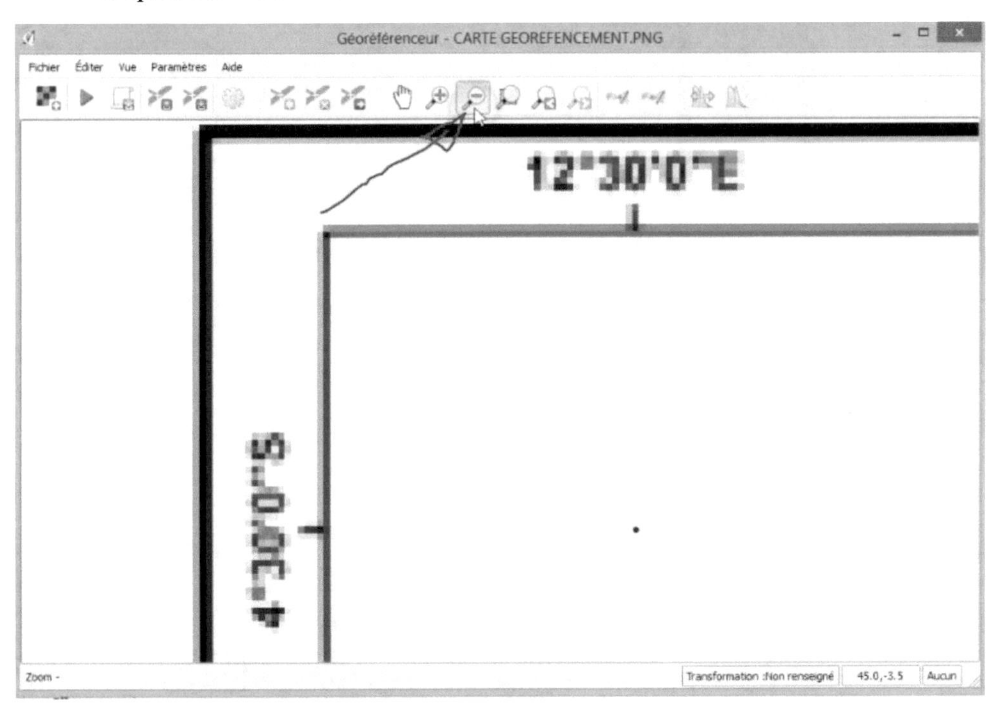

- Puis cliquez sur le coin inférieur droit

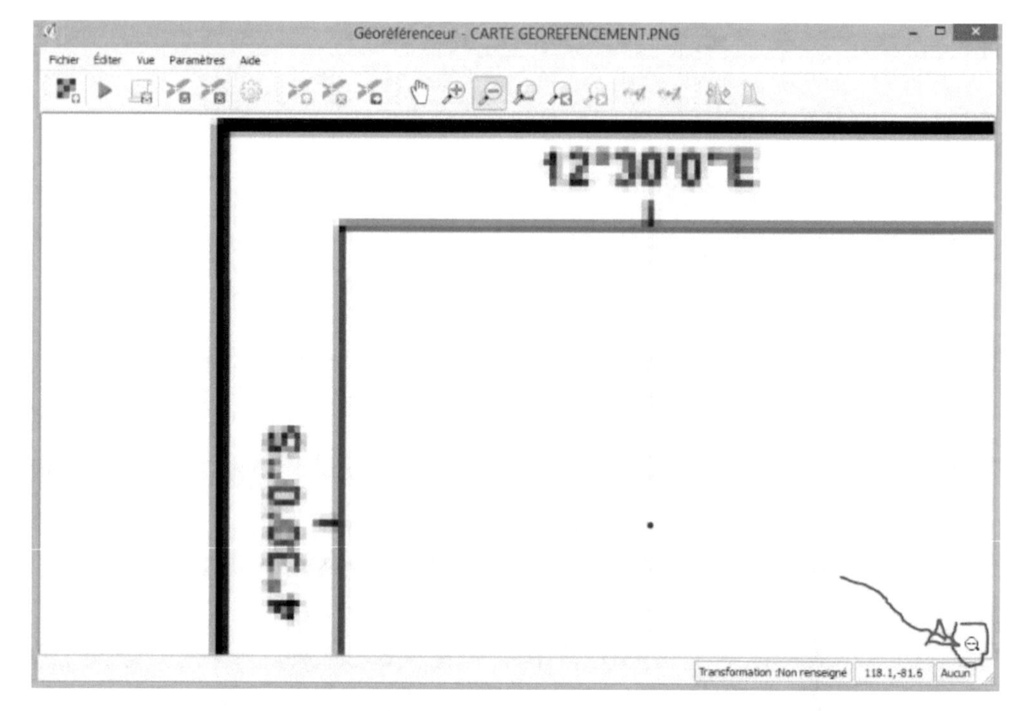

- Sélectionnez l'outil : **se déplacer dans la carte**. En maintenant un clic gauche vous pouvez bouger la carte de gauche à droite, de haut en bas pour retrouver le deuxième point

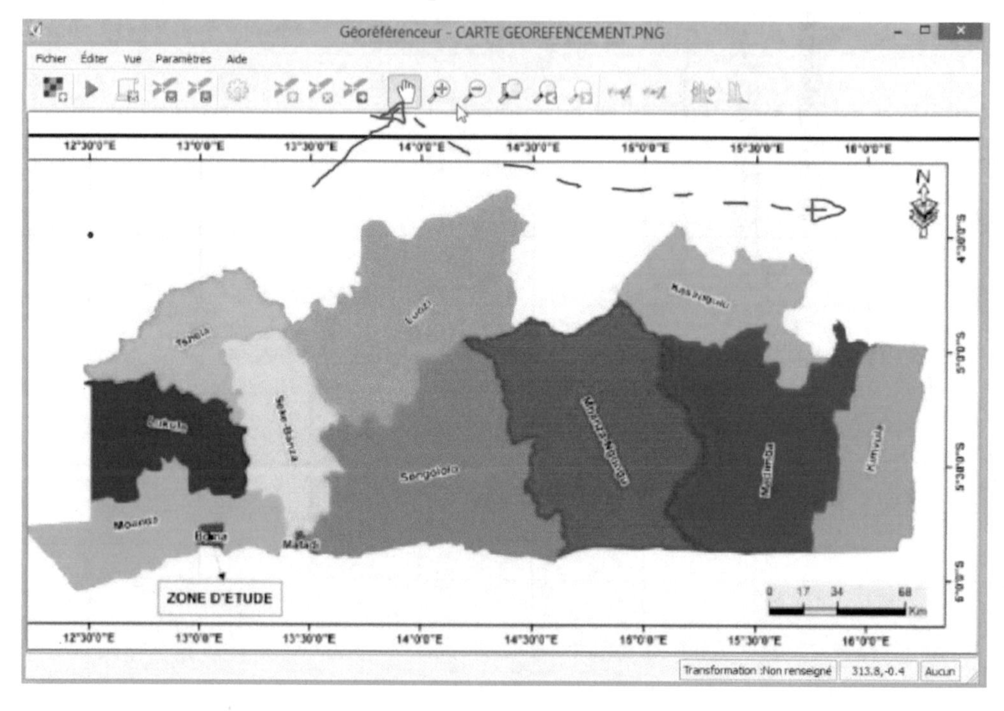

- Zoomer le deuxième point

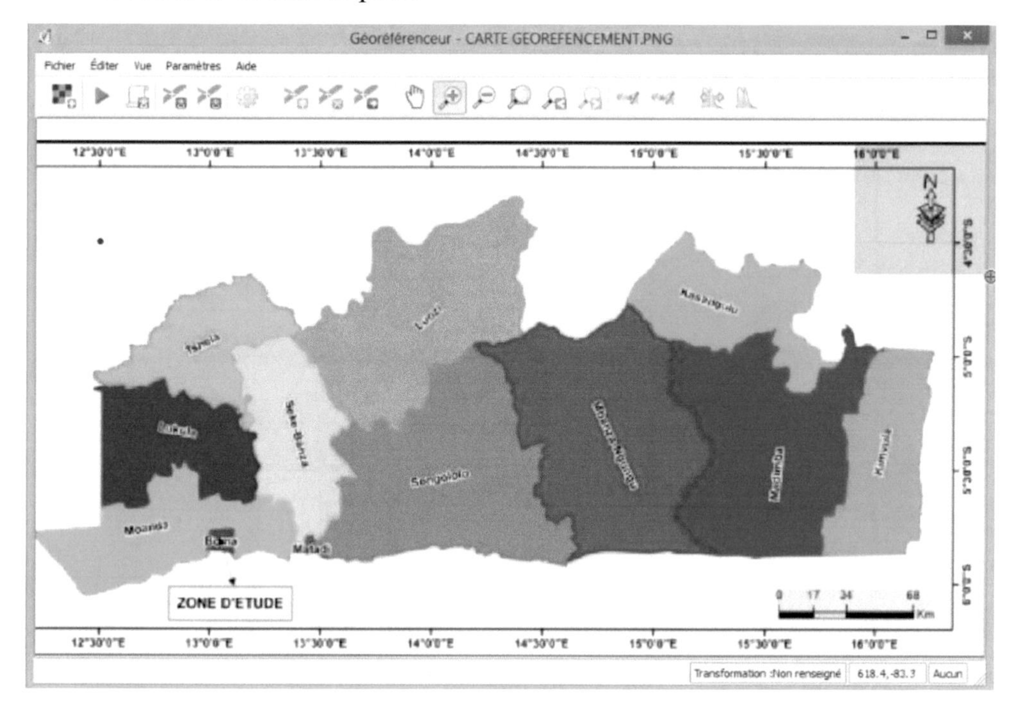

- Cliquez sur l'outil **Ajouter un nouveau point**.

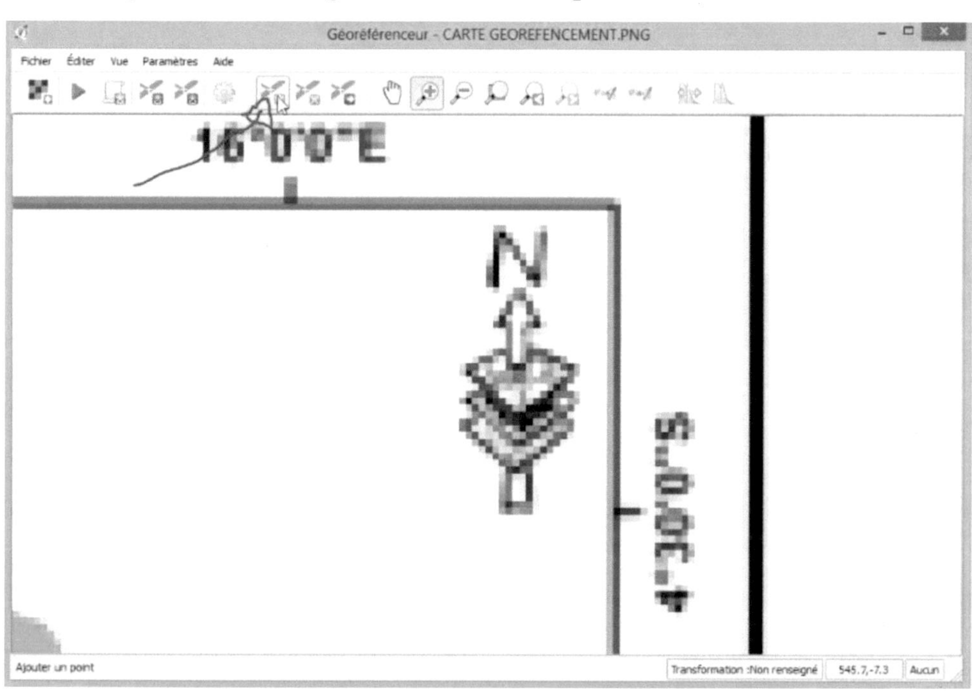

- Renseignez les coordonnées du deuxième point puis cliquez sur **OK**.

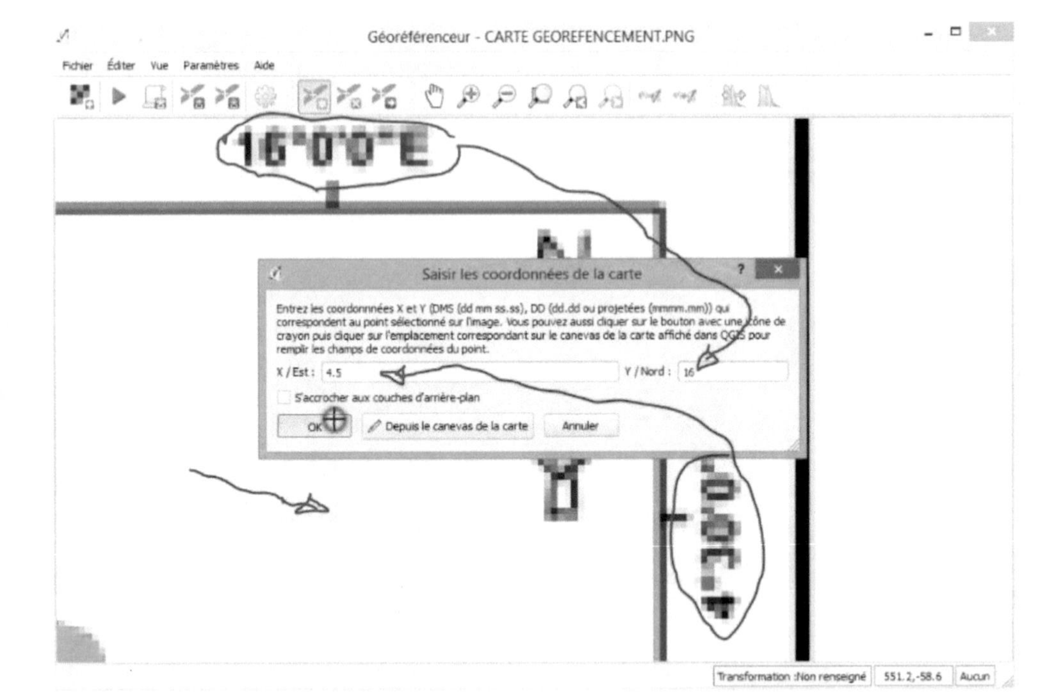

- Cliquez sur l'outil zoom —

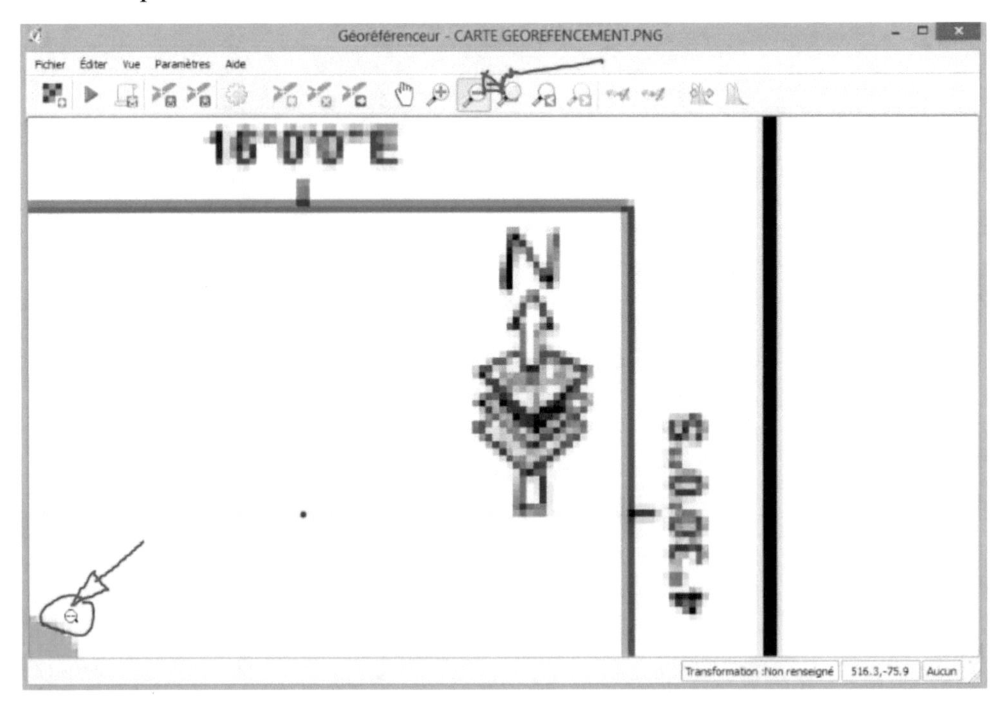

- Cliquez l'outil Zoom+, puis agrandissez le treizième point

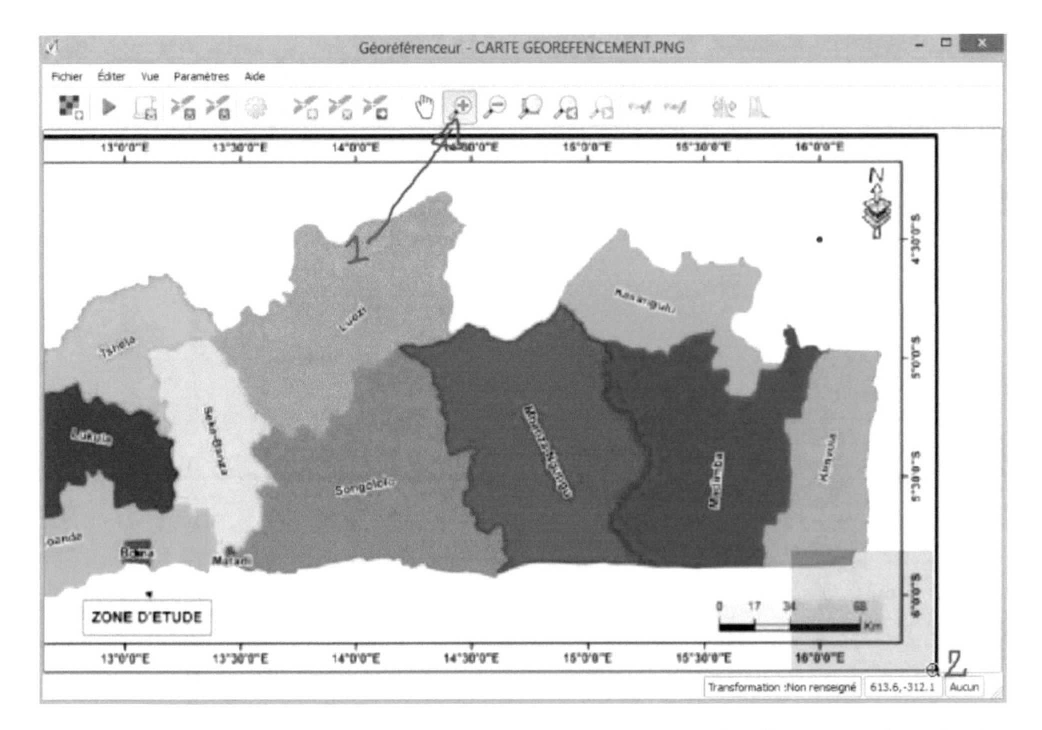

- Cliquez sur l'outil **Ajouter un nouveau point**. Puis cliquez sur le point à ajouter.

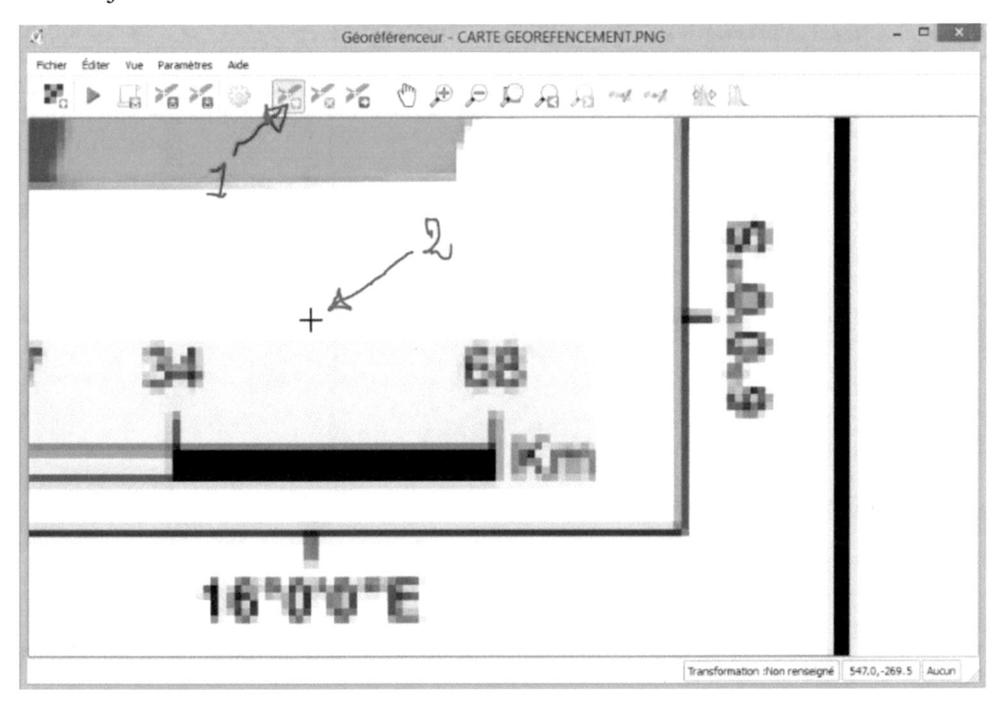

- Renseignez les coordonnées du troisième point puis cliquez sur **OK**.

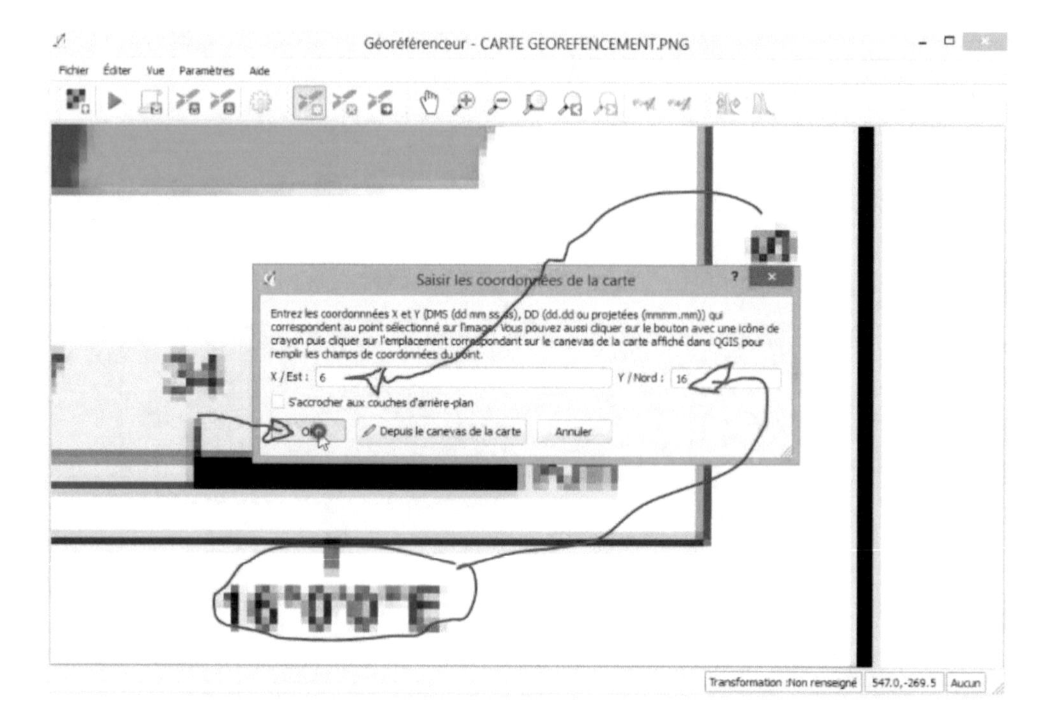

- Cliquez sur l'outil zoom —

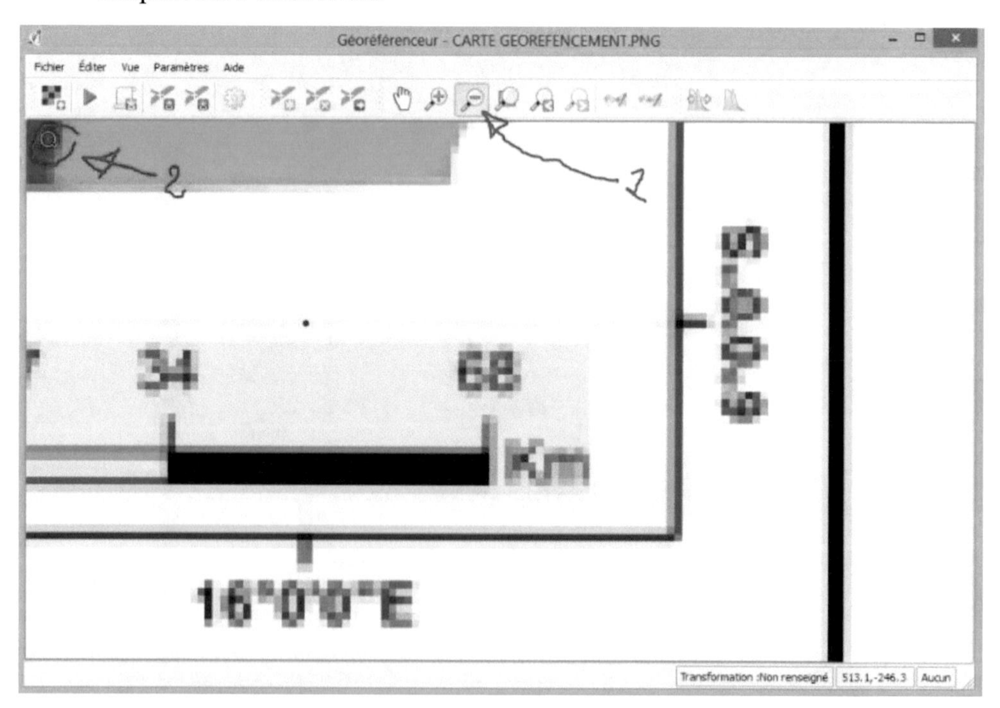

- Cliquez sur l'outil Zoom +, agrandissez votre quatrième point

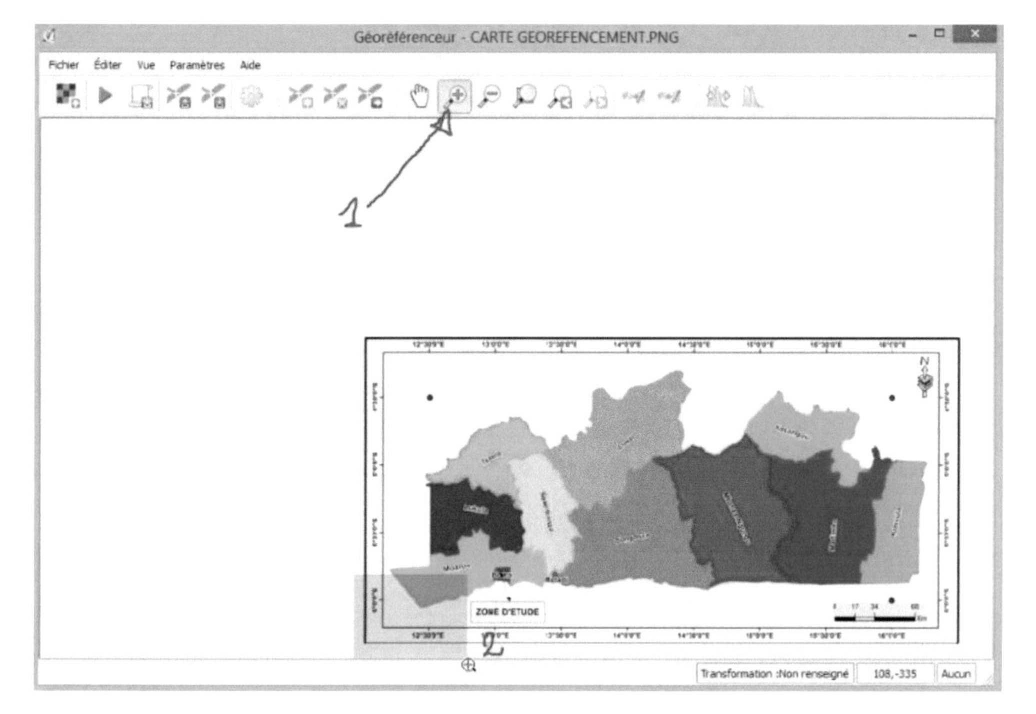

- Renseignez les coordonnées du quatrième point puis cliquez sur **OK**.

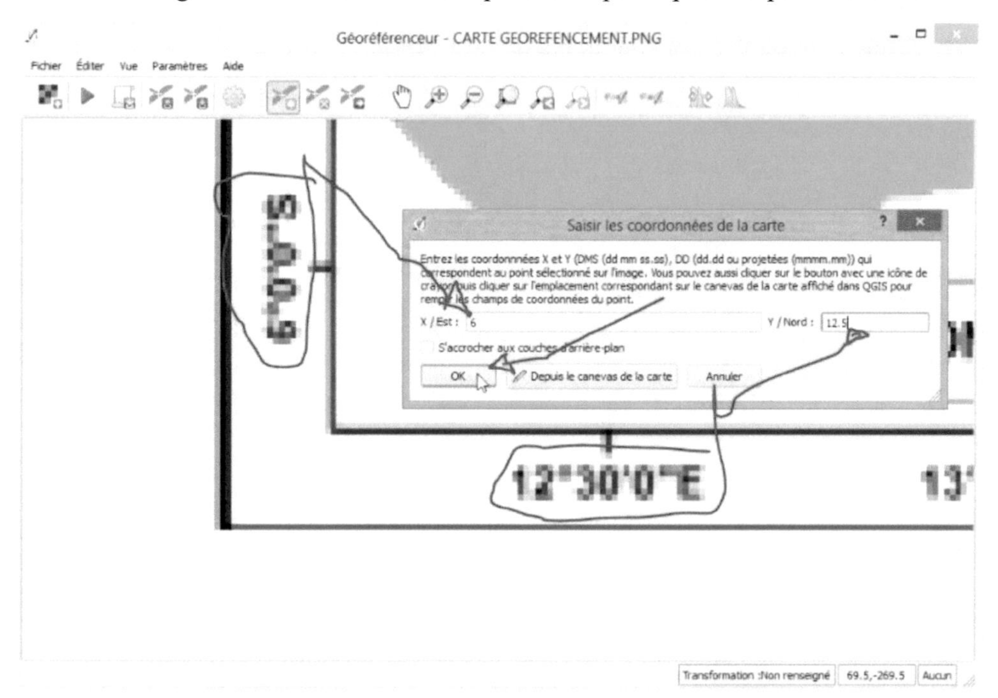

- Cliquez sur l'outil démarrez le géoréférencement. La boite de dialogue **Info** apparait, cliquez sur **OK**.

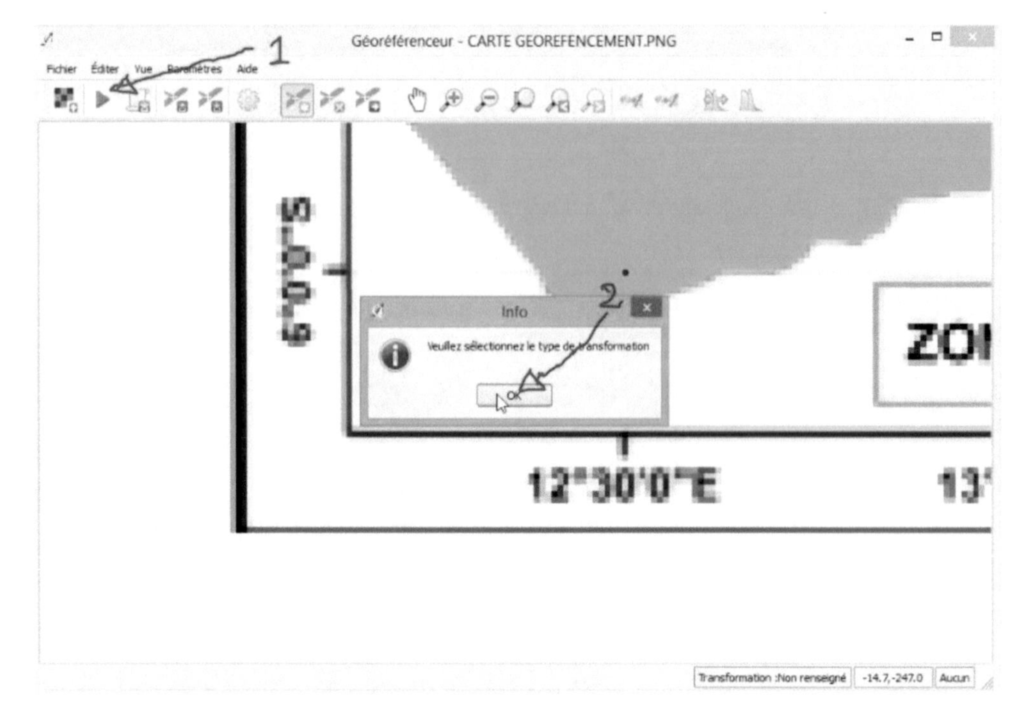

La fenêtre paramètre de transformation apparait

- Cliquez le bouton du champ **Raster de sortie**.

- Donnez le nom à votre carte, puis cliquez sur **enregistrer**.

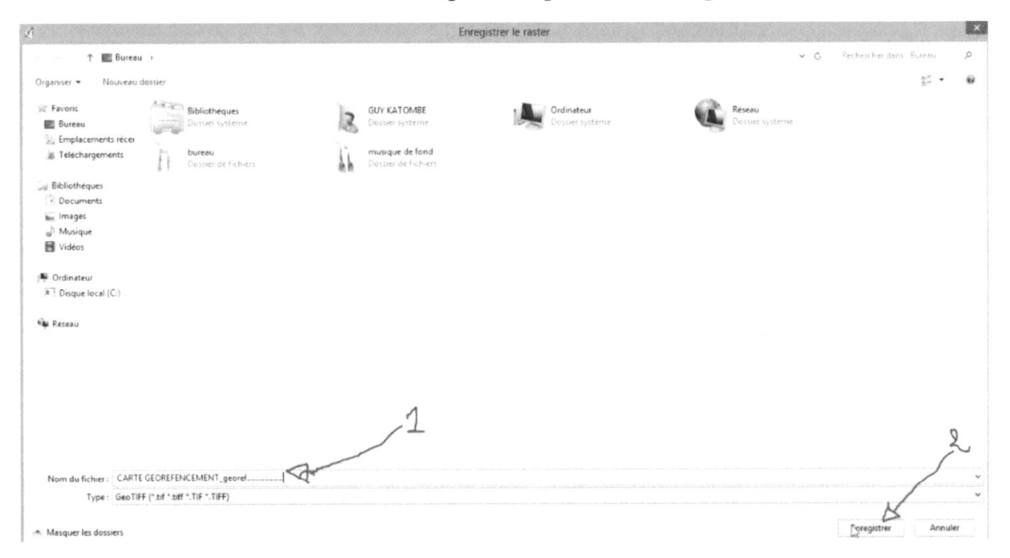

Vous êtes ramené sur la fenêtre **Parametre de transformation**. Cliquez sur le bouton du champ SCR cible pour choisir le système de projection.

- Choisissez votre système de projection puis cliquez sur **OK**.

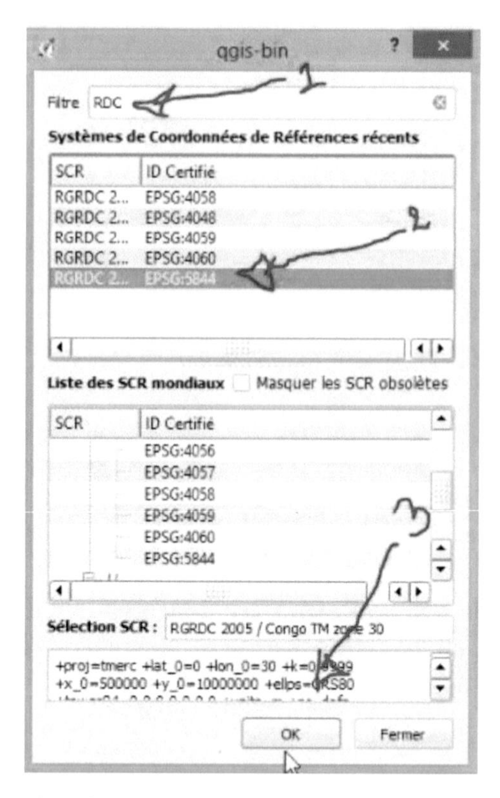

Votre carte est enfin géoréférencée.

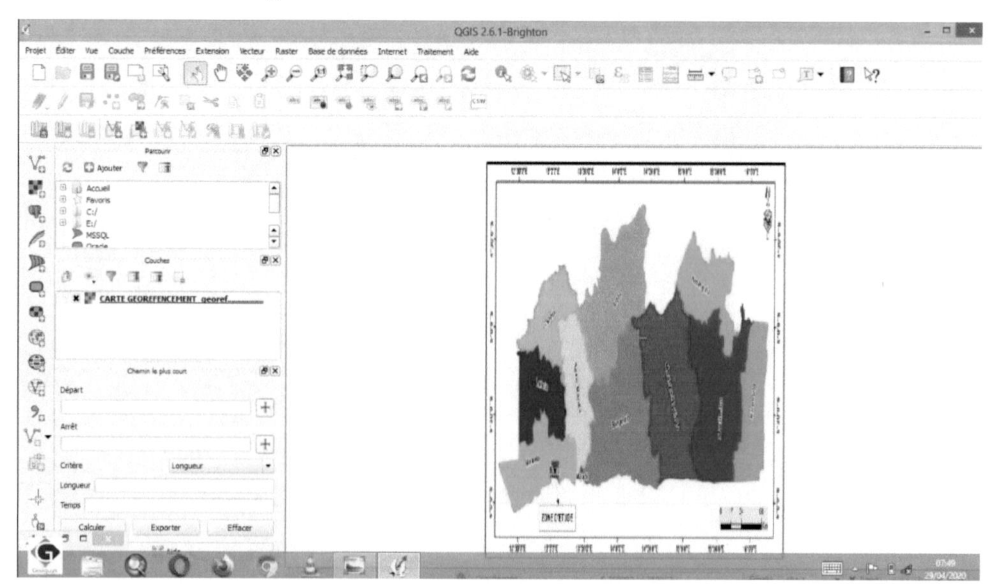

4. Digitalisation

4.1 Introduction

La digitalisation est le processus par lequel une carte (une image) est calquée dans un logiciel SIG dans l'objectif de la soumettre à un traitement approprié. Digitaliser une image requiert plusieurs avantages notamment :

- Une meilleure présentation : la digitalisation vous permet de partir d'une image (floue) capturer sur écran, une photo satellitaire ou d'une ancienne carte faite à la main (afin de conserver la réalité sur terrain afin de conserver la réalité sur terrain) et la calquée pour améliorer sa présentation et optimiser son interprétation.
- La mise en page : digitaliser une carte vous permet de lui ajouter une nouvelle mise en page, lui ajouter une échelle, un grillage, une légende, un titre, un auteur et une image panoramique. C'est l'une de meilleures façons de garantir une bonne interprétation.
- l'amélioration de la résolution : la résolution d'une carte dépend de nombre de pixels que contient une image sur l'ensemble de lignes et de colonnes de pixels qui la constitue. Plus le nombre de pixels est grand, plus l'image est nette. Une carte digitalisée a une très bonne résolution, c'est une image très nette. Elle conserve sa nette quand on la zoome ou la dézoome.
- La diffusion : une carte digitalisée peut être enregistrée sous plusieurs extensions, ce qui permet de les diffuser sur Internet, dans les plateformes SIG.

4.2 Comment digitaliser une carte

Pour digitaliser une carte, vous pouvez partir d'une carte géoréférencée ou d'une simple capture. Pour ce faire :

- Cliquez sur l'outil **ajouter une nouvelle couche Raster (**ou allez sur le menu **Raster** puis cliquez sur **ajouter une nouvelle couche** puis sélectionner **ajouter une nouvelle couche Raster).**

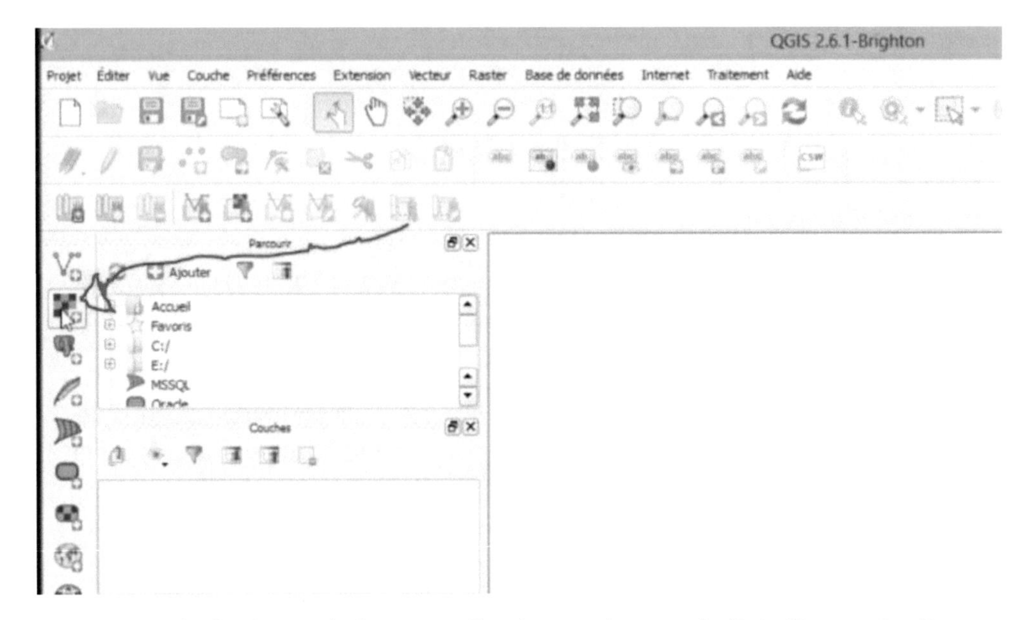

- Dans la fenêtre qui s'ouvre, sélectionnez la carte à digitaliser puis cliquez sur **ouvrir**.

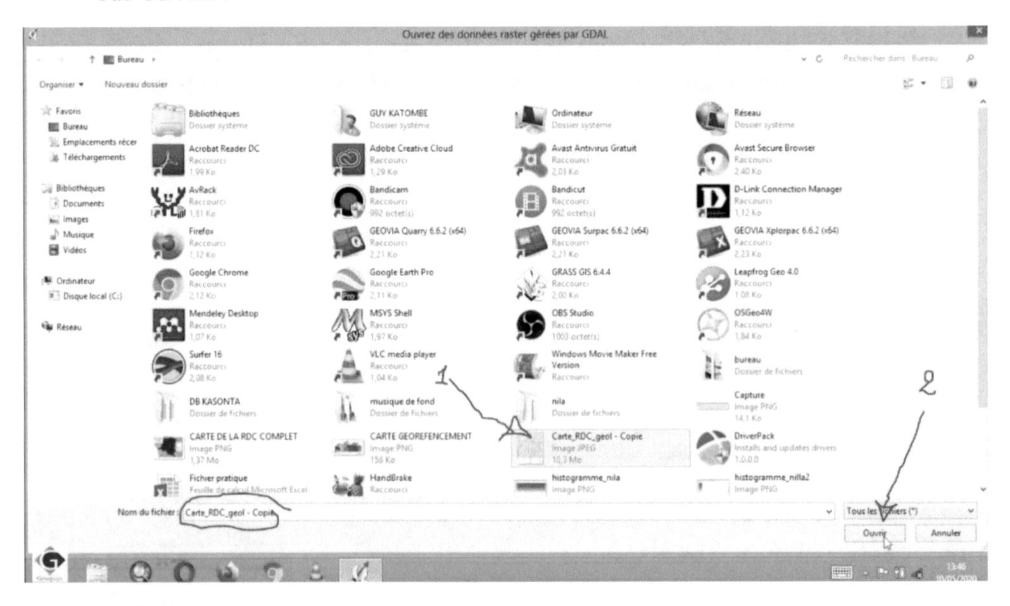

Sélectionneur de Systèmes de projection.

- Dans le champ Filtre, tapez un mot clef, un nom du pays de votre carte ou un système de projection spécifique. Dans le champ **liste de SCR mondiales**, sélectionner le système de projection correspond puis cliquez sur **OK**.

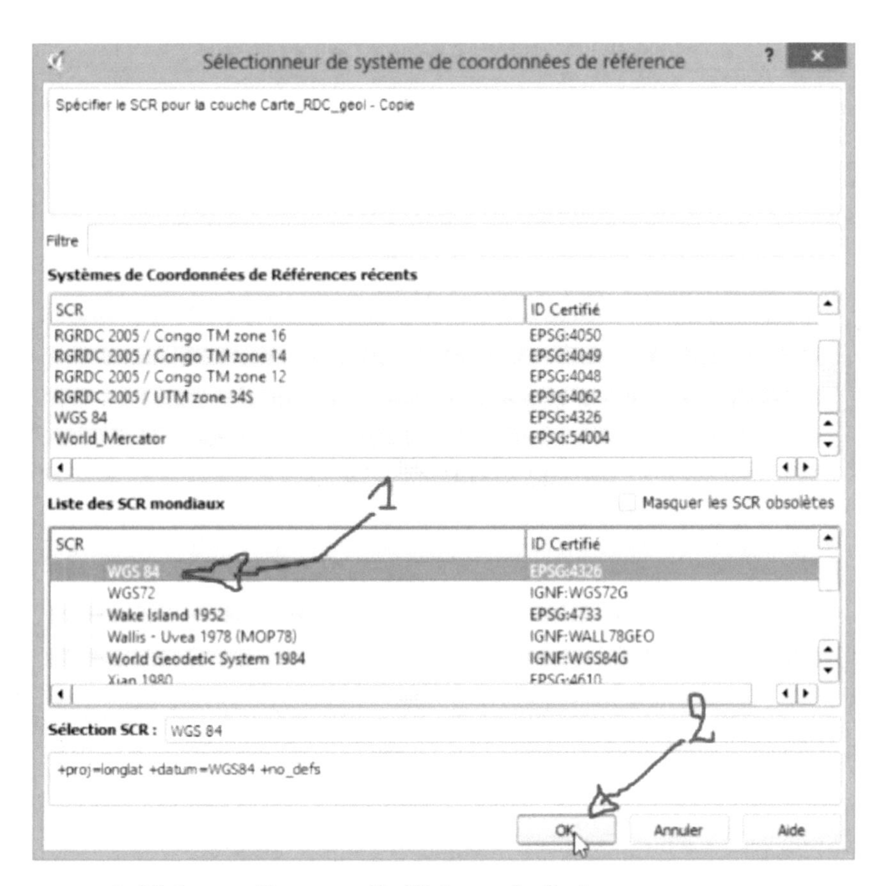

Votre carte s'affiche sur l'espace d'affichage de Qgis.

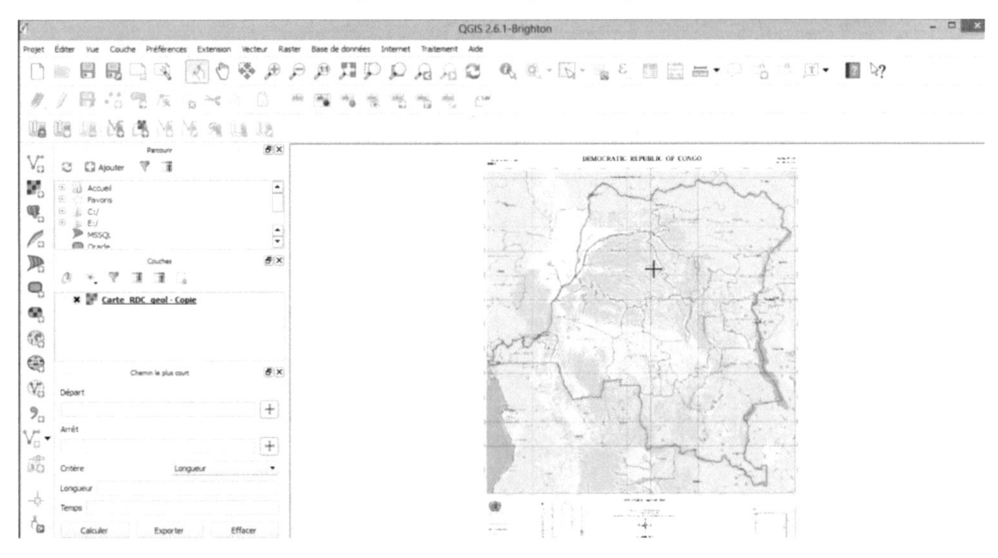

Il s'agit de la carte administrative de la RDC. Nous allons dessiner ses différentes provinces afin de leur conférer à chacune, une couleur différente.

Nous allons également dessiner le fleuve Congo et matérialiser chaque ville par un point. Nous aurons donc trois objets géométriques : les polygones (provinces), des lignes (fleuve Congo) et les points (ville).

4.2.1 Digitalisation de polygones : les provinces

Pour ce faire, commençons par zoomer la première province que nous voulons calquer.

- Cliquez sur l'outil Zoom +, puis maintenez un clic gauche et balayez cette région.

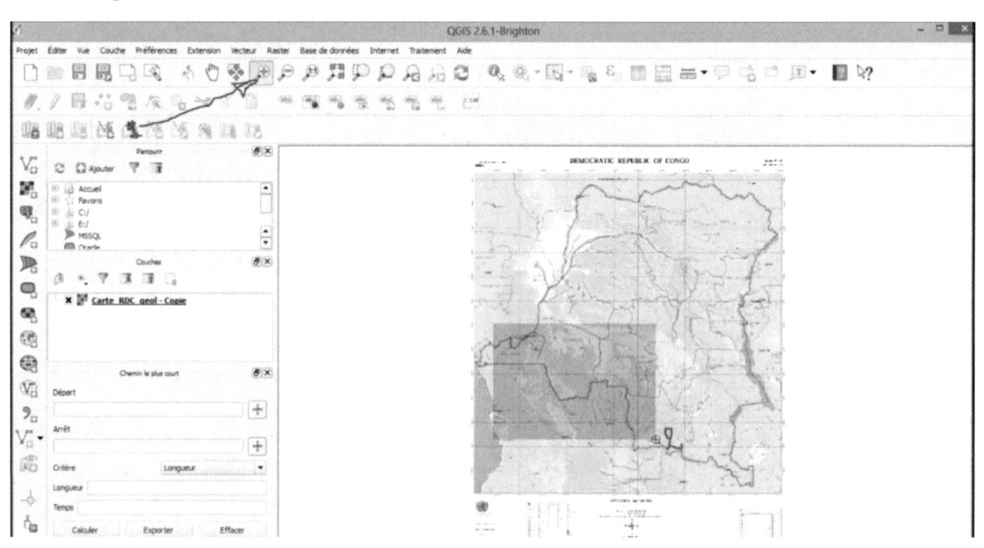

Voici le résultat

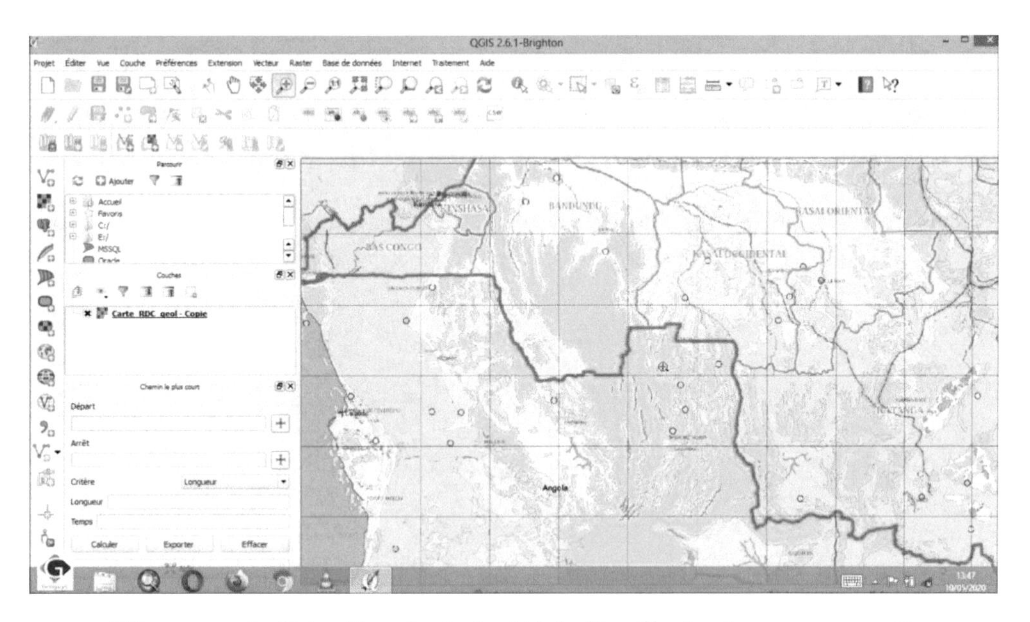

- Cliquez sur la liste déroulante à côté de l'outil **ajouter une nouvelle couche WFS** (ou allez sur le menu **couche**, sélectionner **ajouter une nouvelle couche** puis cliquez sur **ajouter une nouvelle couche WFS**)

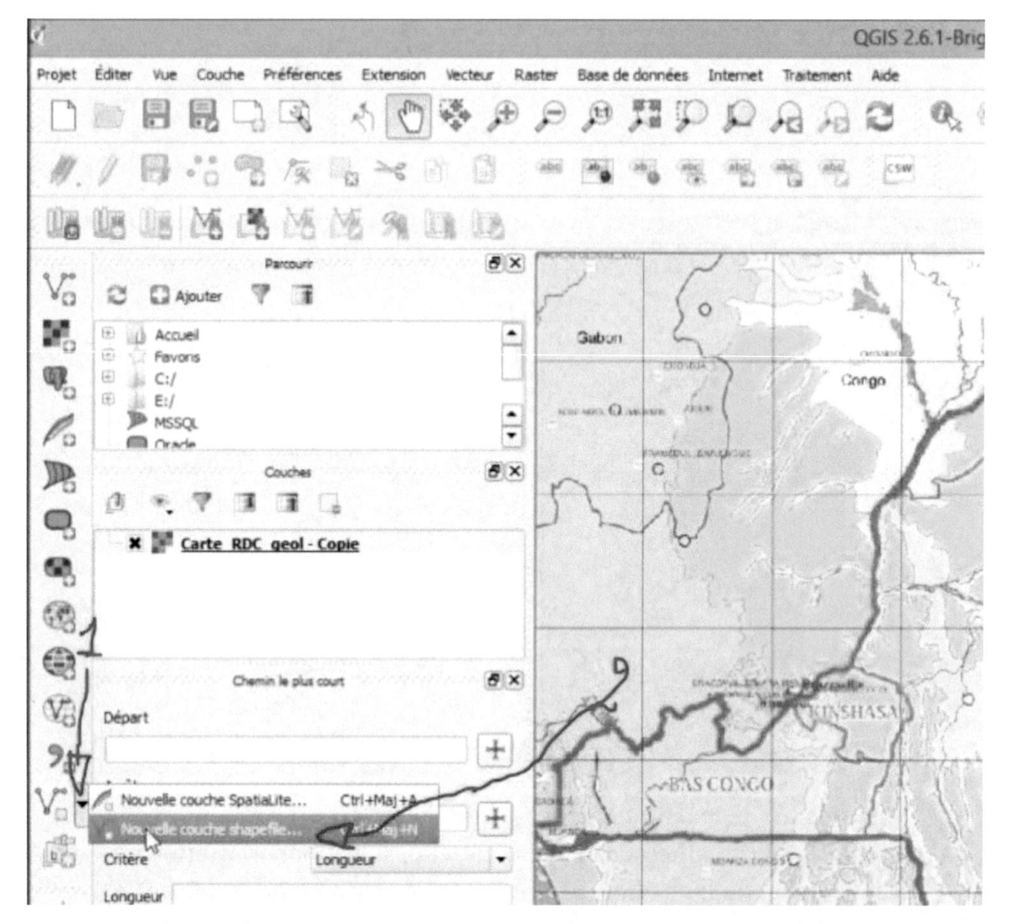

La fenêtre **nouvelle couche vecteur apparait**, dans le champ type, vous avez la possibilité d'ajouter un point, une ligne ou un polygone. Comme nous voulons ajouter une province, c'est donc un polygone qu'on va ajouter.

- Cliquez sélectionnez Polygone, puis définissez le système de coordonné.

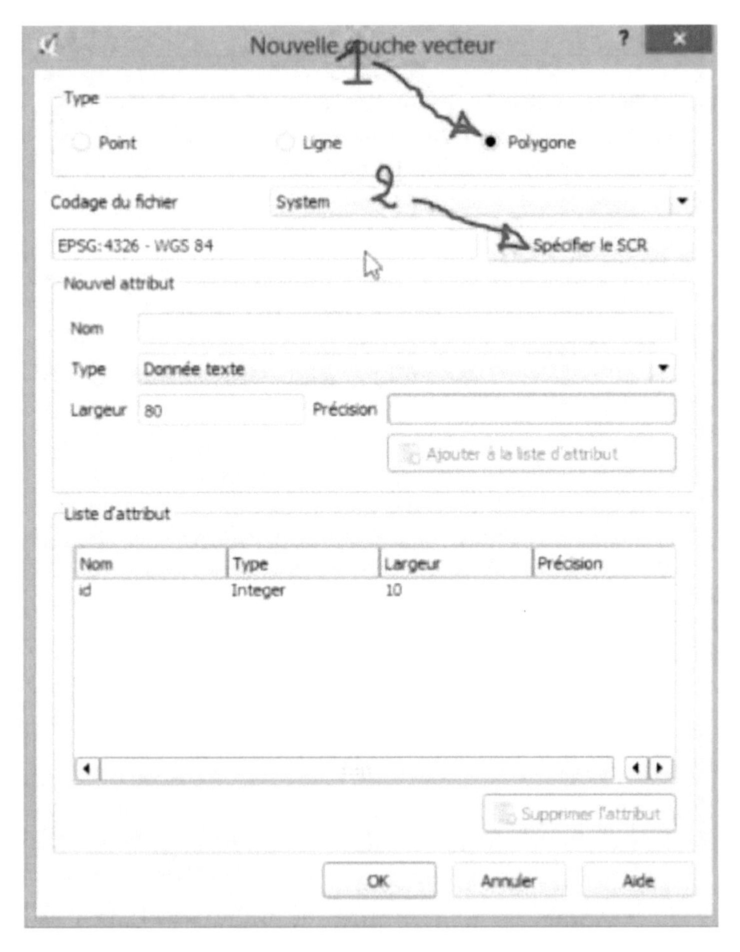

- Donnez un nom à la couche (=province), choisissez le type (=texte)

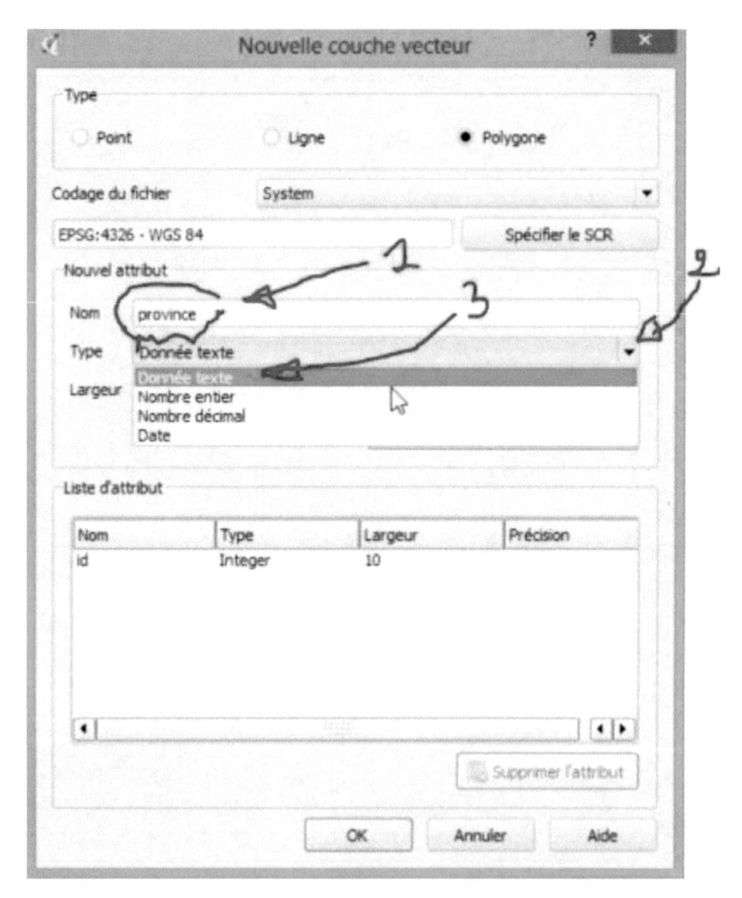

- Cliquez sur Ajouter à la liste d’attribut, donnez la longueur de caractère puis cliquez sur **OK**.

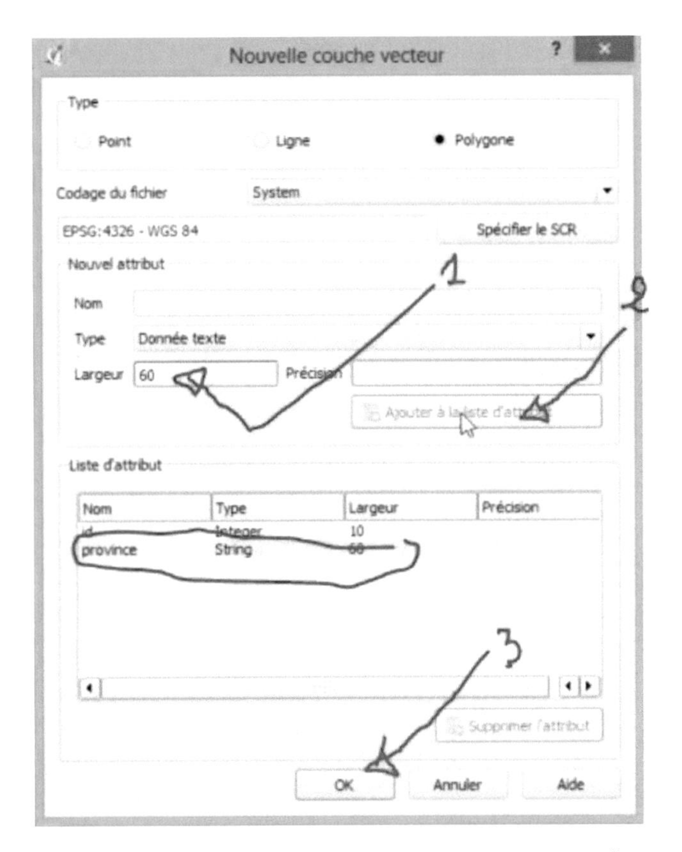

- Donnez le nom de votre province puis cliquez sur Enregistrer.

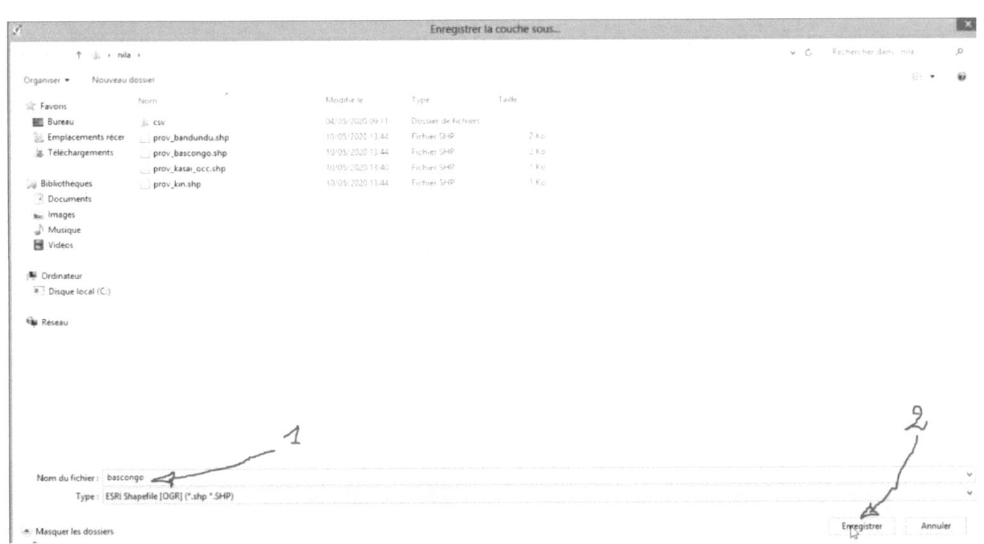

Une couche s'ajoute dans votre fenêtre couche (bas Congo). Cliquez dessus, puis cliquez sur l'outil **édité**. Cliquez en suite sur l'outil **Ajouter une entité**.

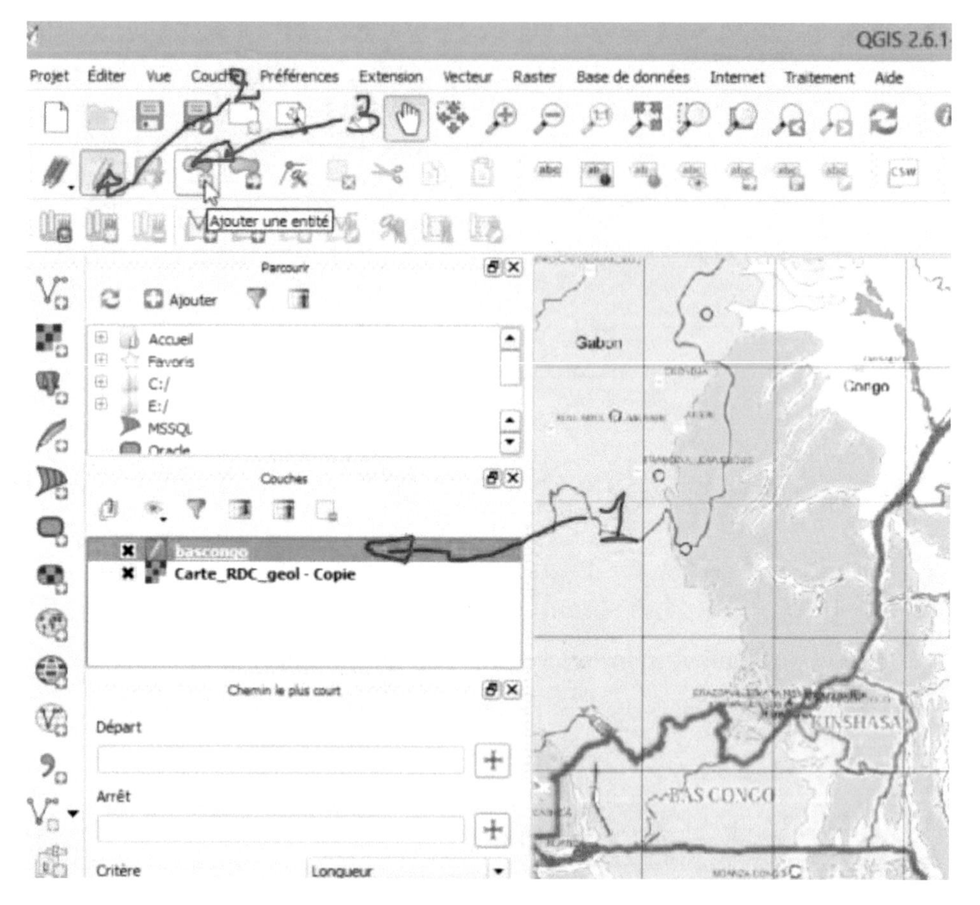

En vous approchant sur la carte, votre pointeur de souris prend la forme en croix.

- Cliquez sur le premier point de la province de Bas-Congo, puis successivement sur le concours de cette province comme si vous vouliez la calquer.

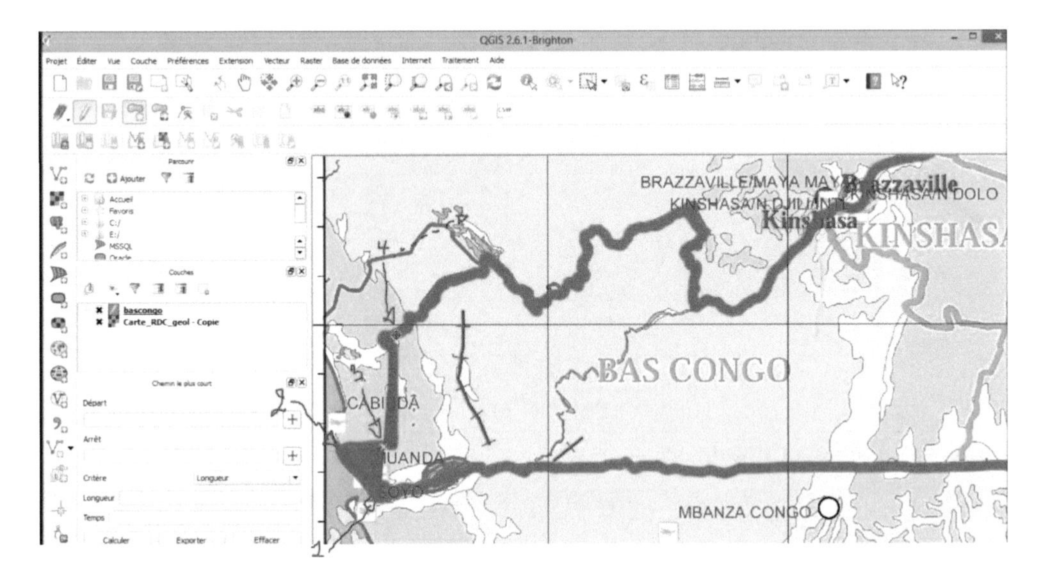

- Dès que vous arrivez au point de départ, faites-y un clic droit.

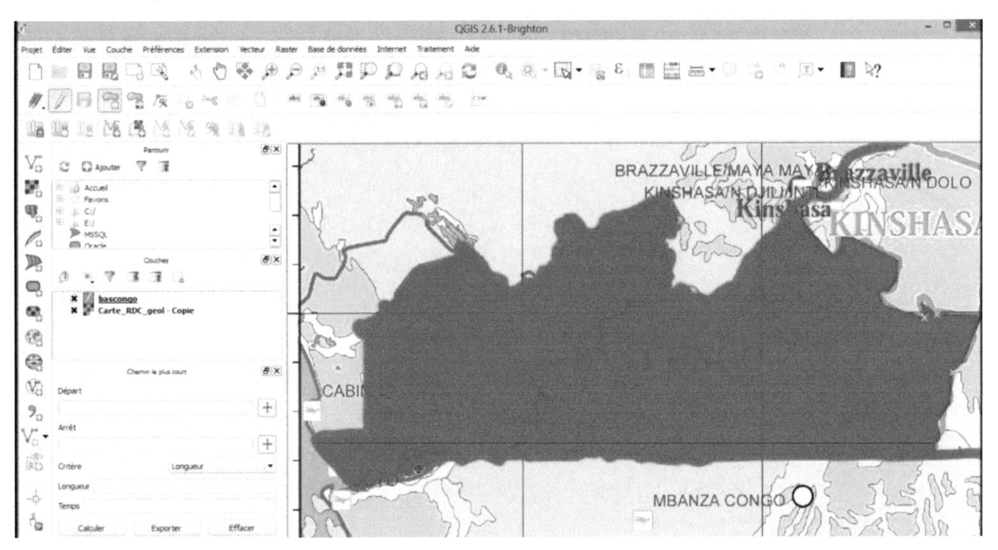

La boite de dialogue Bascongo-Attribut apparait

- Renseignez le champ Id et le nom de la province, puis cliquez sur **OK**.

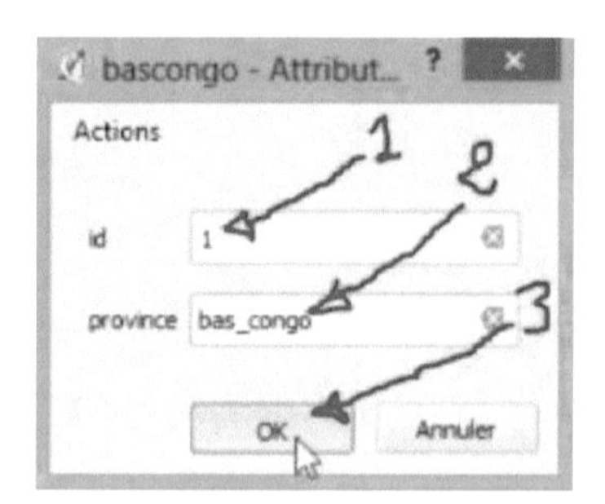

Votre province est digitalisée

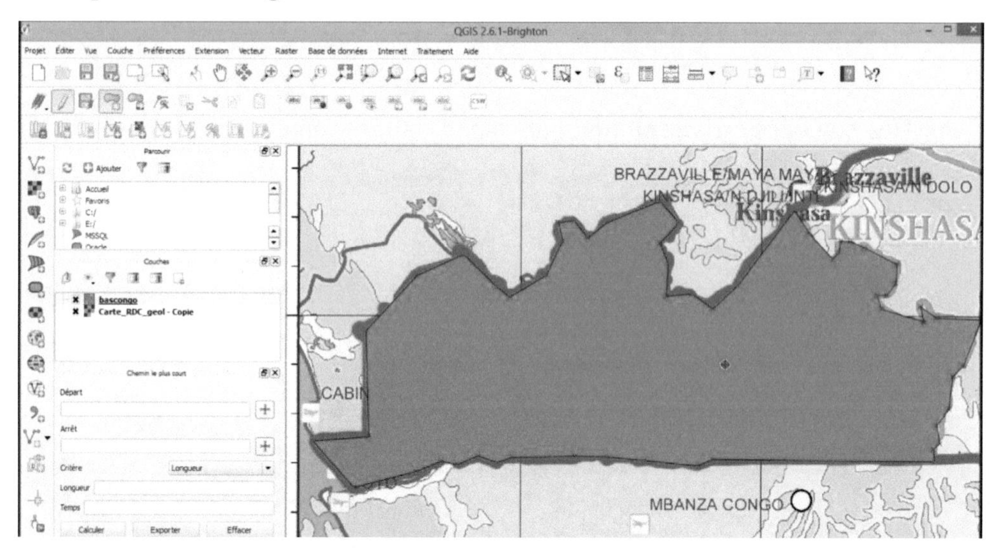

Pour l'enregistrer,

- Sélectionnez la couche Bas-Congo dans la fenêtre couche, cliquez sur le bouton **Editer**.

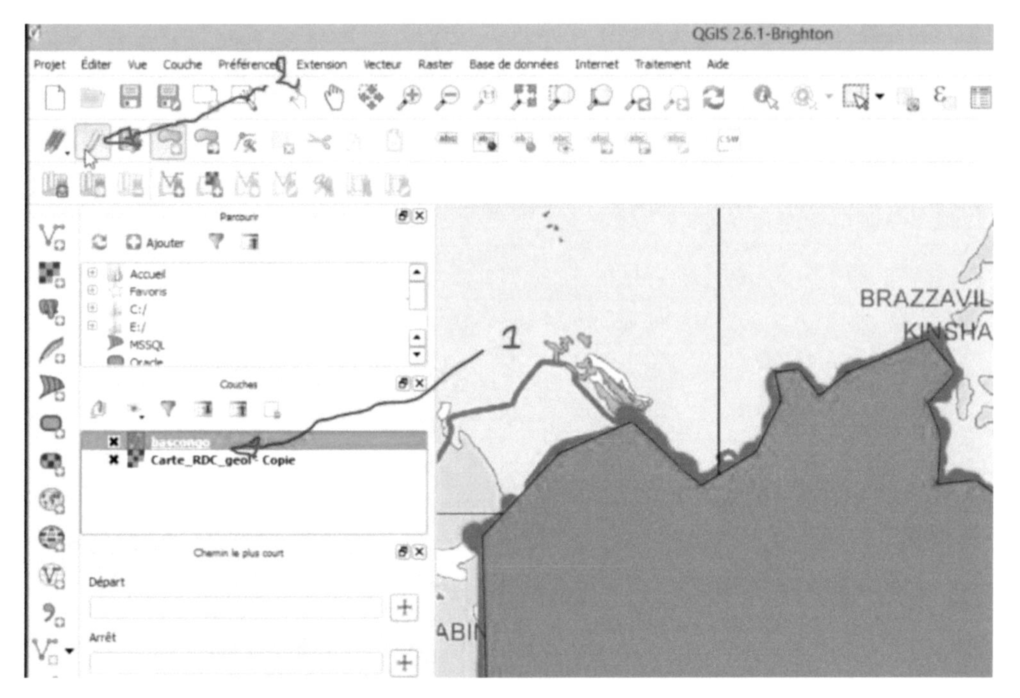

La boite de dialogue **arrêter l'édition** apparait, cliquez sur **Enregistrer**.

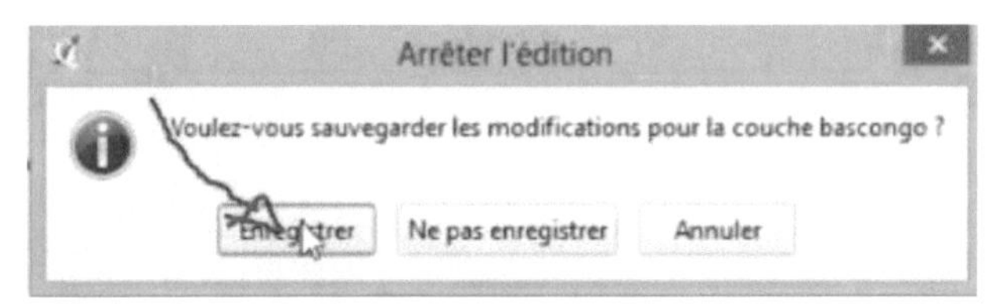

Pour continuer la digitalisation à ce niveau, vous avez deux possibilités. Soit cliqué sur ajouter une nouvelle entité, dans ce cas la, toutes les provinces ne pourront avoir qu'un même style (une même couleur, un même remplissage, un même contour…) ; soit créer une nouvelle couche pour une deuxième province afin qu'il soit possible de lui attribuer son propre style. Pour ce faire :

- Cliquez sur la liste déroulante à côté de l'outil **ajouter une nouvelle couche WFS** (ou allez sur le menu **couche**, sélectionner **ajouter une nouvelle couche** puis cliquez sur **ajouter une nouvelle couche WFS**)

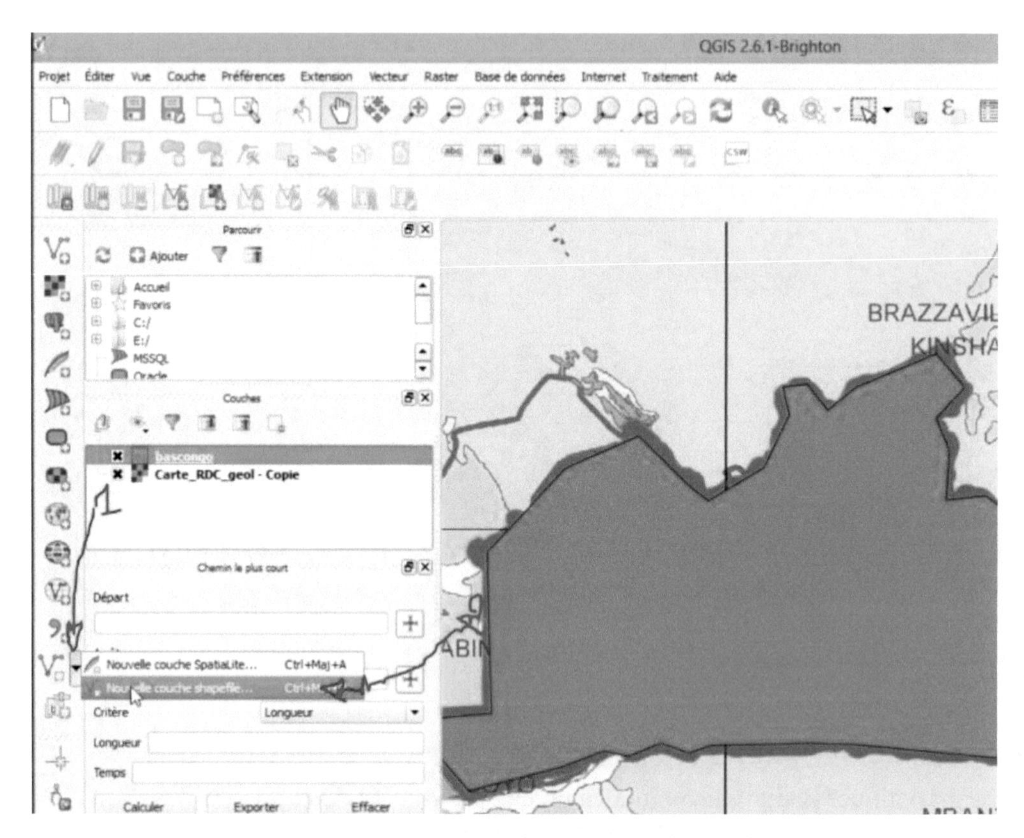

- Sélectionnez la couche **polygone**, donnez le nom à votre attribut, cliquez sur le bouton **ajouter un attribut** puis sur **OK**.

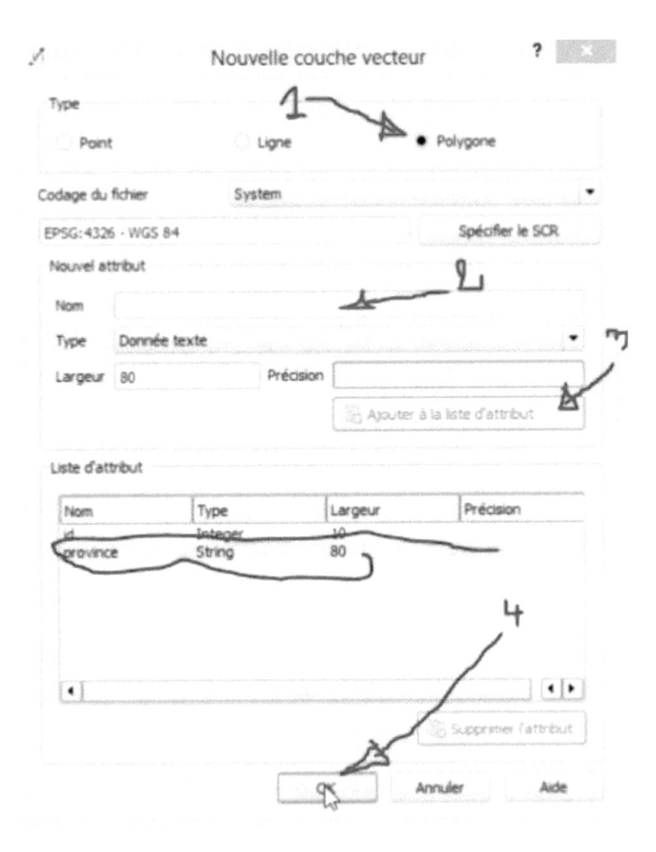

- Donnez le nom à votre province puis cliquez sur **enregistrer**.

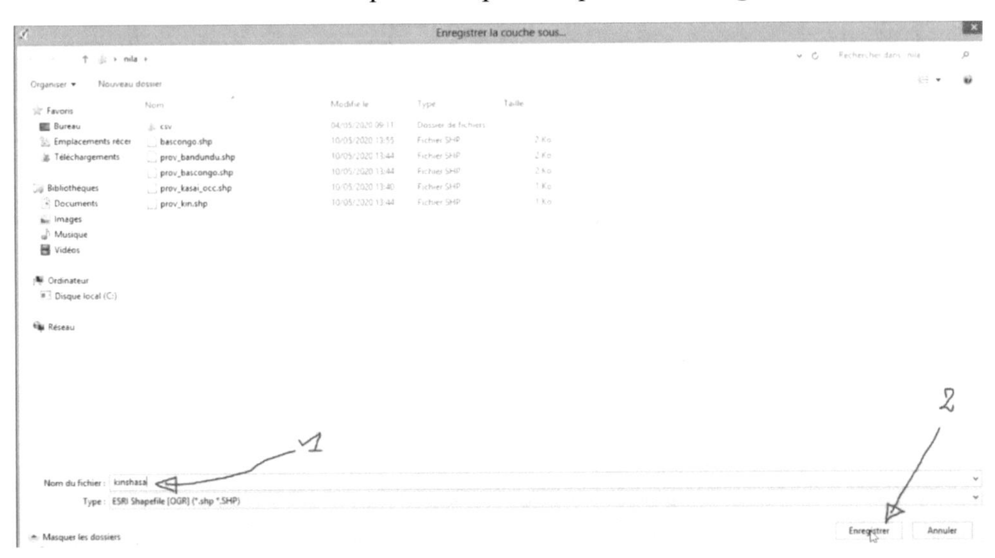

- Sélectionnez la couche Kinshasa, cliquez sur l'outil **Editer**, puis cliquez sur **ajouter une nouvelle entité**. Ensuite, calquez la province de Kinshasa, dessinant progressivement son contour.

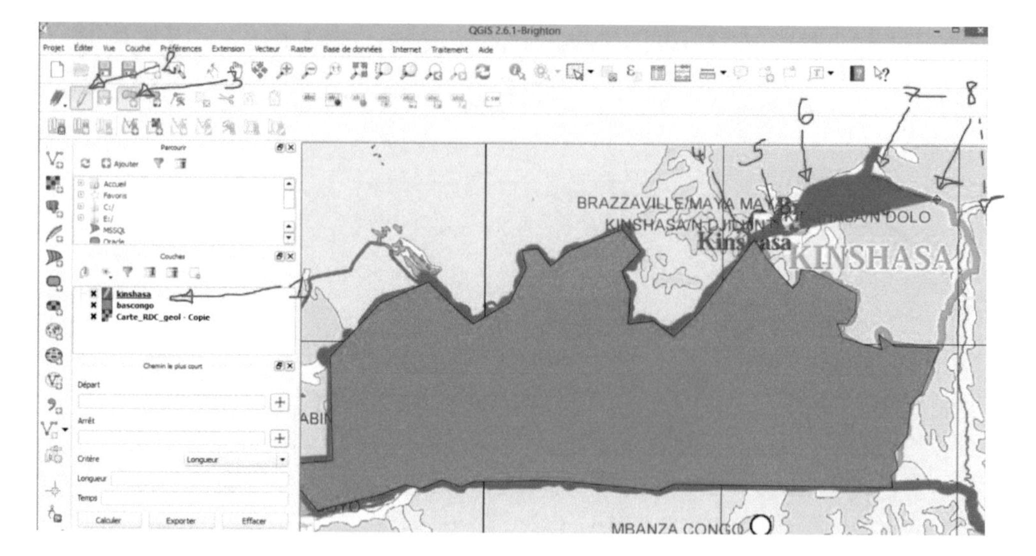

- Faites un clic droit pour terminer le contour.

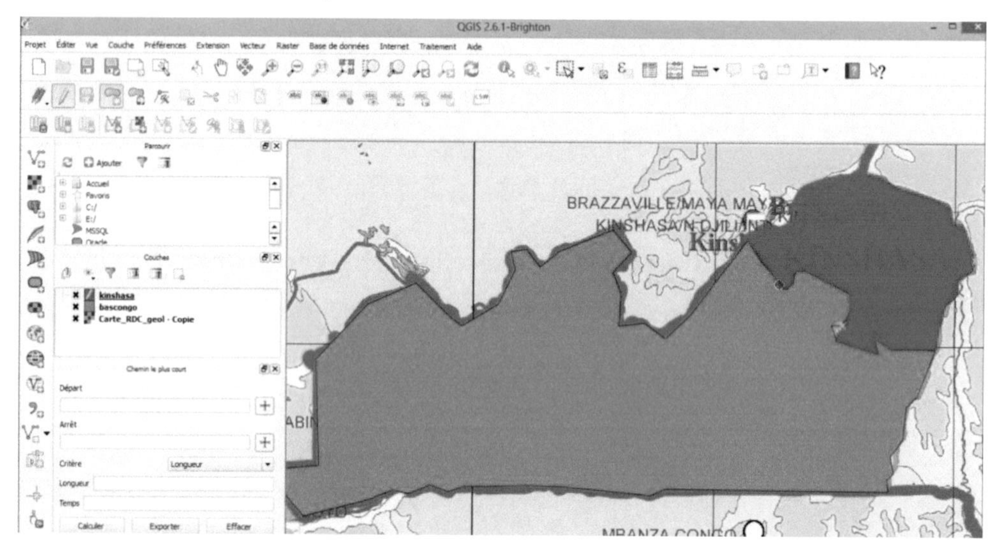

Dans la fenêtre Kinshasa-Attribut

- Renseignez L'Id et le nom de la province puis cliquez sur OK.

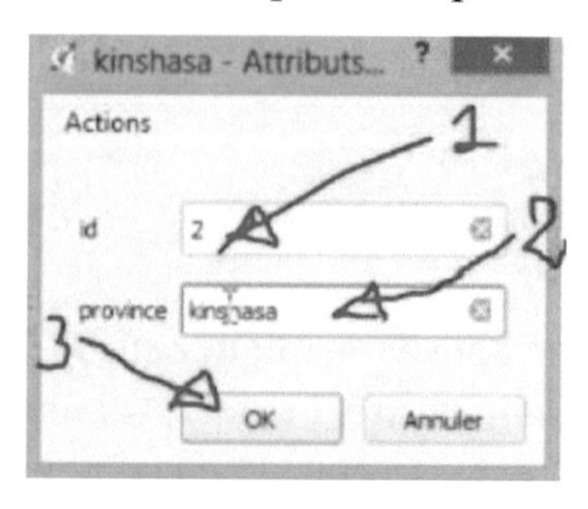

Une deuxième province est ajoutée.

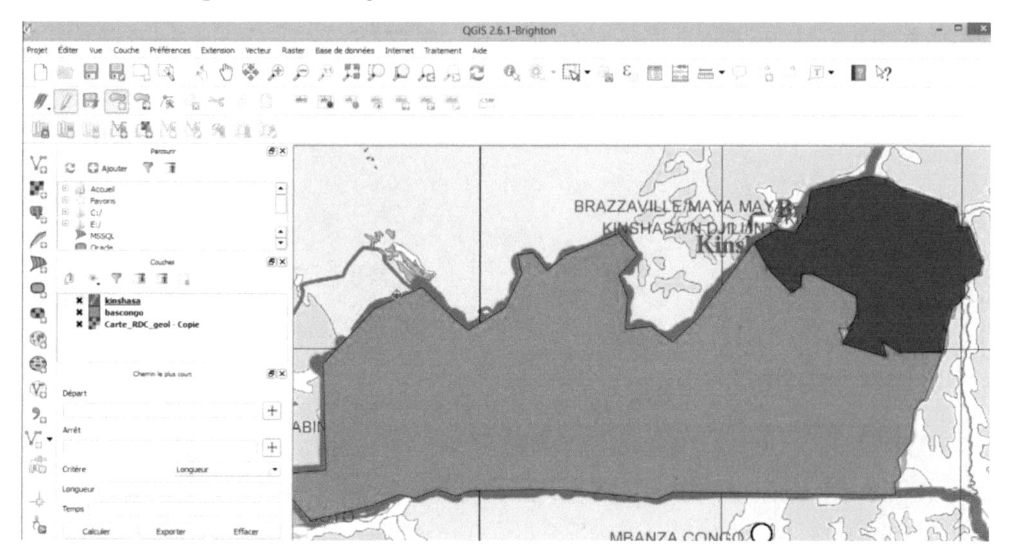

- En suite, cliquez sur l'outil **Editer** pour enregistrer. La boite de dialogue **arrêtée l'Édition** apparait, cliquez sur **enregistrer**.

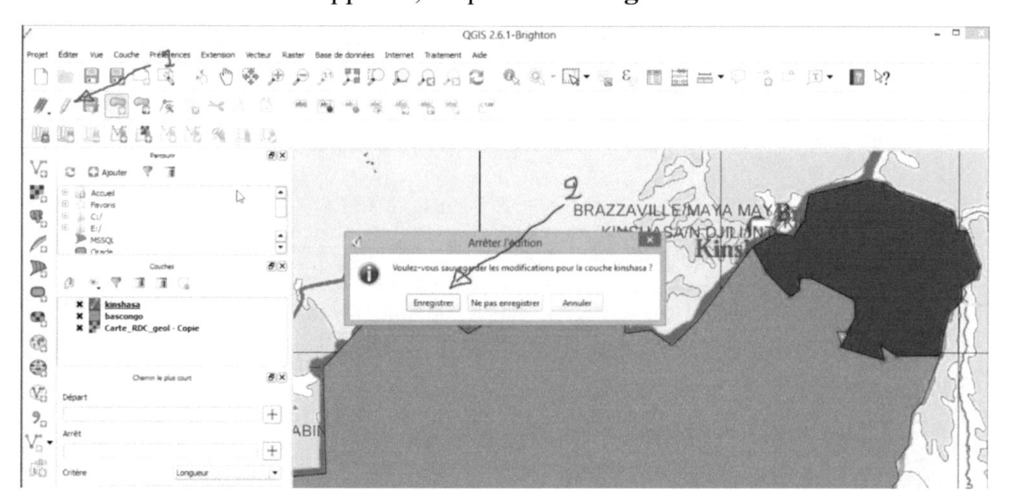

Faites la même chose pour les restes de provinces. Vous aurez le résultat suivant :

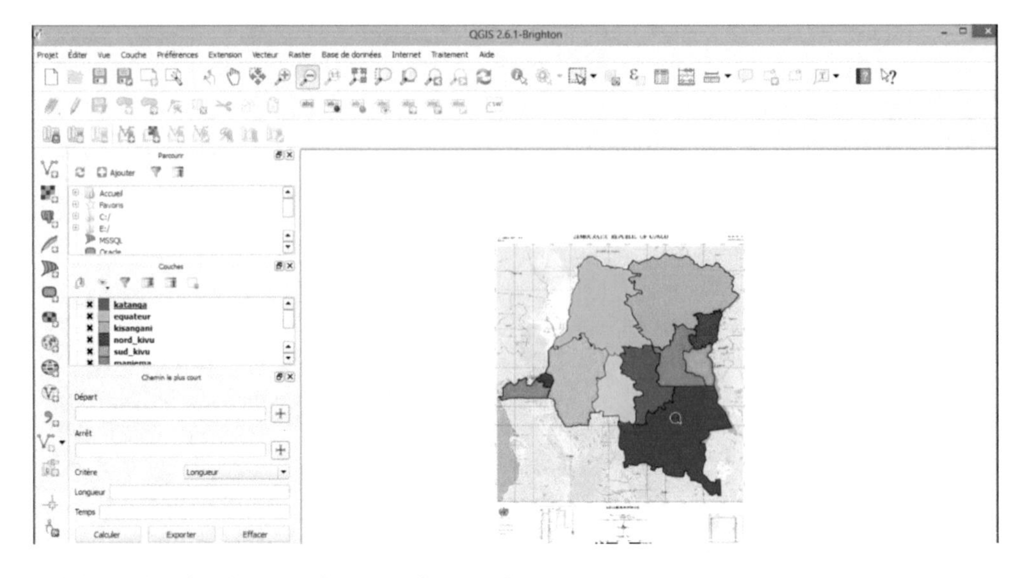

4.2.2 Digitalisation de lignes : fleuve Congo

Pour digitaliser le fleuve Congo, nous allons commencer par masquer les différentes provinces digitalisées.

- Dans la fenêtre, couche, cliquez sur la croix noire à gauche de chaque couche.

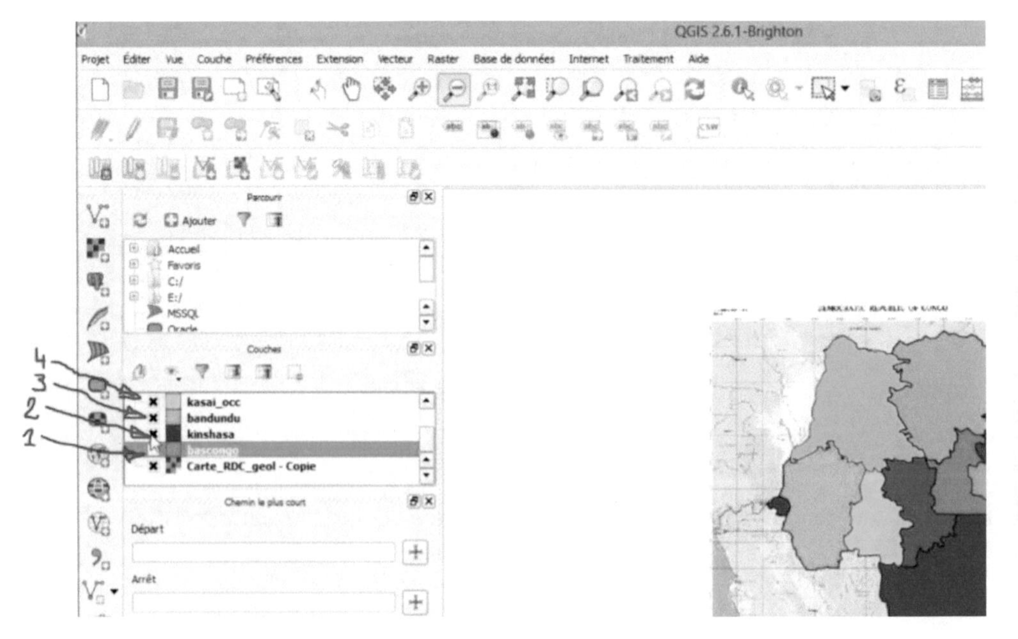

Voici le résultat

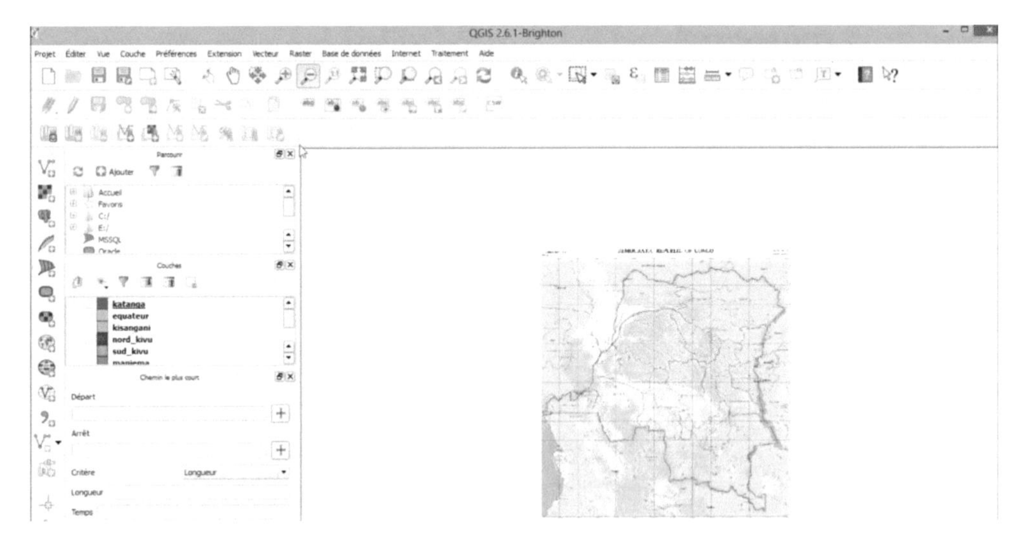

- Cliquez sur la liste déroulante à côté de l'outil **ajouter une nouvelle couche WFS** (ou allez sur le menu **couche**, sélectionner **ajouter une nouvelle couche** puis cliquez sur **ajouter une nouvelle couche WFS**)

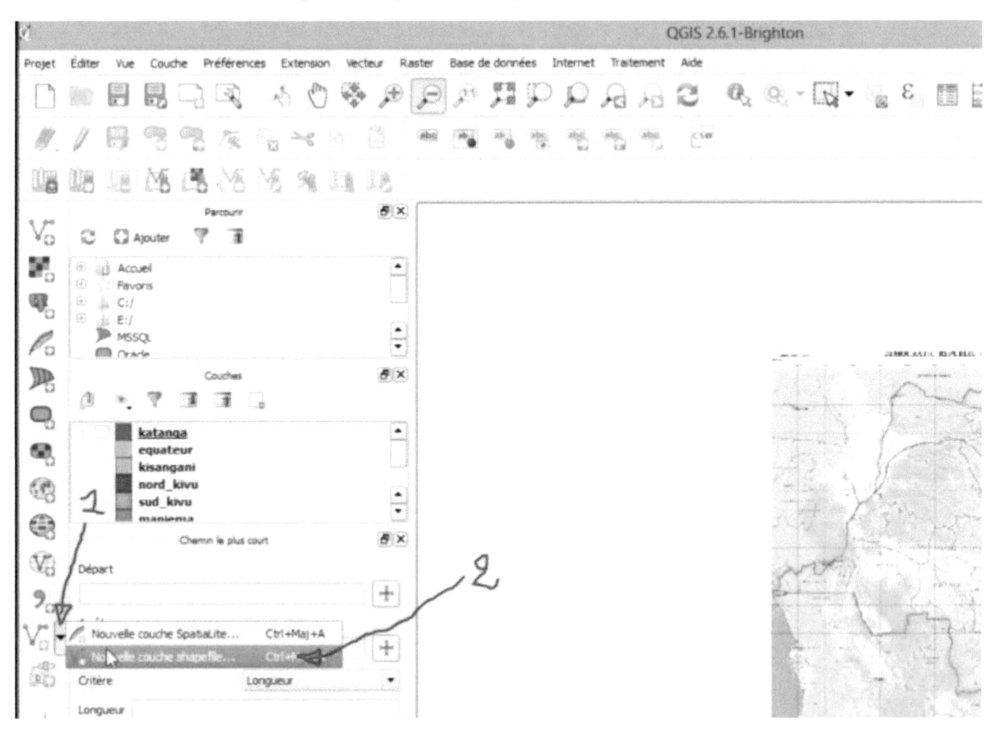

- Choisissez cette fois-ci la couche **ligne**, donnez un nom à votre attribut, cliquez sur le bouton **ajouter un attribut** puis cliquez sur **OK**.

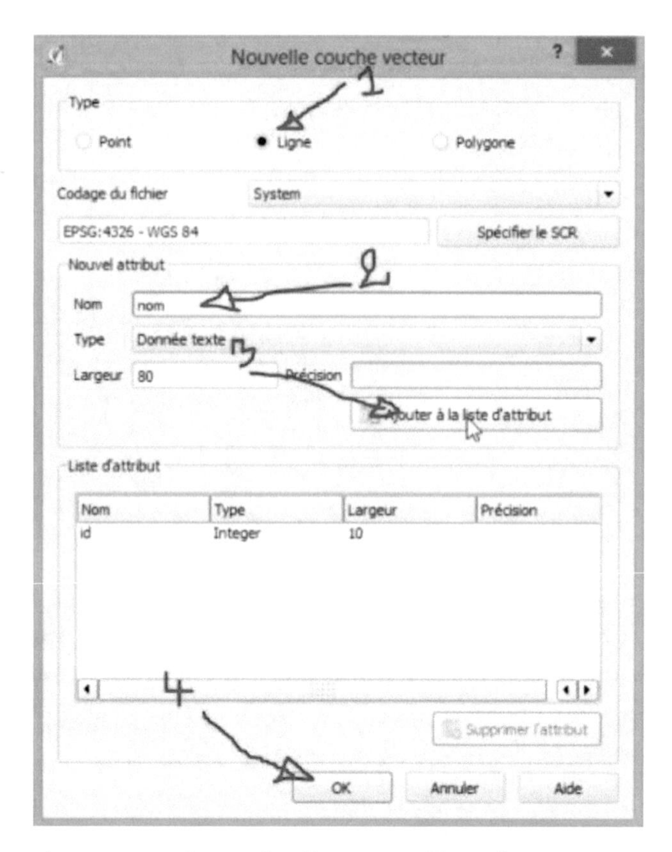

Donnez le nom à votre couche, puis cliquez sur Enregistrer.

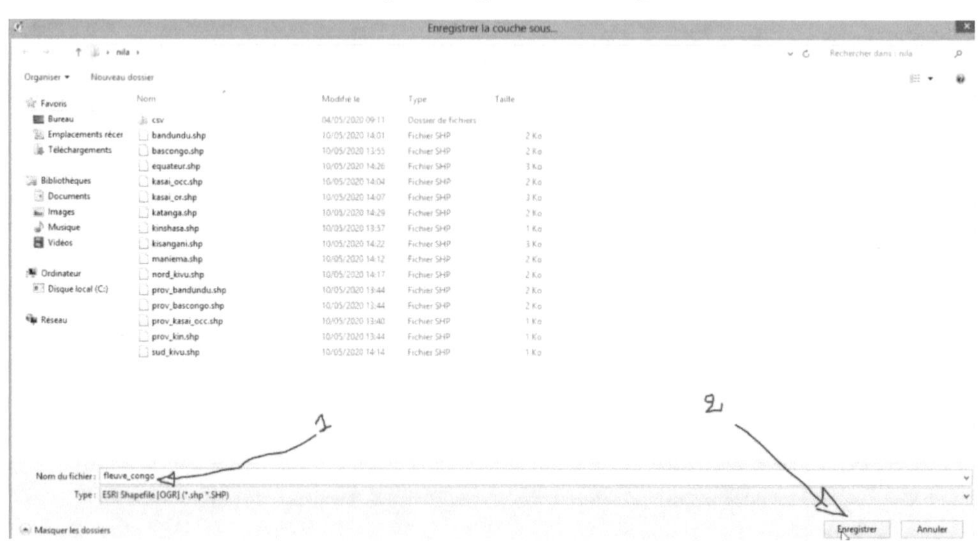

- En suite, vous pouvez zoomer votre carte pour mieux apercevoir le fleuve Congo

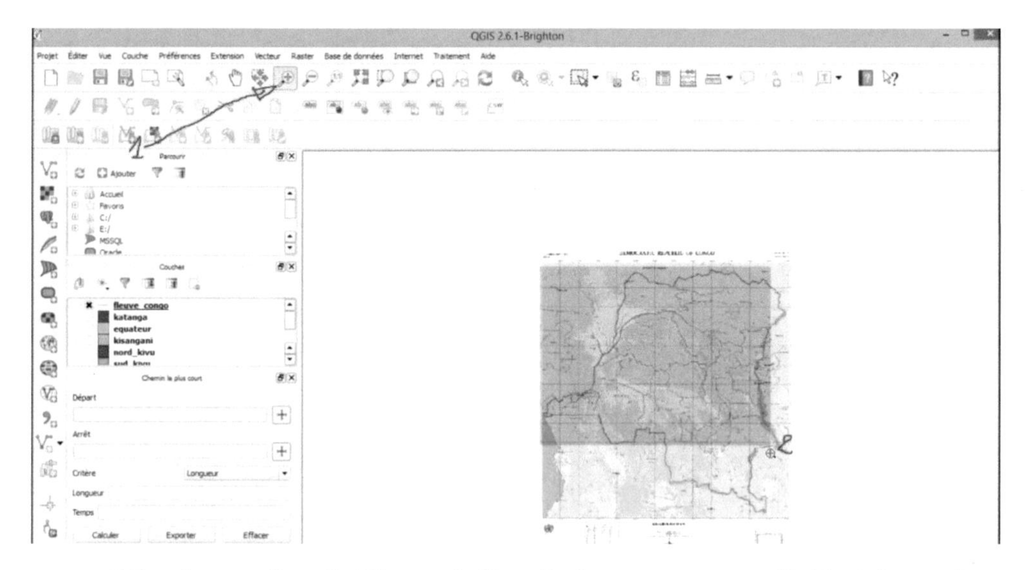

- Sélectionnez l'outil éditer puis l'outil ajouter une nouvelle Entité, ensuite calquer le fauve Congo.

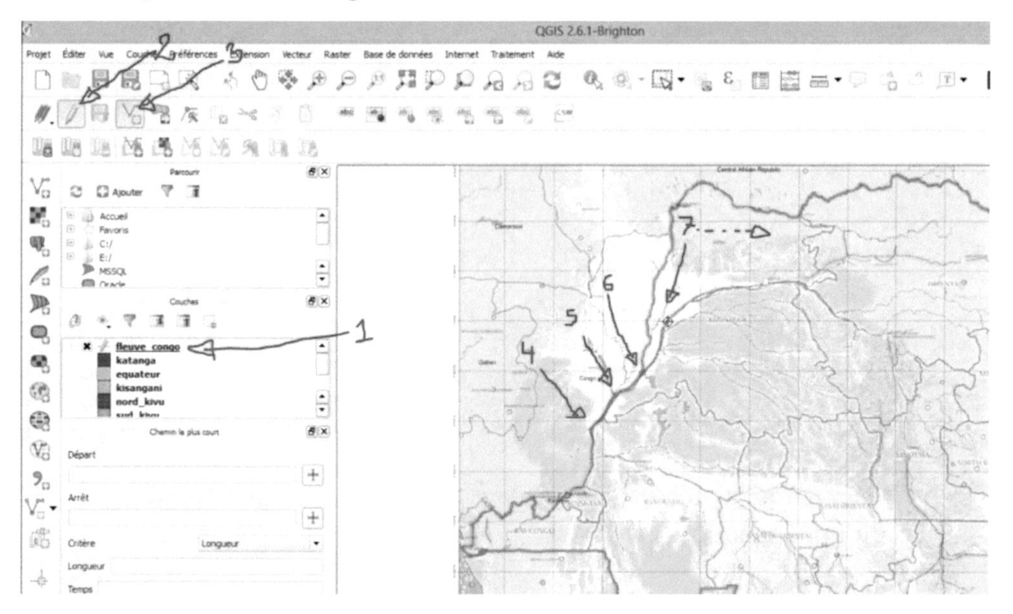

Dès que vous arrivez à la fin du fleuve

- Faites-y un clic droit. La fenêtre-fleuve Congo attribut apparait, renseignez l'Id et le nom de l'attribut puis cliquez sur **OK**.

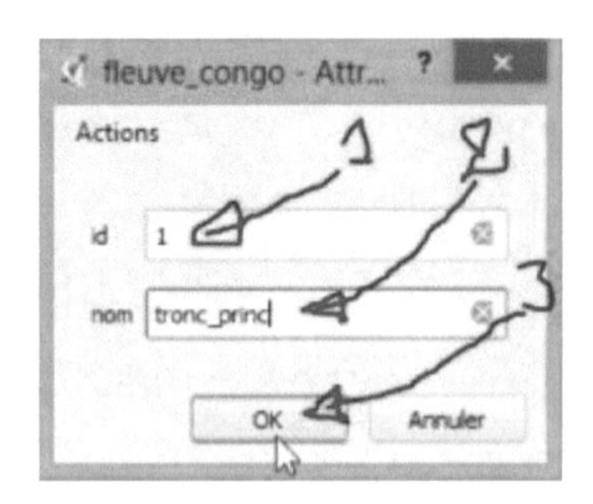

Voici le résultat

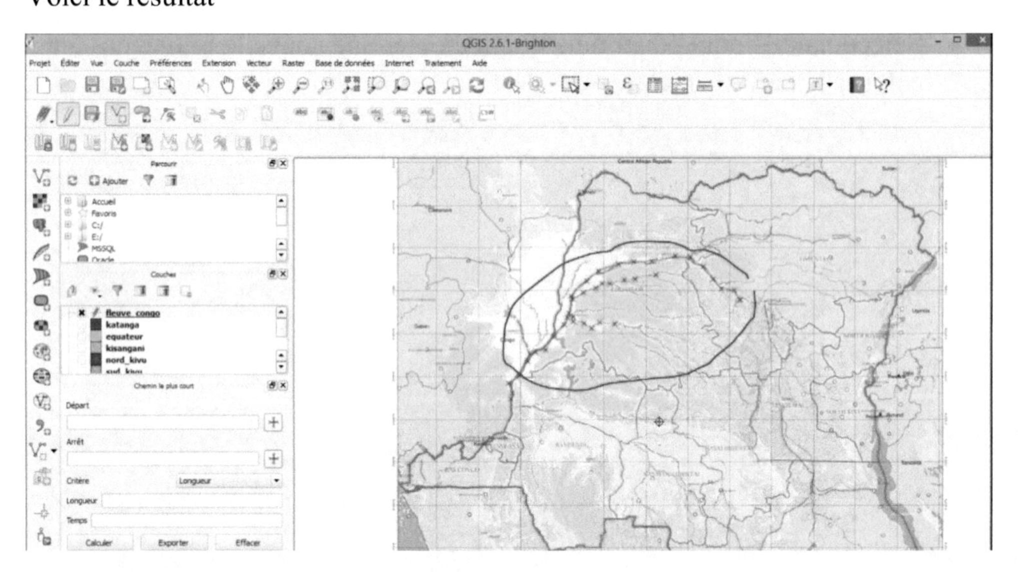

- Cliquez sur le bouton édité, puis dans la boite de dialogue **arrêtée l'édition**, cliquez sur **enregistrer**.

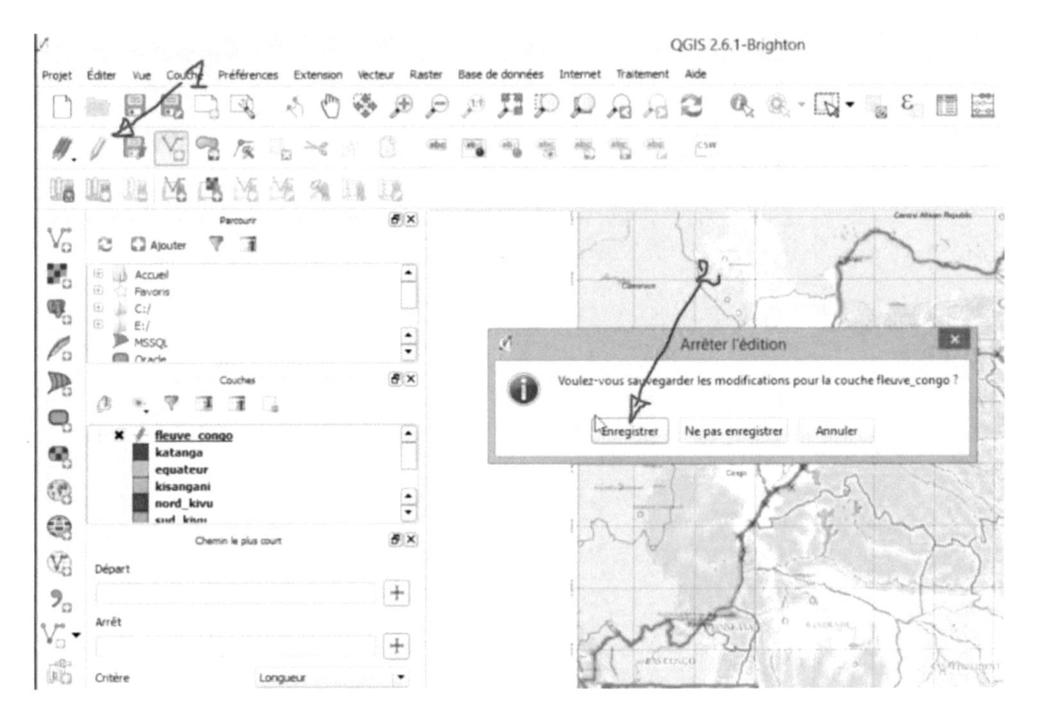

4.2.3 Digitalisation de points : chefs-lieux de provinces

- Cliquez sur la liste déroulante à côté de l'outil **Ajouter une nouvelle couche WFS** (ou allez sur le menu **couche**, sélectionner **ajouter une nouvelle couche** puis cliquez sur **ajouter une nouvelle couche WFS**)

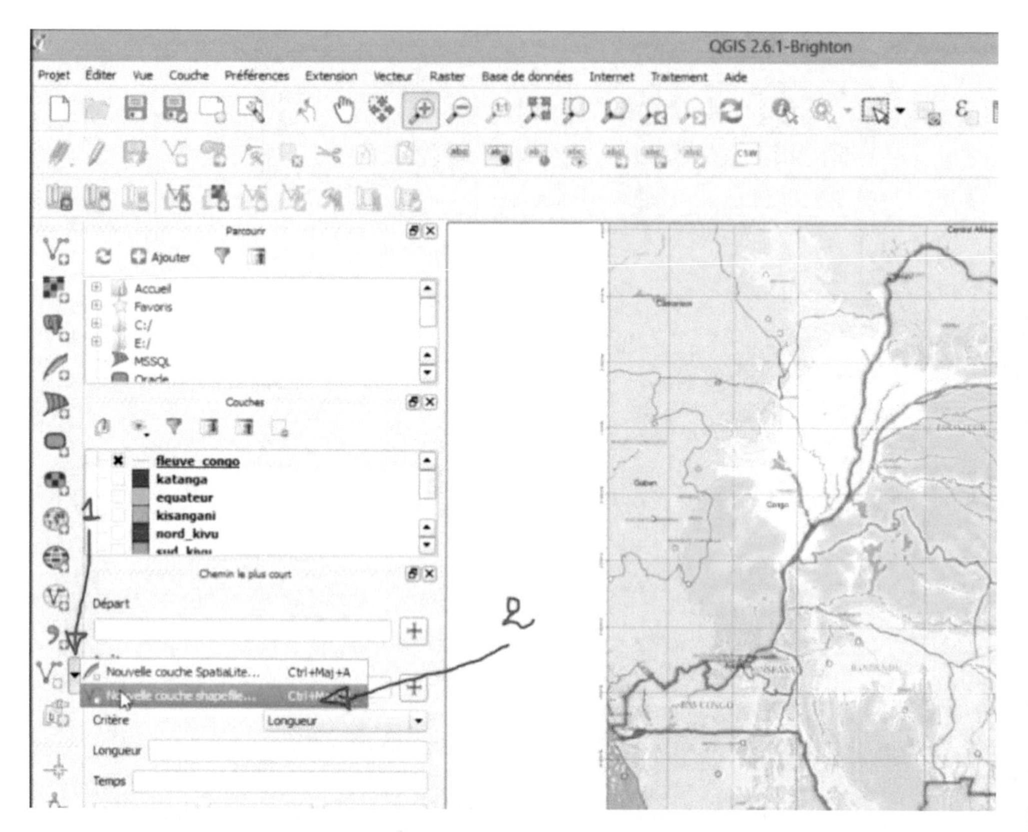

- Choisissez la couche point, donnez le nom de l'attribut, puis cliquez sur le bouton **ajouter un attribut** puis cliquez sur **Enregistrer**.

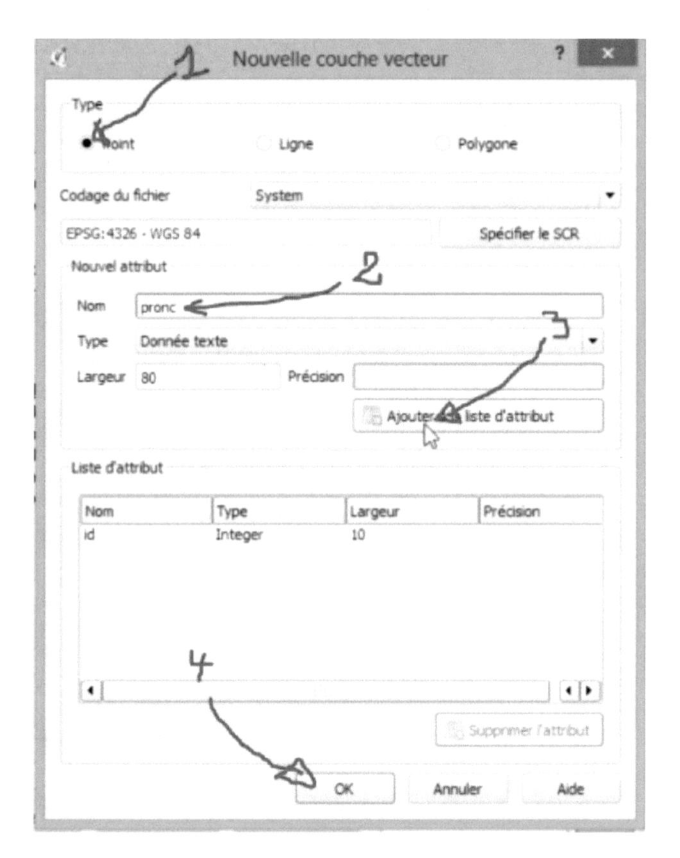

- Donnez le nom à votre chef-lieu puis cliquez sur **enregistrer**.

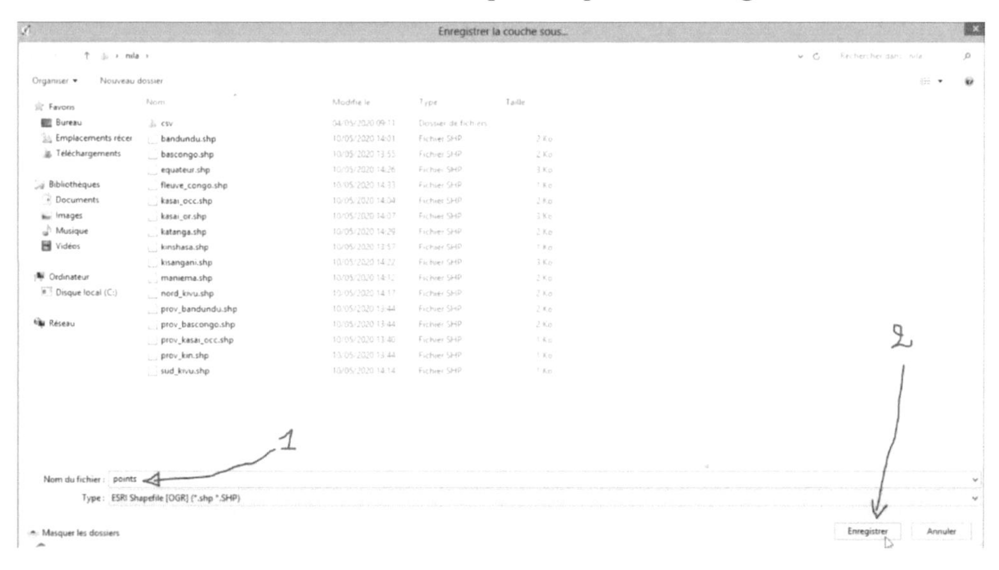

- Puis cliquez sur l'outil édité, puis l'outil Ajouter une nouvelle entité, ensuite cliquez sur le premier chef-lieu.

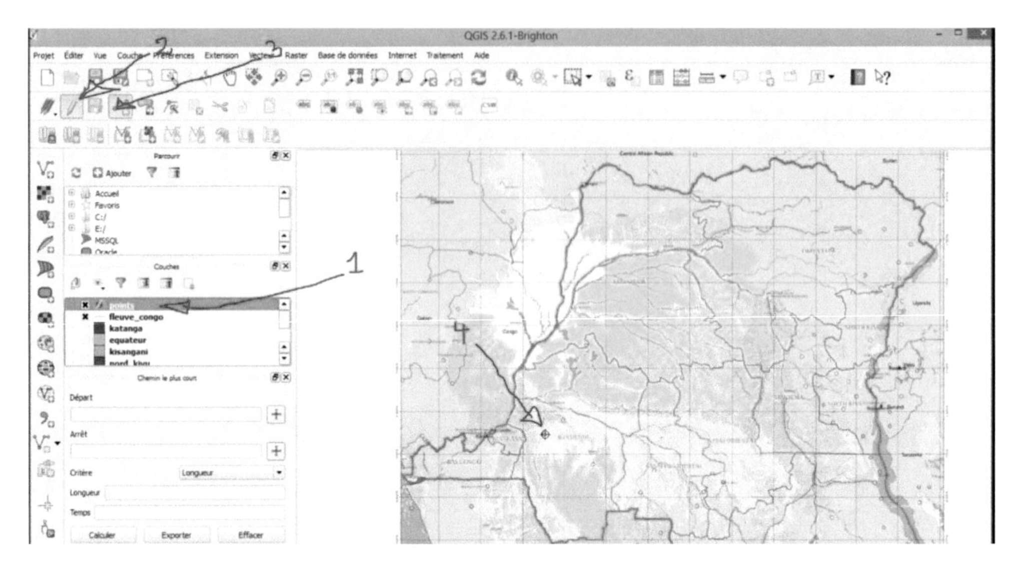

La fenêtre points attributs apparait

- Renseignez l'Id et la pronc puis cliquez sur **OK**.

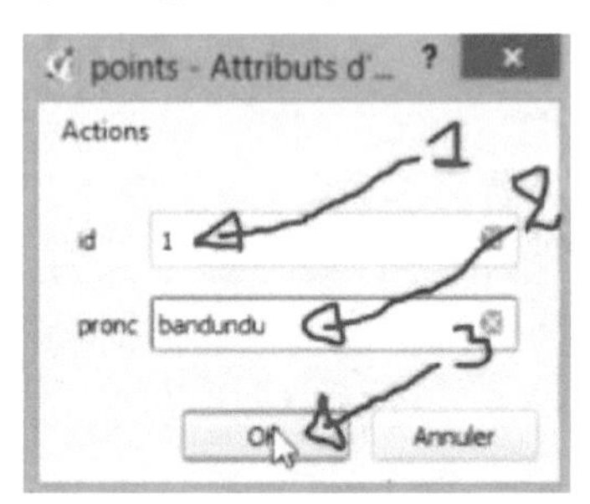

Voici les résultats

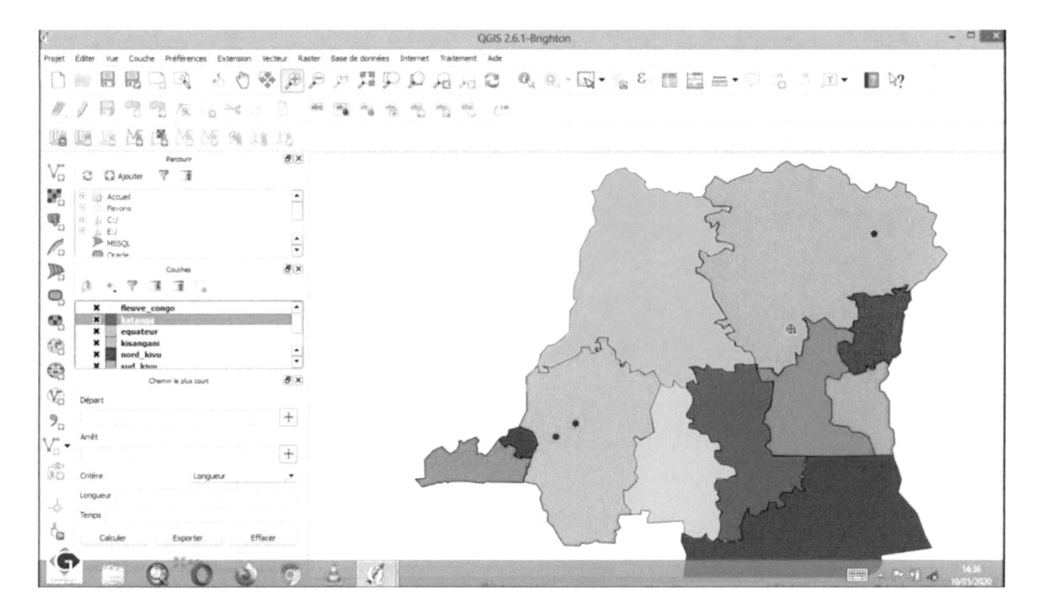

5. Carte à point : Carte d'échantillonnage ou carte de forage

5.1 Introduction

Une carte à points est une carte qui peut montre la répartition d'une variable quelconque sur un plan grâce à ses coordonnées géographiques. Cette variable peut être une altitute (carte topographique), une étiquète de forage (carte de forage), etc.

5.2 Comment créer une carte de forage (carte d'échantillonnage).

- Cliquez sur l'outil ajouter une nouvelle couche de texte délimiter (ou allez sur le menu **couche**, sélectionner **ajouter une nouvelle couche** puis cliquez sur ajouter une nouvelle couche de texte délimiter**)**

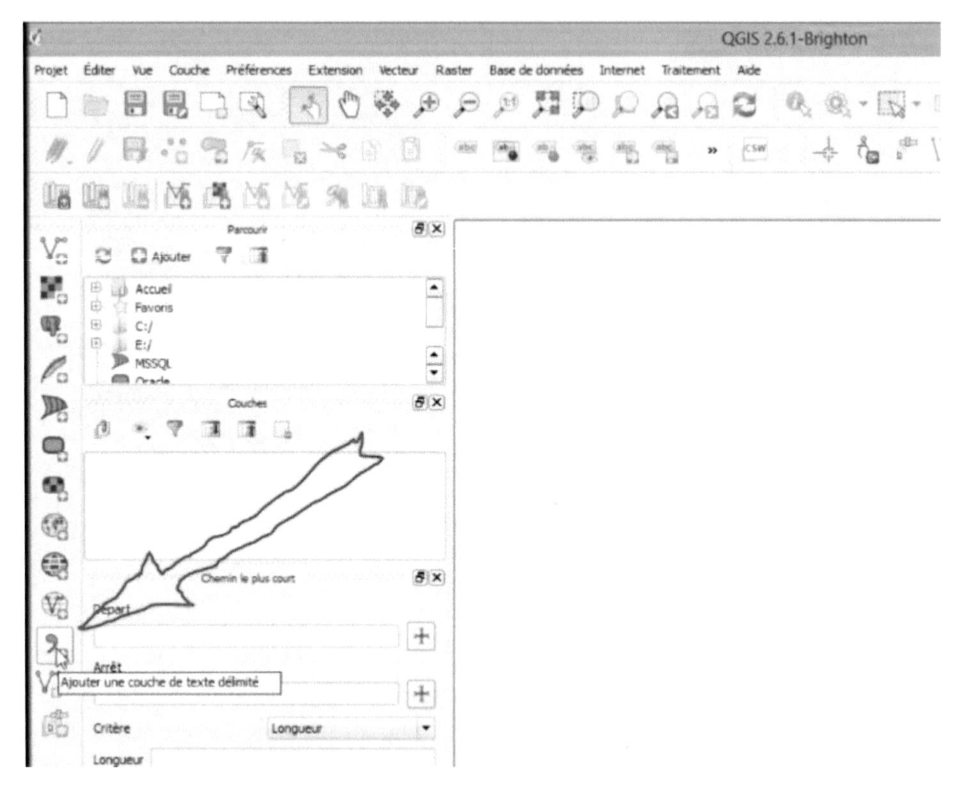

La fenêtre créer une couche depuis un fichier à texte délimité (csv) apparait.

- Cliquez sur le bouton parcourir

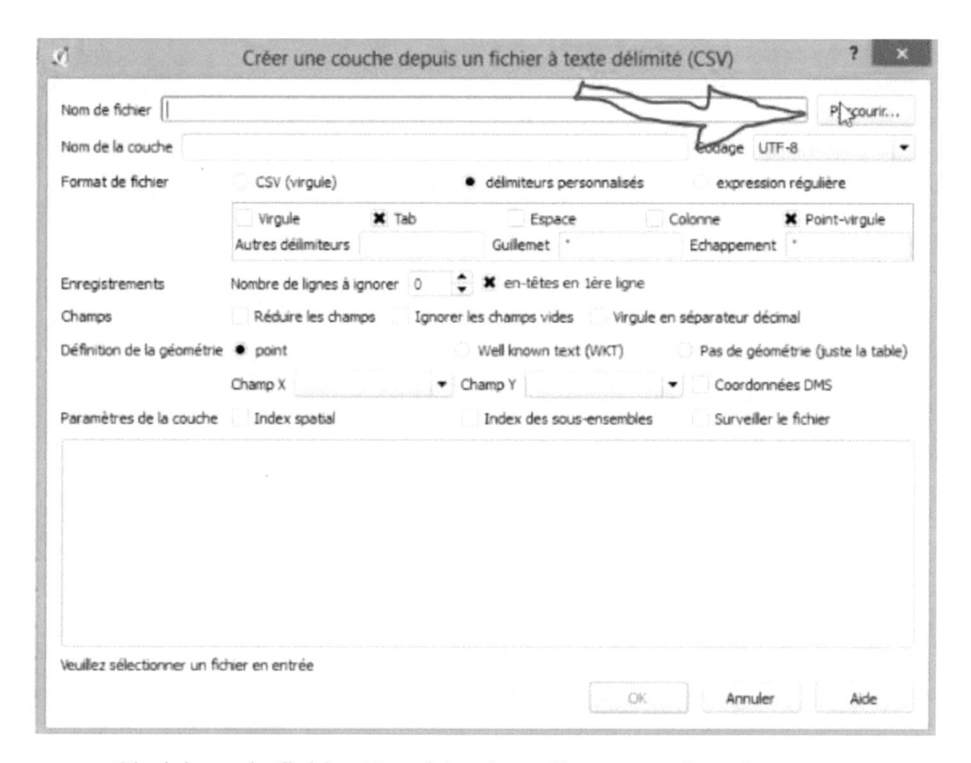

- Choisissez le fichiez Excel (csv) et cliquez sur **Ouvrir**.

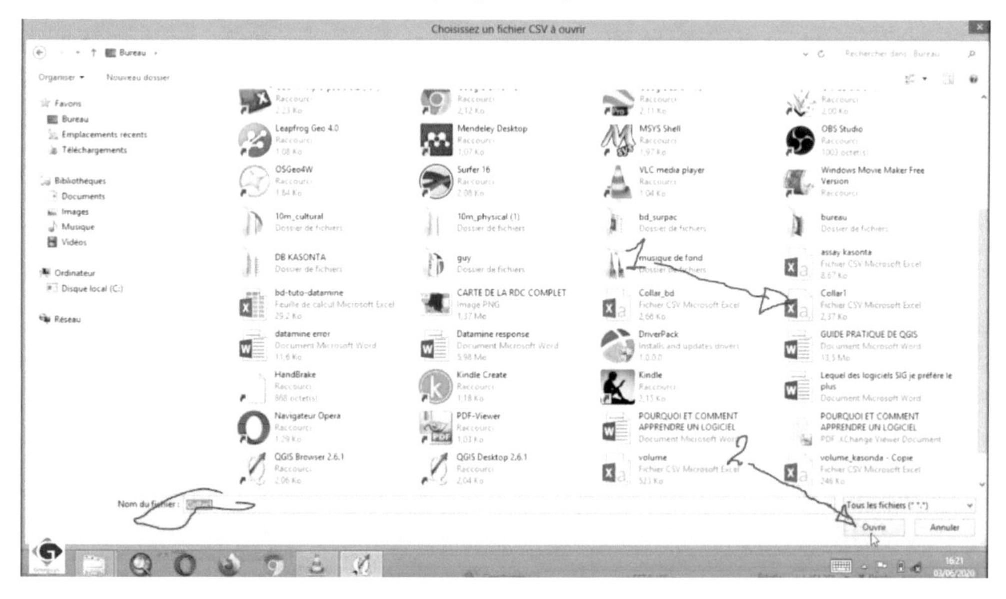

Dans la fenêtre, créez une couche depuis un fichier à texte délimité (csv)

- Sélectionnez le format de fichier **Delimiteur personnalisée** puis cochez l’option **Tab** et **points virgules**. (Dans l’objectif que le tableau s’affiche correctement dans le champ visuel, car les colonnes doivent y être bien séparées.). Dans le champ définir la **géométrie**, faites coïncider la longitude dans le champ X et la latitude dans le champ Y. Puis cliquez sur **OK**.

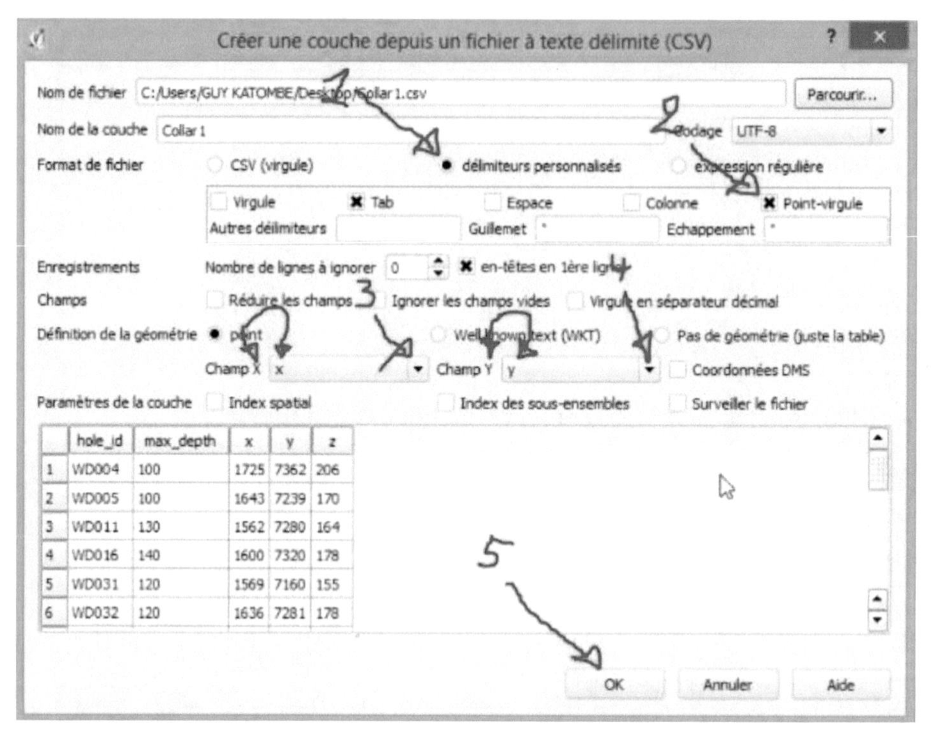

	hole_id	max_depth	x	y	z
1	WD004	100	1725	7362	206
2	WD005	100	1643	7239	170
3	WD011	130	1562	7280	164
4	WD016	140	1600	7320	178
5	WD031	120	1569	7160	155
6	WD032	120	1636	7281	178

Vous êtes en suite appelée à choisir votre système de projection dans la fenêtre **Sélectionneur de Systèmes de projection**.

- Dans le champ Filtre, tapez un mot clef, un nom du pays de votre carte ou un système de projection spécifique. Dans le champ **liste de SCR mondiales**, sélectionner le système de projection correspond puis cliquez sur **OK**.

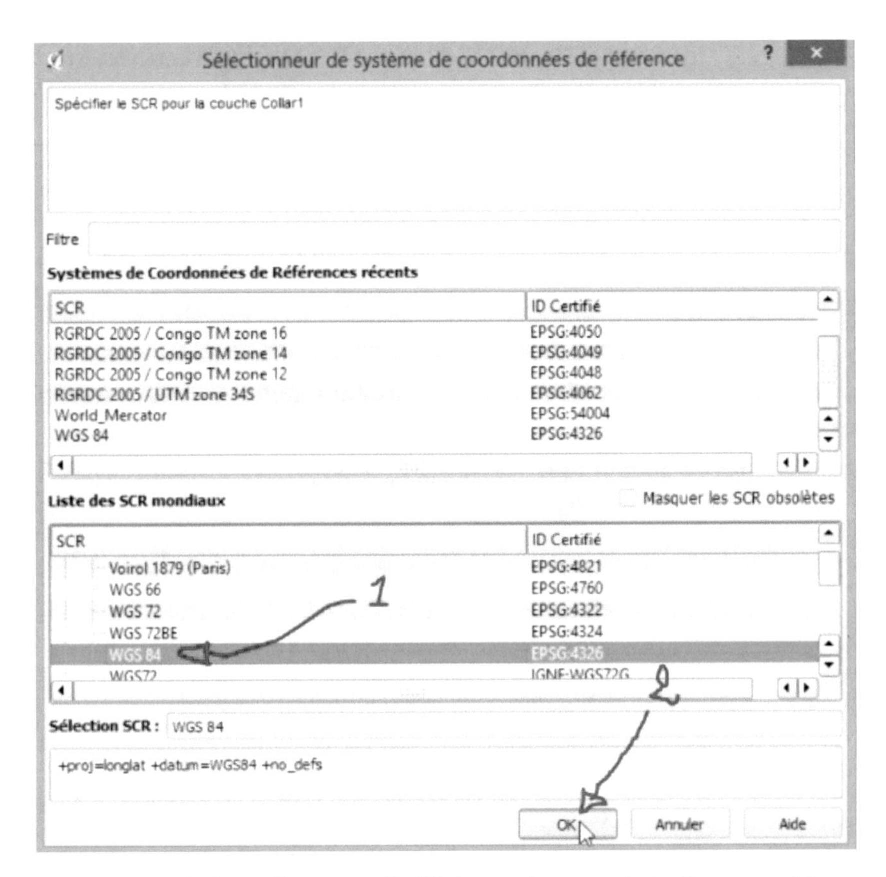

Votre carte apparait dans l'espace d'affichage de votre interface graphique.

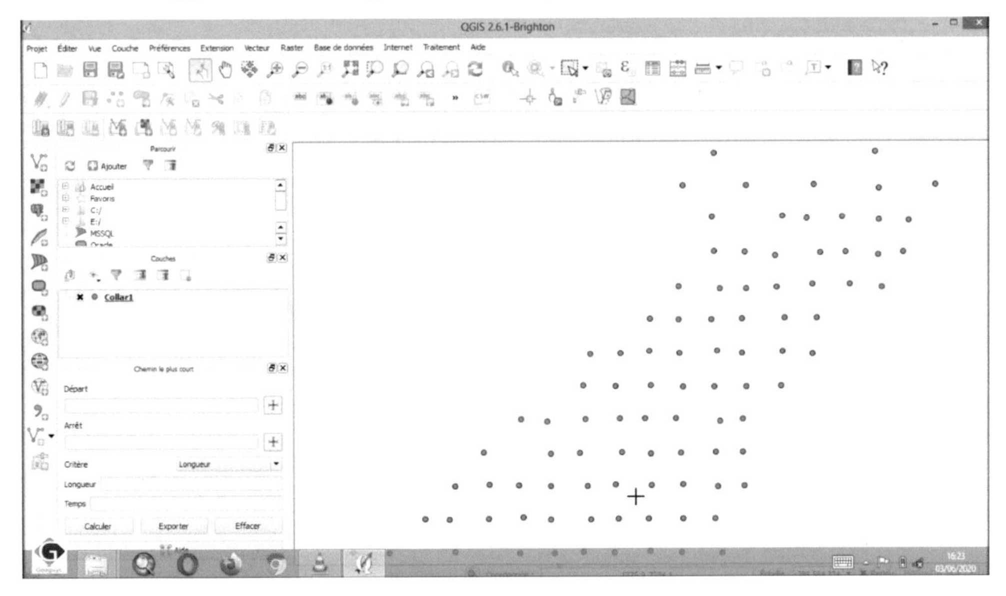

Une fois que la carte à points est créée, vous pouvez en suite ajouter des étiquettes pour décrire et repérer vos différents points affichés sur la carte. Pour ce faire :

- Cliquez sur la carte (dans la **fenêtre, couche**), faites-y un clic droit puis sélectionnez **Propriétés**.

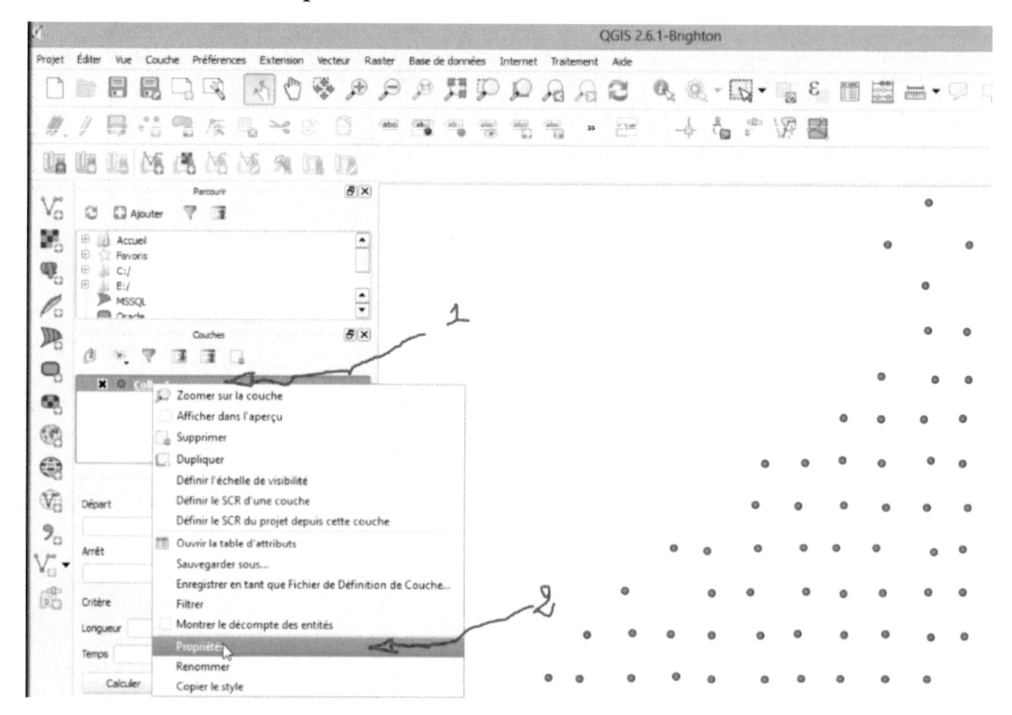

Dans la fenêtre **Propriété de la couche…** qui apparait, cliquez étiquette, cochez la case étiqueter cette couche avec et sélectionnez l'étiquette Hole_Id puis cliquez sur appliquer.

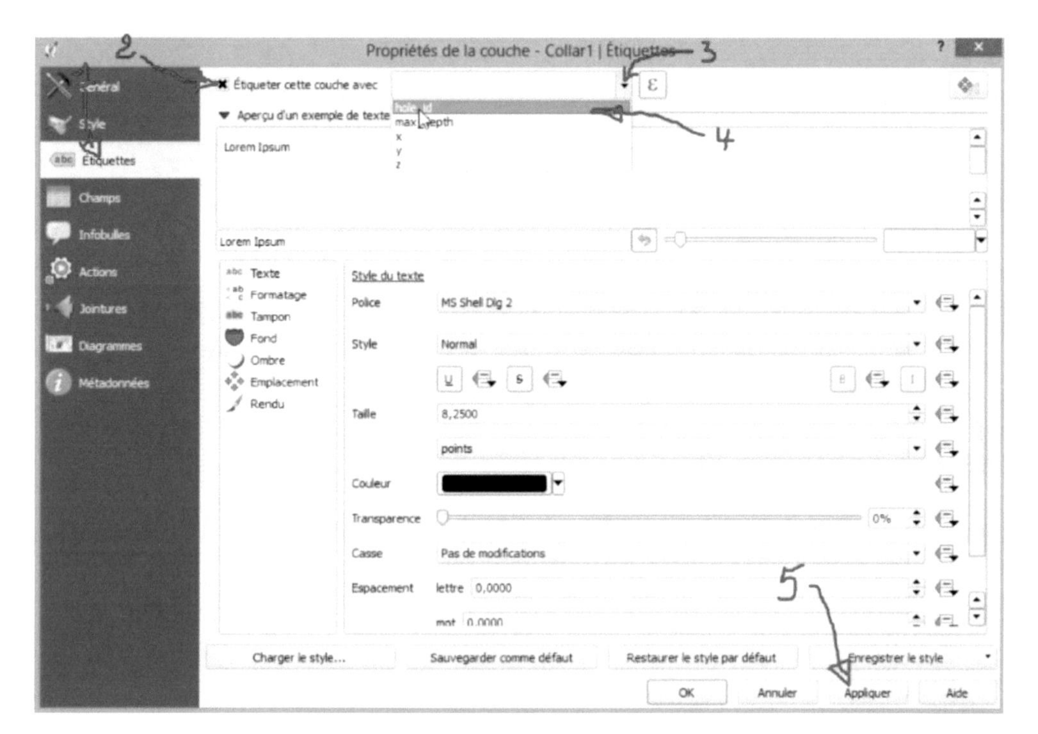

- Cliquez sur le Menu style, sélectionnez symbole simple, faites votre choix du symbole

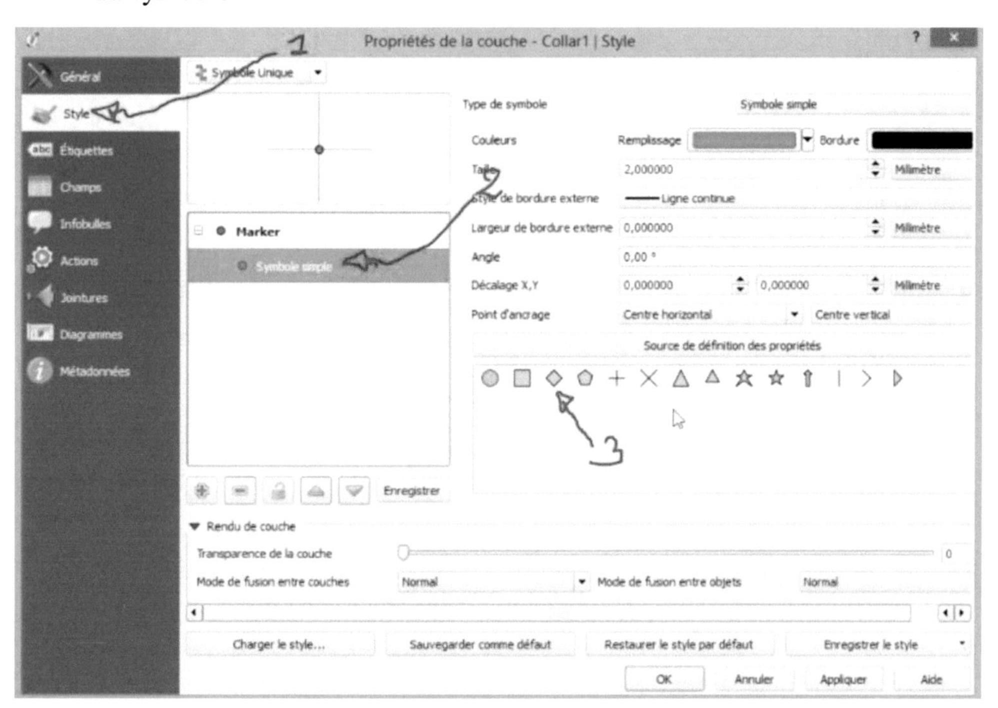

- Cliquez sur la liste déroulante Remplissage puis faites le choix de votre couleur

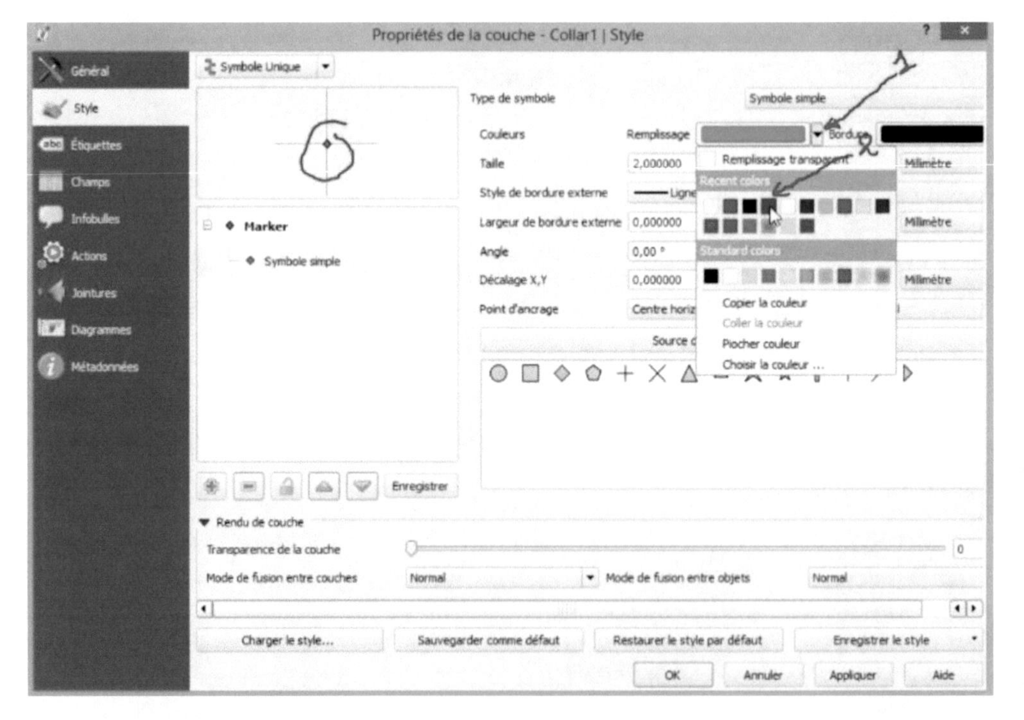

- Augmentez ou diminuez la taille de votre symbole, choisissez ou pas que votre symbole ait un entourage. Cliquez sur **appliquez** puis sur **OK**.

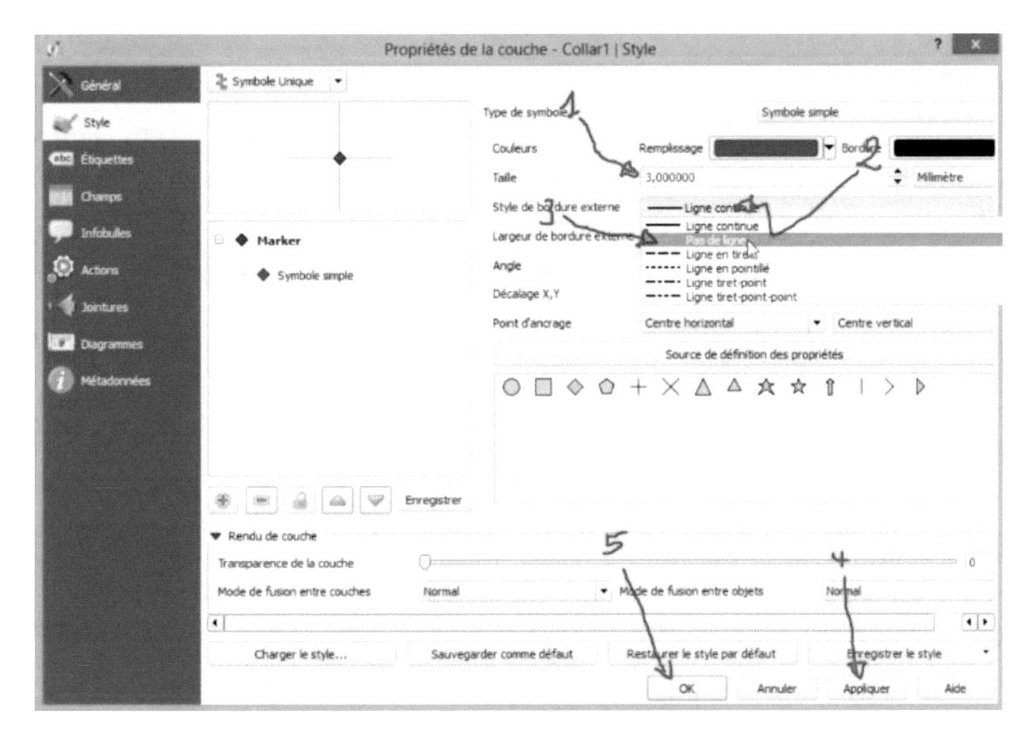

Voici le résultat

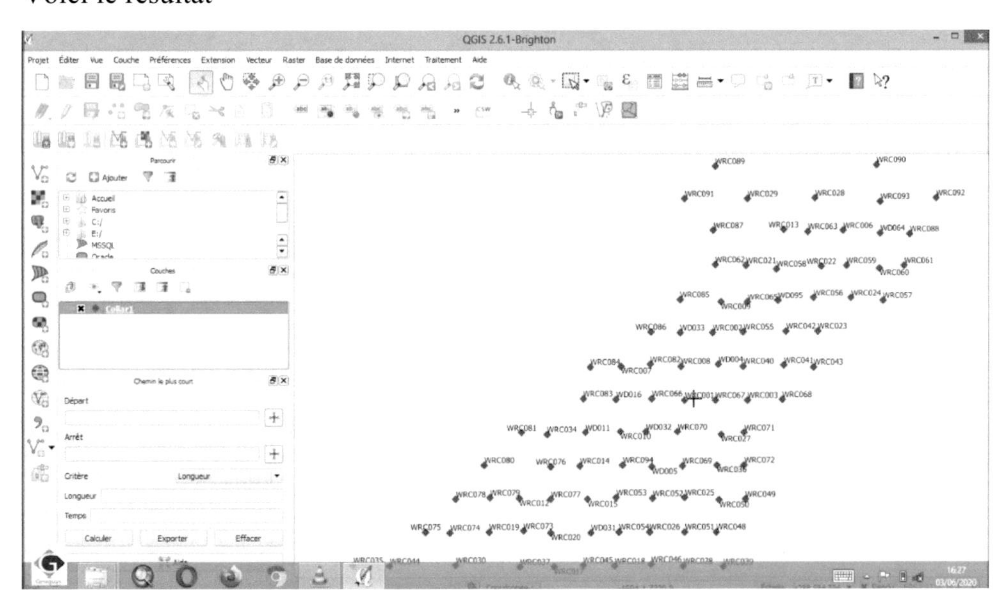

6. Carte d'isovaleurs : Carte d'isoteneurs, carte topographique, etc.

6.1 Introduction

Une carte d'isovaleur est une représentation sous forme de courbe de mêmes valeurs d'une variable sur un plan.. Il existe plusieurs types de cartes d'isovaleurs à savoir :

- ✓ Une carte topographique : la variable est l'altitude. Elle est faite des courbes d'isoaltitudes aussi appelées cote.
- ✓ Une carte d'isoteneur : la variable est la teneur minérale. Elle est faite des courbes d'isoteneurs.
- ✓ Une carte piézométrique : la variable est le niveau piézométrique. Elle est faite des courbes piézométriques.

6.2 Comment créer une carte d'isoteneur avec Qgis

Pour créer une carte d'isoteneur, il faut installer une extension (plugin) sur Qgis qui va vous le permettre. Pour ce faire :

- Cliquez sur le Menu Extensions, la fenêtre Extension apparait, cliquez sur le Menu non installé. Dans la barre de recherche tapez contour plug-in, sélectionnez le dans la liste puis cliquez sur installer le plug-in.

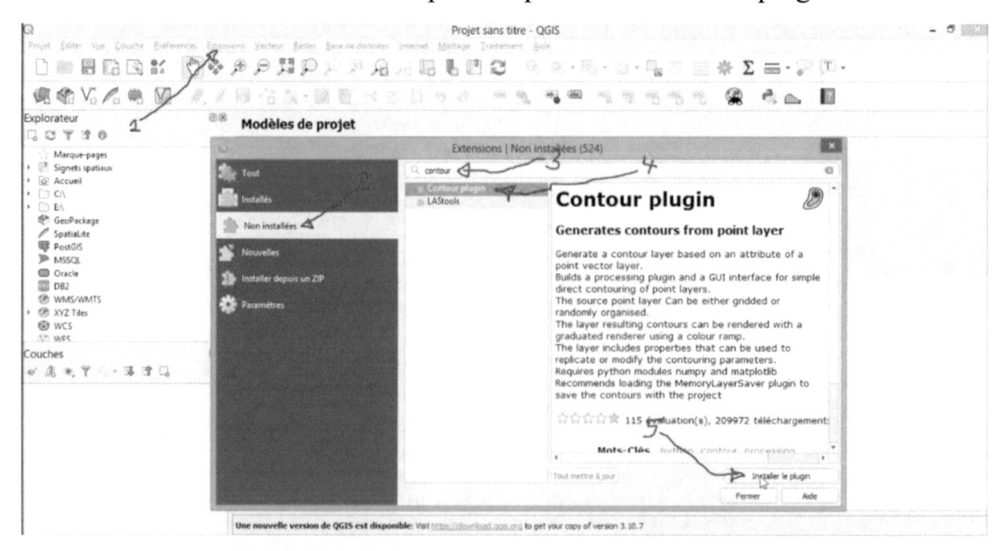

- L'installation du plug-in amorce

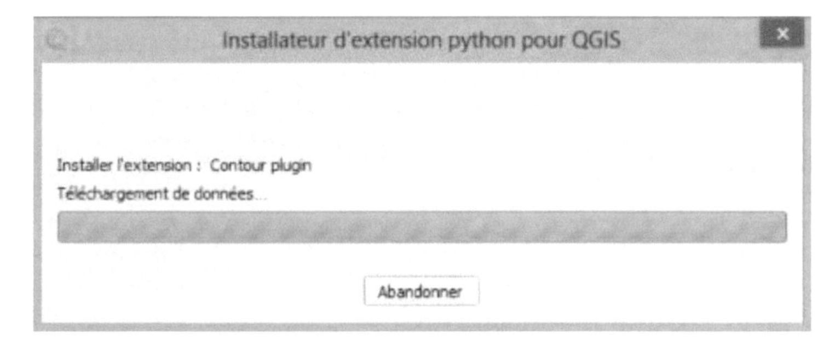

- Une fois l'installation terminée, cliquez sur Fermer.

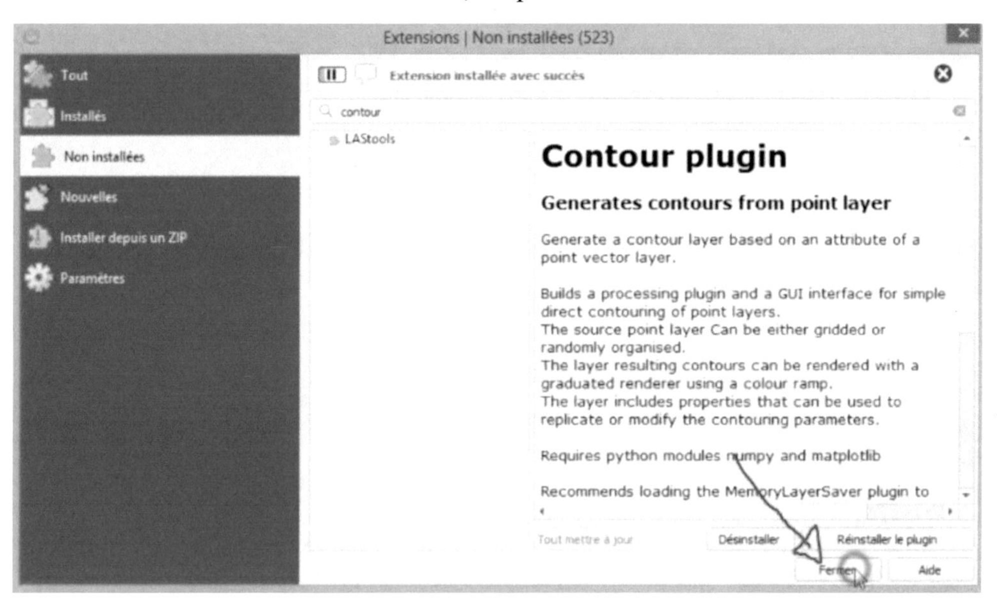

Vous verrez ensuite le plug-in sur la barre d'outils.

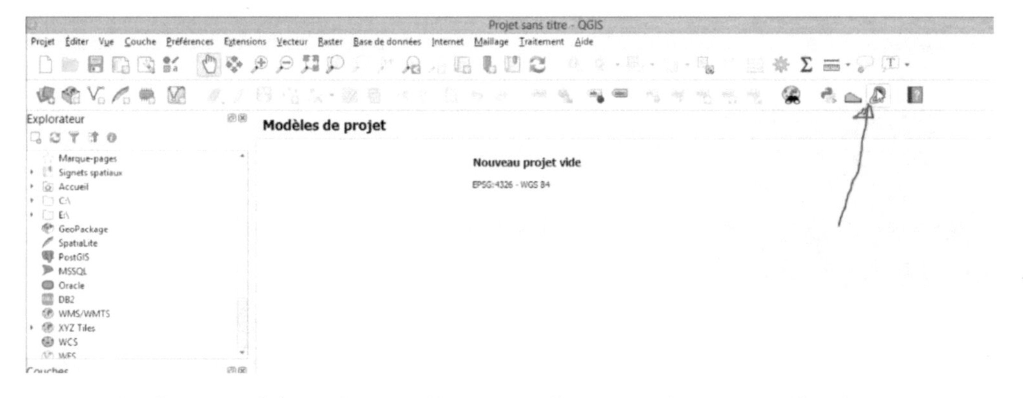

Pour créer la carte d'isovaleurs, cliquez sur le **menu Couche**, sélectionner une **couche raster** puis choisissez **ajouter une nouvelle couche de texte**.

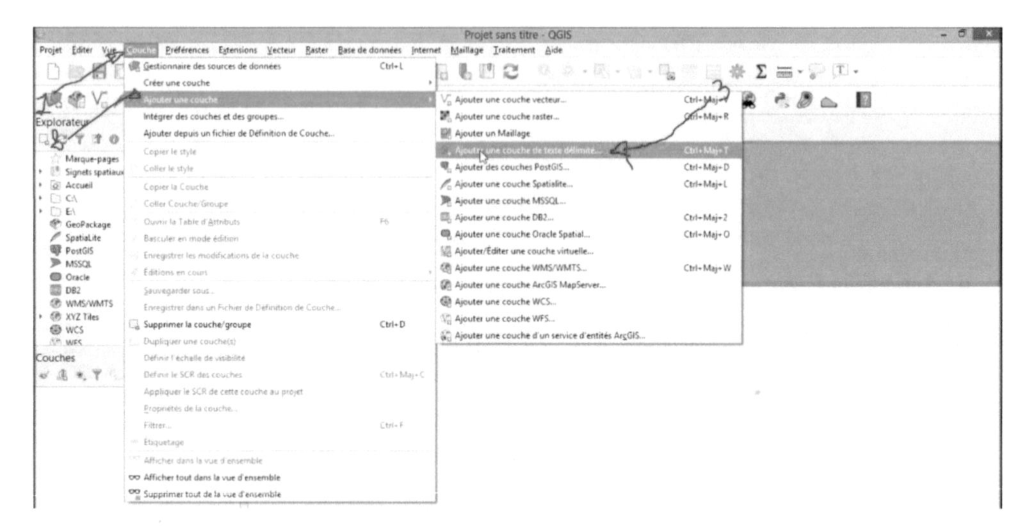

Dans la fenêtre gestionnaire des sources de données/Texte délimitées cliquez sur les trois pointiers (bouton **parcourir**)

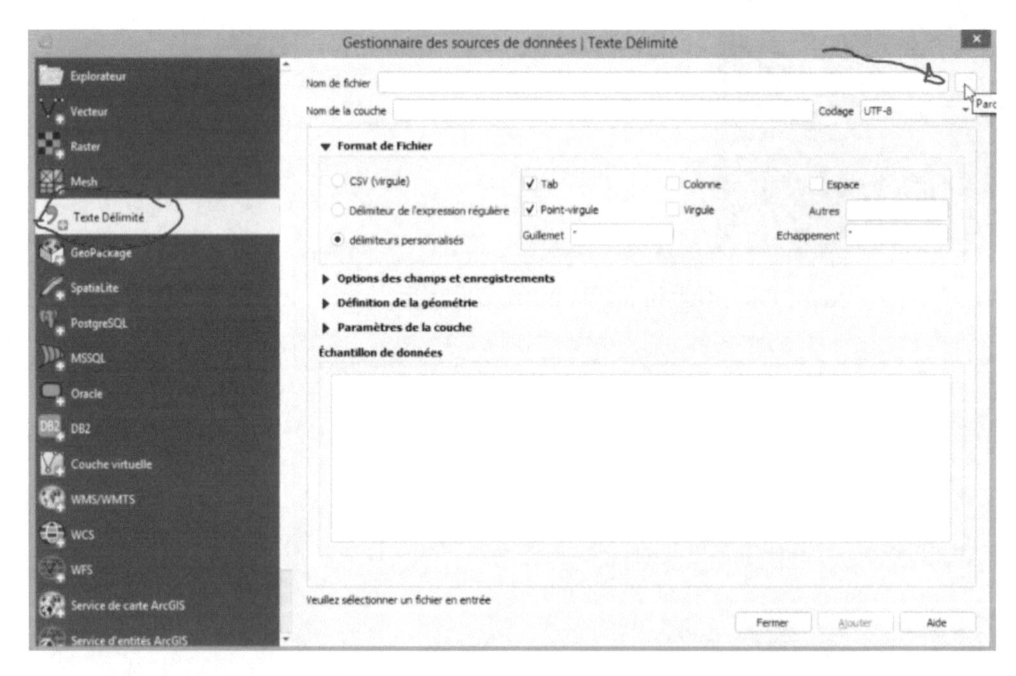

- Sélectionnez le fichiez Excel (csv) puis cliquez sur **Ouvrir**.

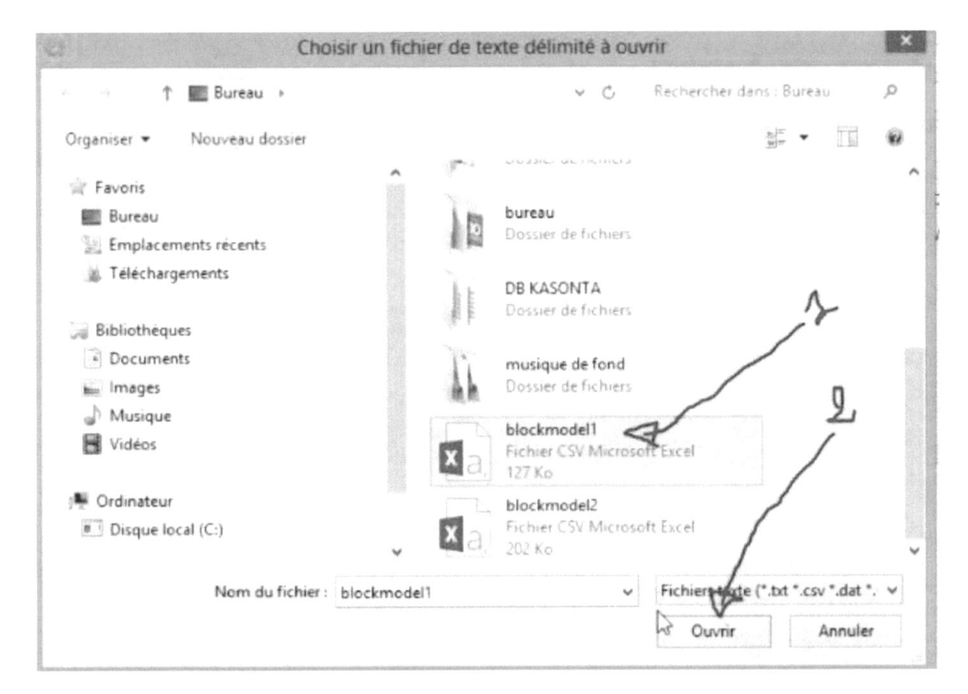

- Choisissez en suite le format du fichier qui affiche mieux votre tableau dans le champ visuel notamment : le fichier délimiteurs personnaliser et cochez la case point virgule.

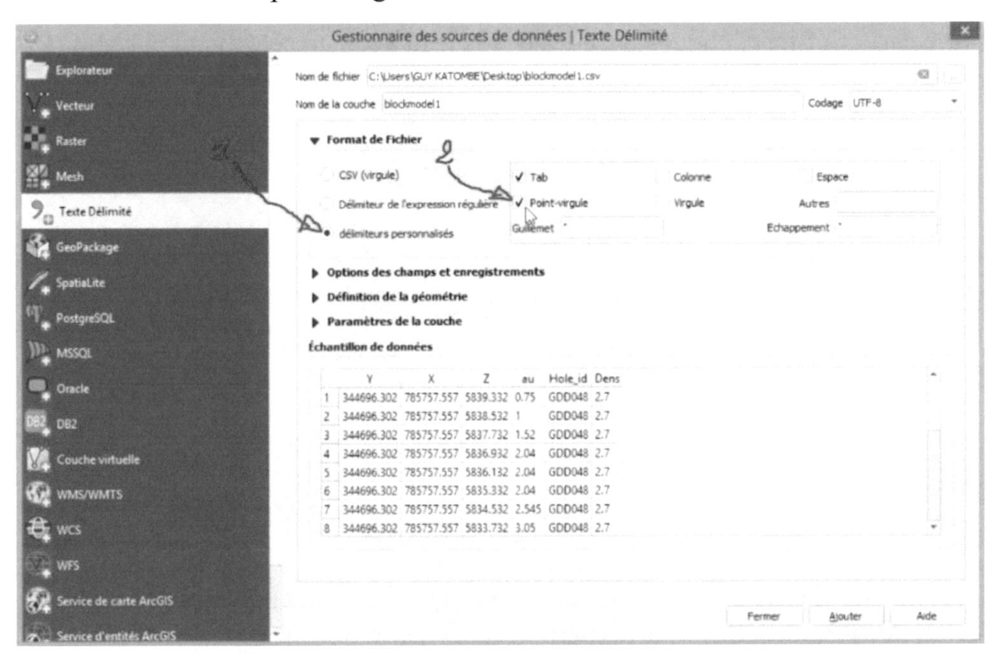

- Puis cliquez sur l'option définition de la géométrie. Correspondez le champ x à la longitude et le champ Y à la latitude puis cliquez sur

Ajouter puis **Fermer**.

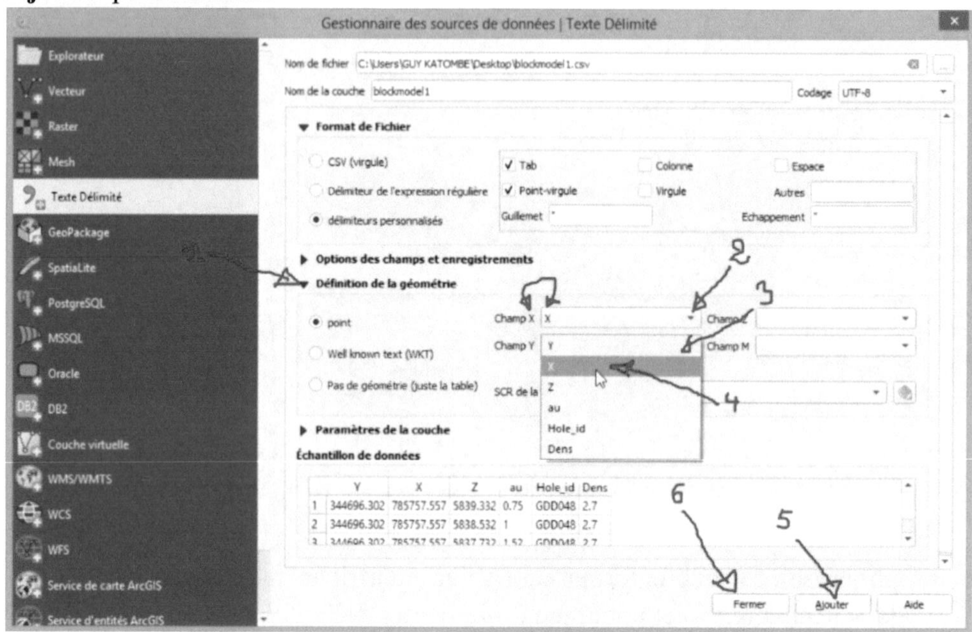

.

Votre carte s'affiche, cliquez ensuite sur le menu vecteur, sélectionné l'option contour.

Dans la nouvelle fenêtre (dénommé contour) qui apparait, cliquez dans la liste déroulante Data value et sélectionnez au (la teneur moyenne).

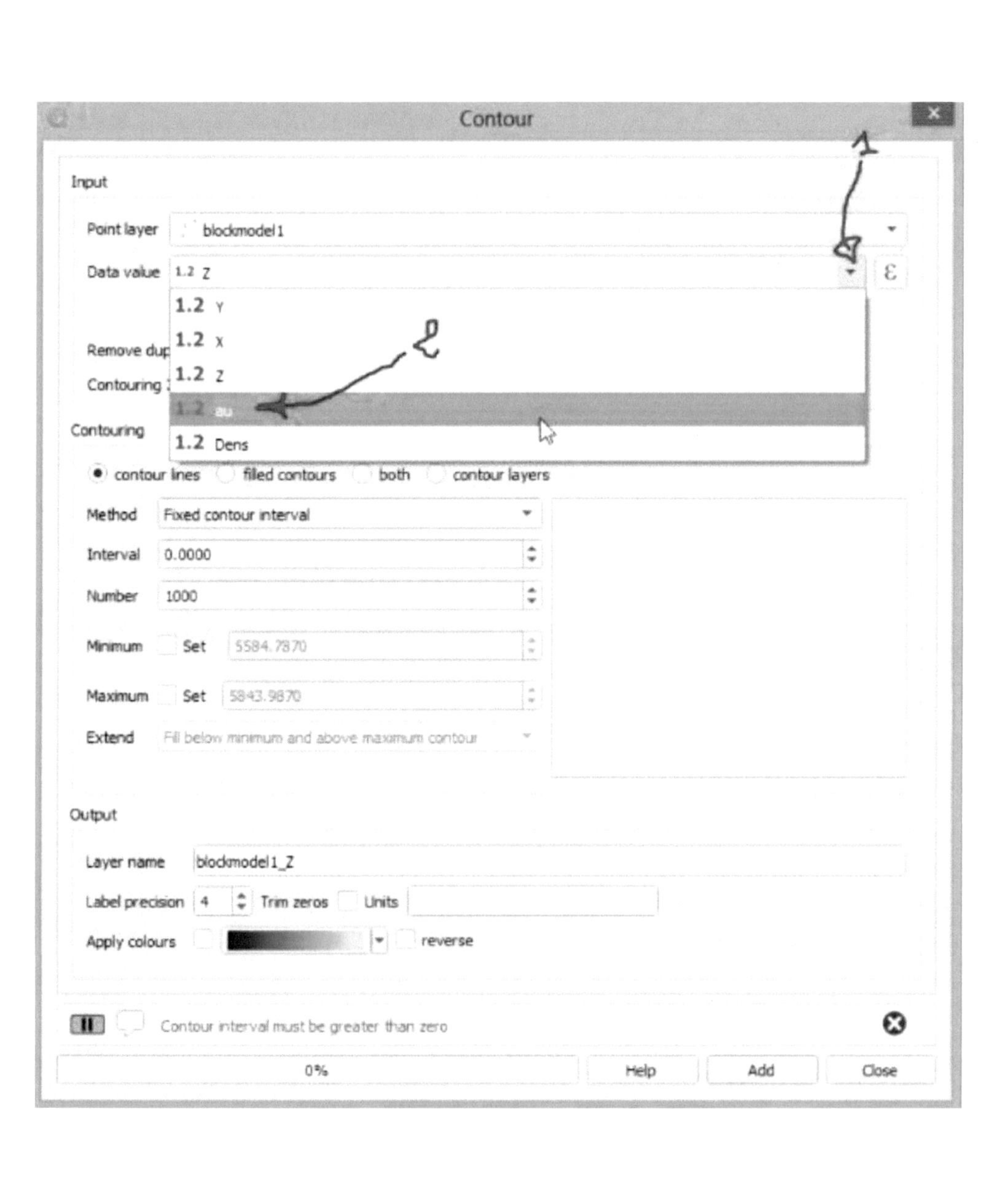
Contour
Input
Point layer
blockmodel1
Data value
1.2 Z
1.2 Y
1.2 X
1.2 Z
1.2 au
1.2 Dens
Remove dup
Contouring
Contouring
contour lines
filled contours
both
contour layers
Method
Fixed contour interval
Interval
0.0000
Number
1000
Minimum
Set
5584.7870
Maximum
Set
5843.9870
Extend
Fill below minimum and above maximum contour
Output
Layer name
blockmodel1_Z
Label precision
4
Trim zeros
Units
Apply colours
reverse
Contour interval must be greater than zero
0%
Help
Add
Close
1
2

- Puis dans la liste déroulante **Apply Color**

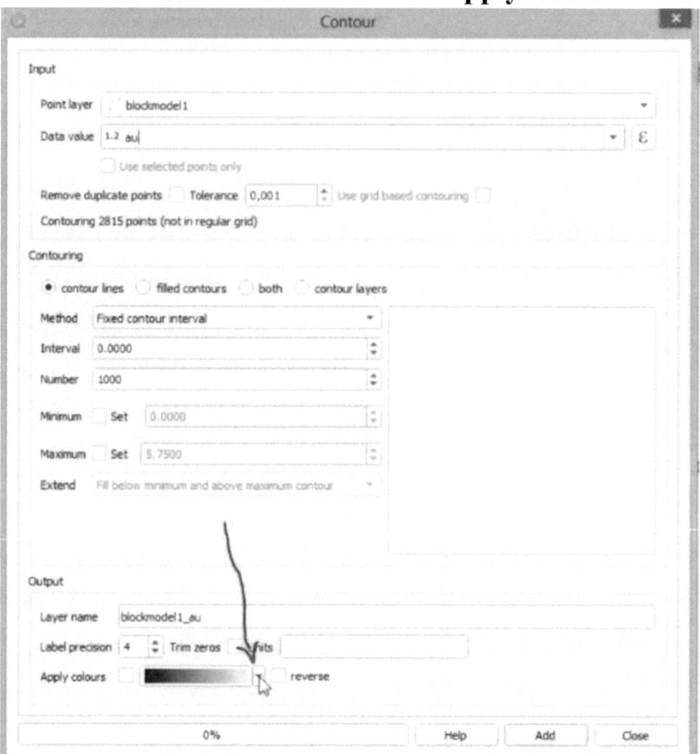

- Sélectionnez une liste de couleur

- Donnez un intervalle raisonnable par rapport à vos valeurs de teneurs moyennes. Cliquez ensuite sur le bouton **Add** puis **close**.

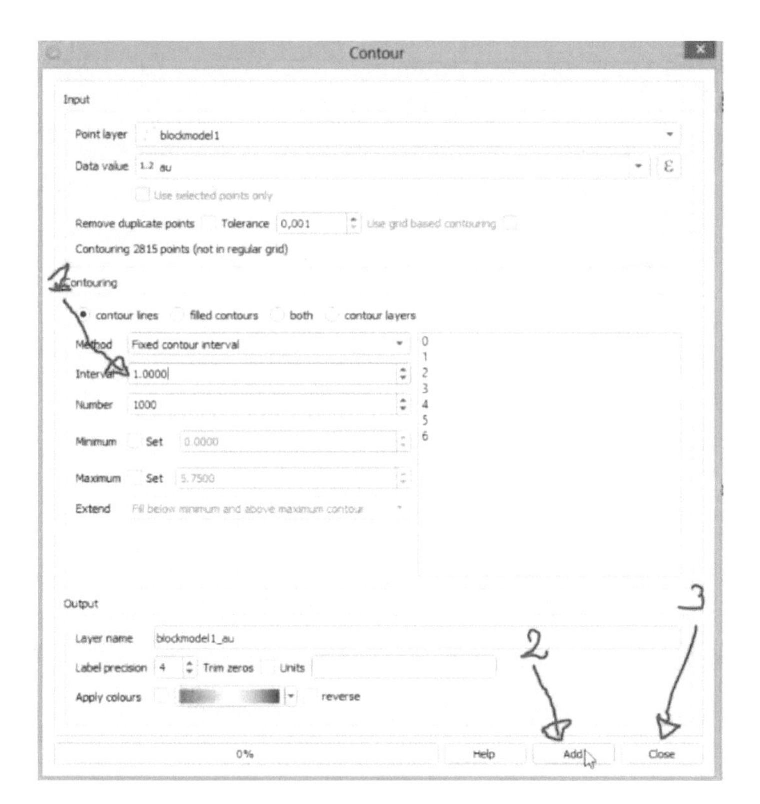

Votre carte s’affiche.

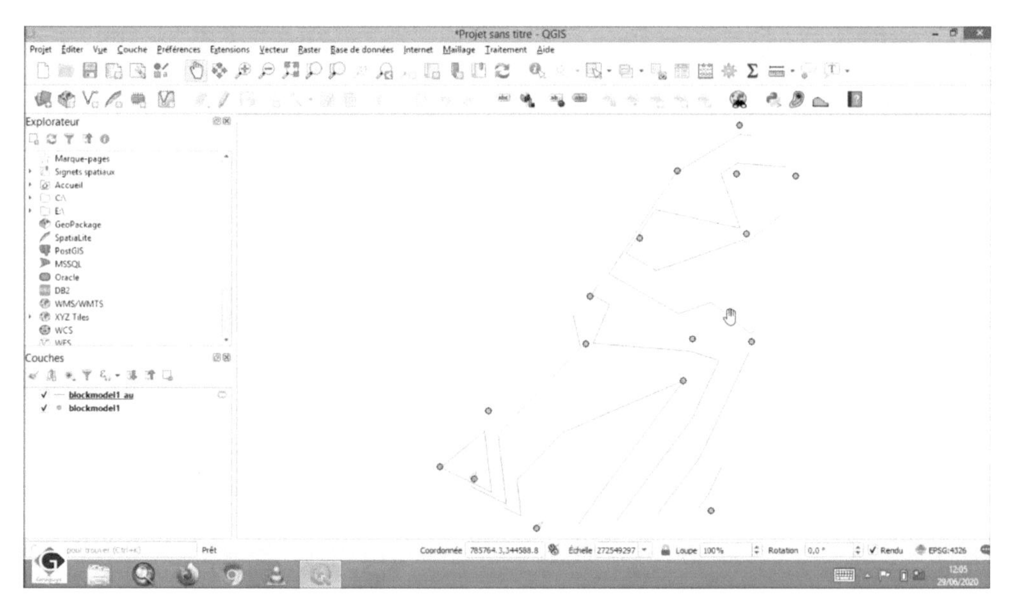

Pour ajouter les étiquettes à vos courbes d’isoteneurs, faites un clic droit sur la carte (dans la fenêtre, couche), sélectionner propriétés.

Dans la nouvelle fenêtre **Propriétés de la couche**

- Cliquez sur le champ pas d'étiquette et sélectionnez **Étiquette simple**.

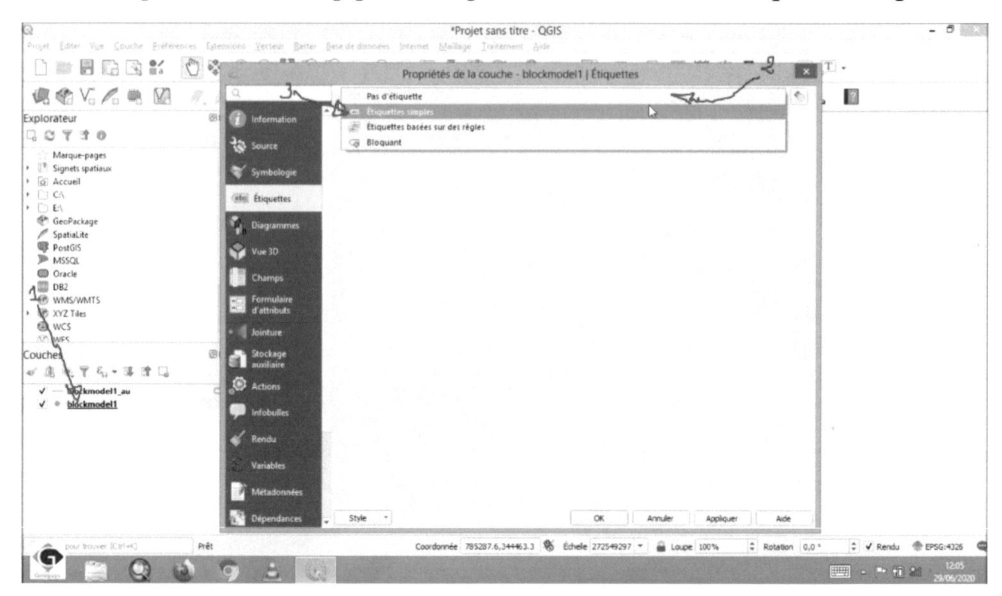

- Cliquez sur la liste déroulante **Valeur**, et sélectionnez au (teneur moyenne).

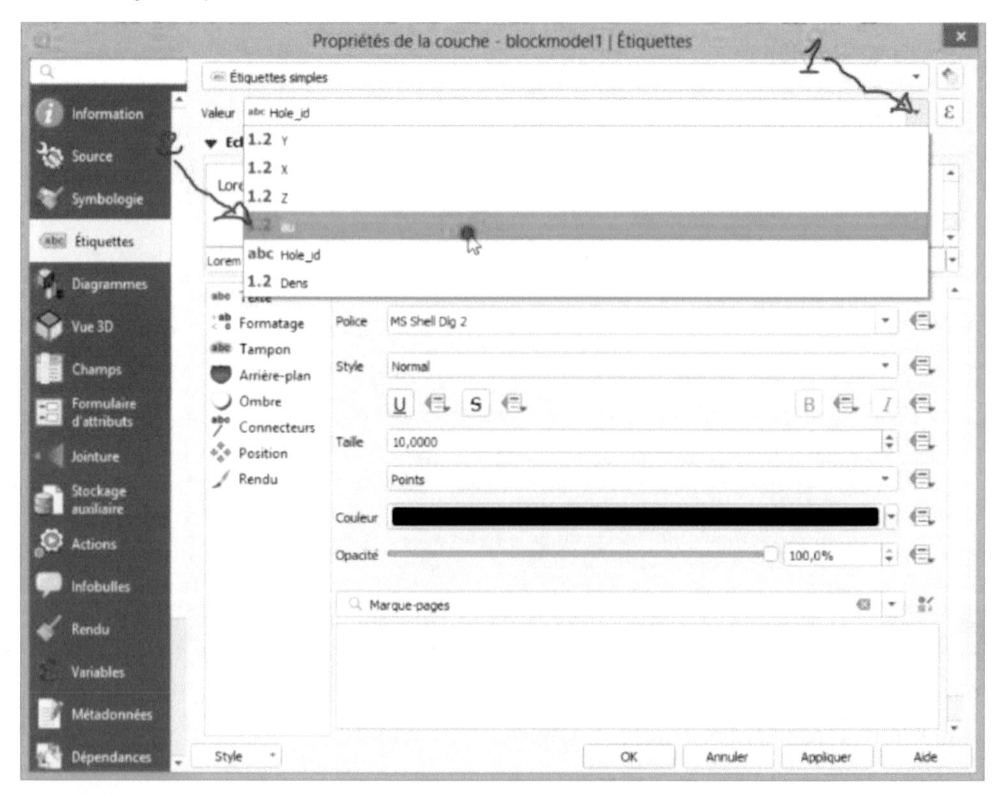

- Cliquez sur **appliquer** puis **OK**.

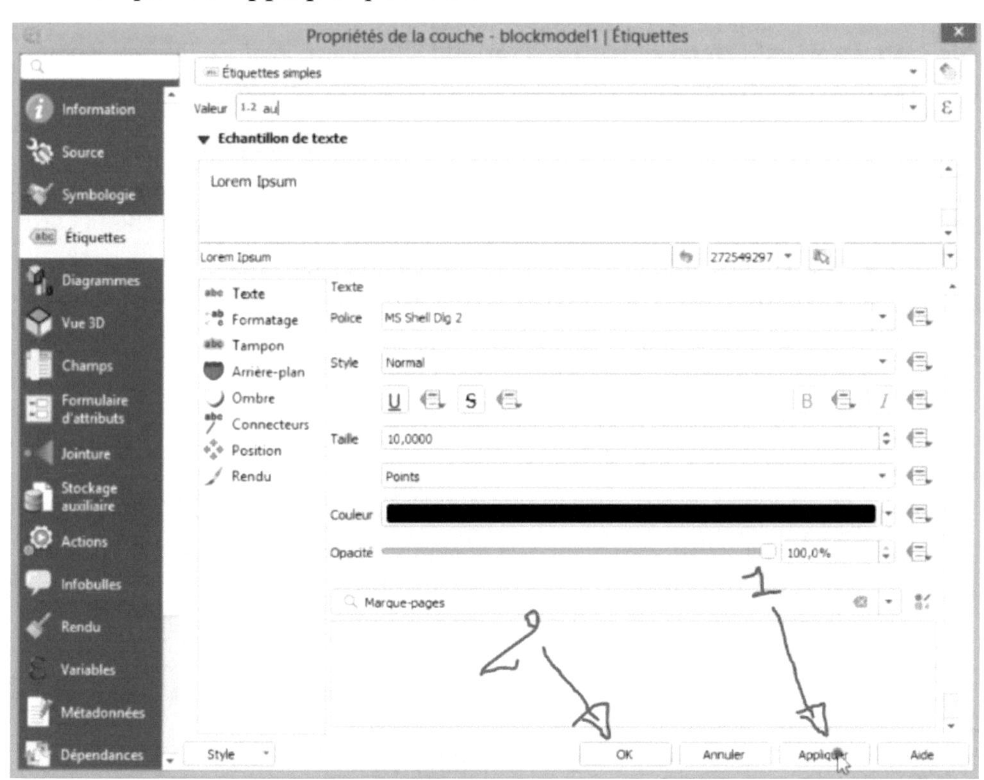

Voici le résultat.

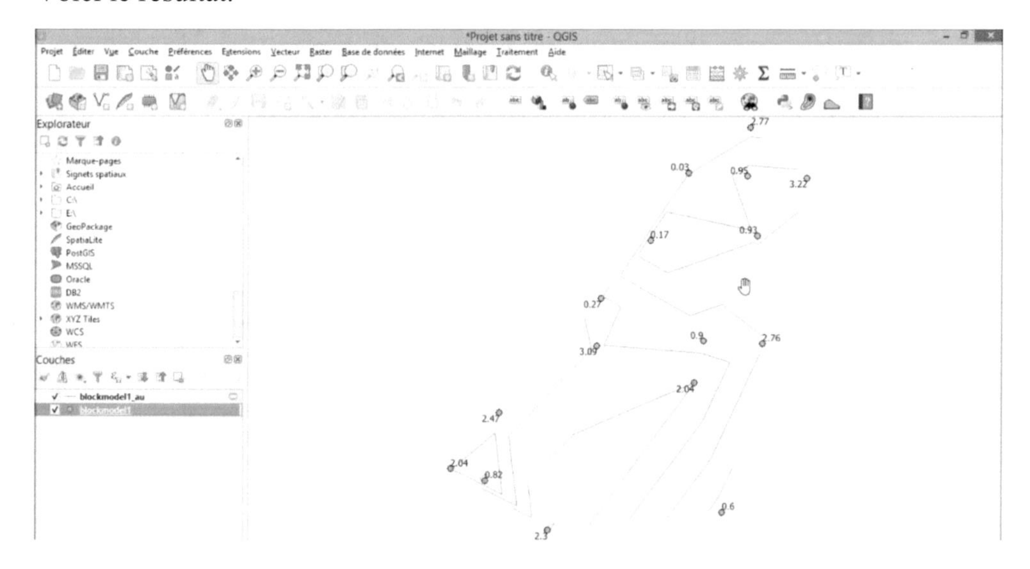

7. Une carte Raster

7.1 Introduction

Une carte raster est l'opposer carte vectorielle. Une carte vectorielle représente les données géospatiales sur un plan sans les extrapolées tandis qu'une carte raster extrapole les données pour qu'il possible d'effectuer sur cette carte une analyse géospatiale, une représentation 3D et une évaluation quantitative.

Une carte raster est une image numérique, elle est constituée sur base de la carte vectorielle. Il s'agit d'une matrice faite de minuscule case dont la couleur est obtenue par la combinaison de 3 couleurs de base (rouge, bleu et jaune). Un point sur cette carte correspond à une case, une ligne à une suite de points et un polygone est un assemblage des points ayant la même valeur.

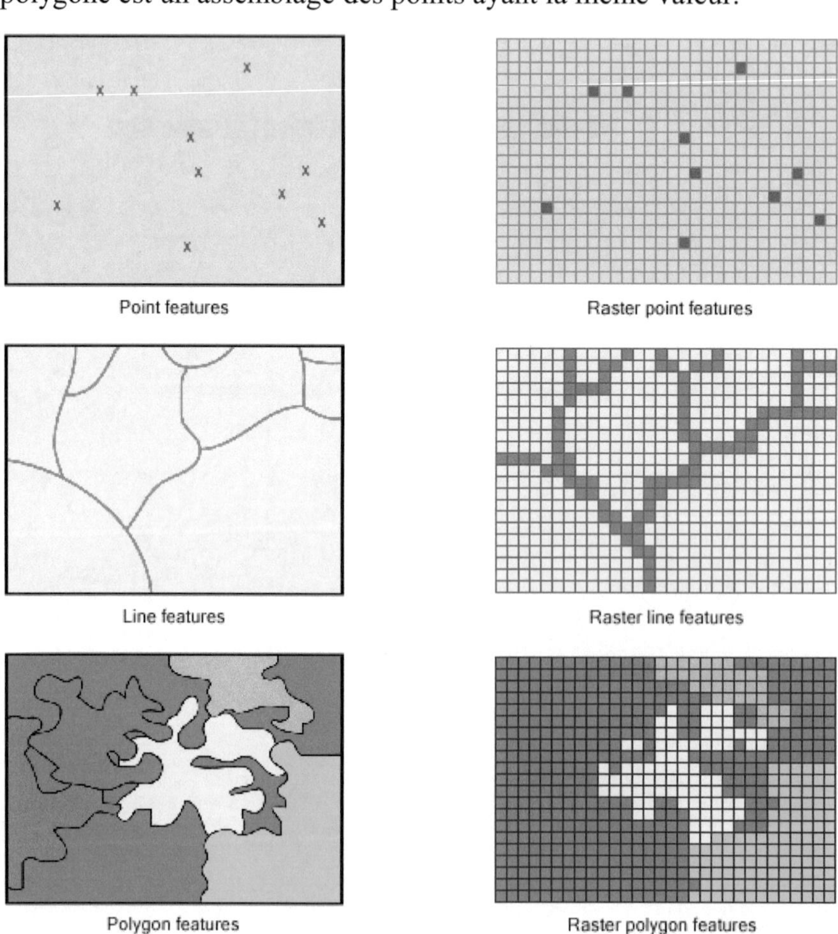

Une carte restée est pixelisée, ce qui lui confère une grande résolution. Vous pouvez la zoomer ou dézoomer, elle ne deviendra pas floue.

Il est plus difficile de modifier une carte restée à moins d'utiliser une extension spécialisée. Une carte raster sera toujours plus volumineuse d'une carte vectorielle et sa précision est relative.

7.2 Comment créer une carte raster

Nous allons créer la carte raster à partir de la carte à points (qui est une carte vectorielle). Pour ce faire commencer par afficher vos points sur l'espace d'affichage.

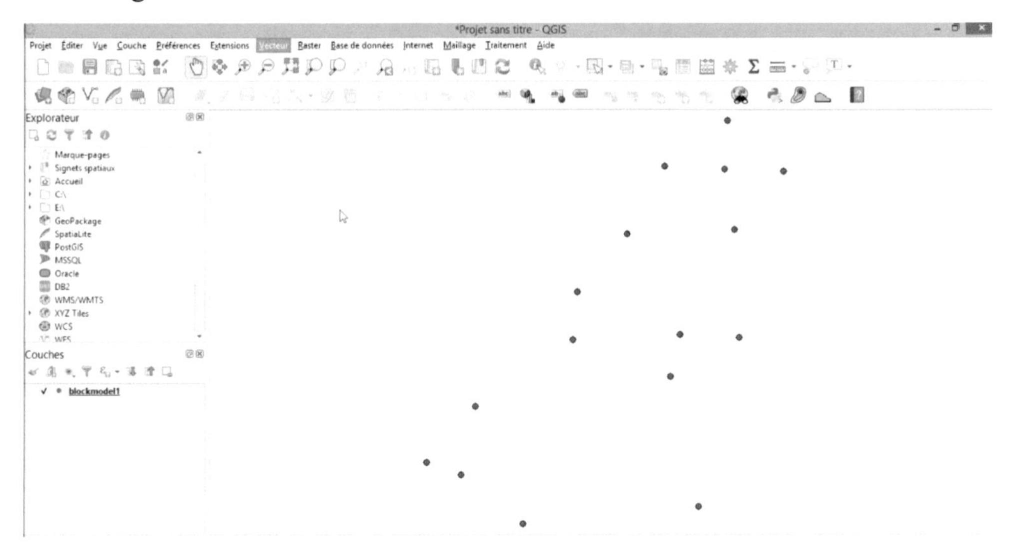

- Allez sur le Menu **vecteur**, sélectionnez l'option **Contour**.

- Dans la fenêtre contour qui apparait, cliquez sur la liste déroulante Data value et sélectionnez la teneur moyenne (au).

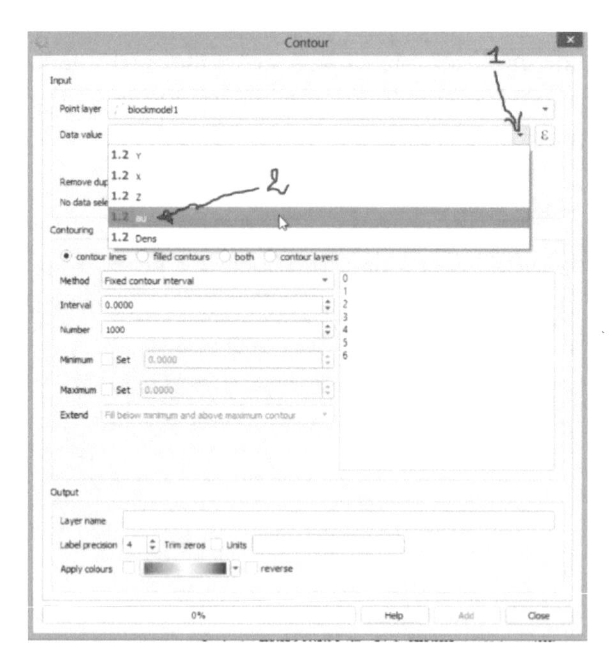

- Dans le champ Contouring, Selectionnez **Filed color**, attribuer un intervalle raisonnable pour vos courbes de niveau, choisissez une couleur, cliquez sur **Appliquer** puis **Close**.

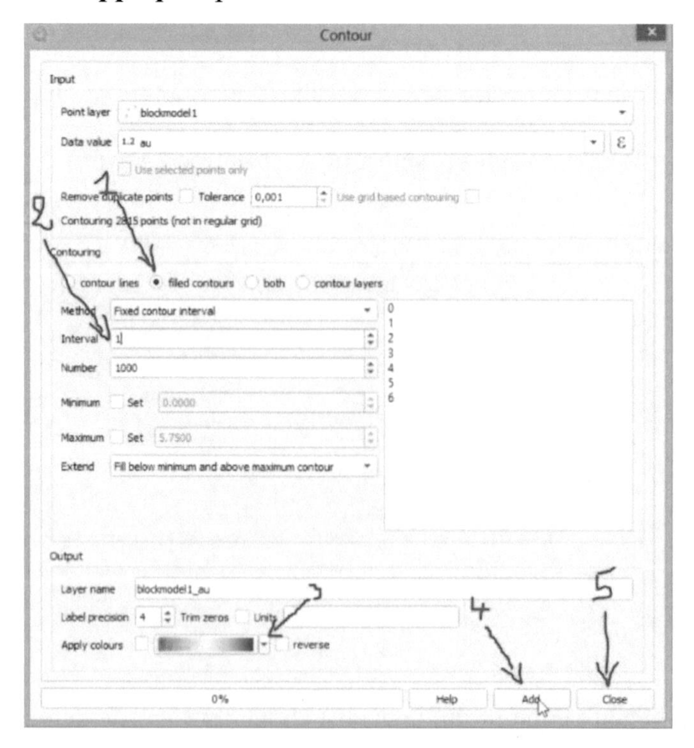

Voici le résultat

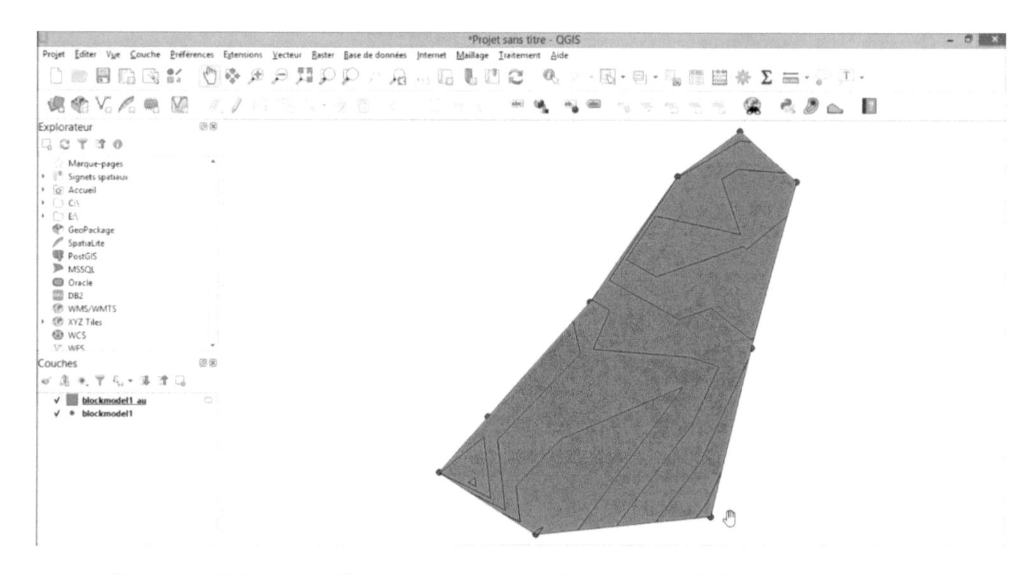

- Ensuite, faites un clic sur l'espace vide à droite de la **barre de menu**, cocher la case **Panneau Boite à outils de traitement**.

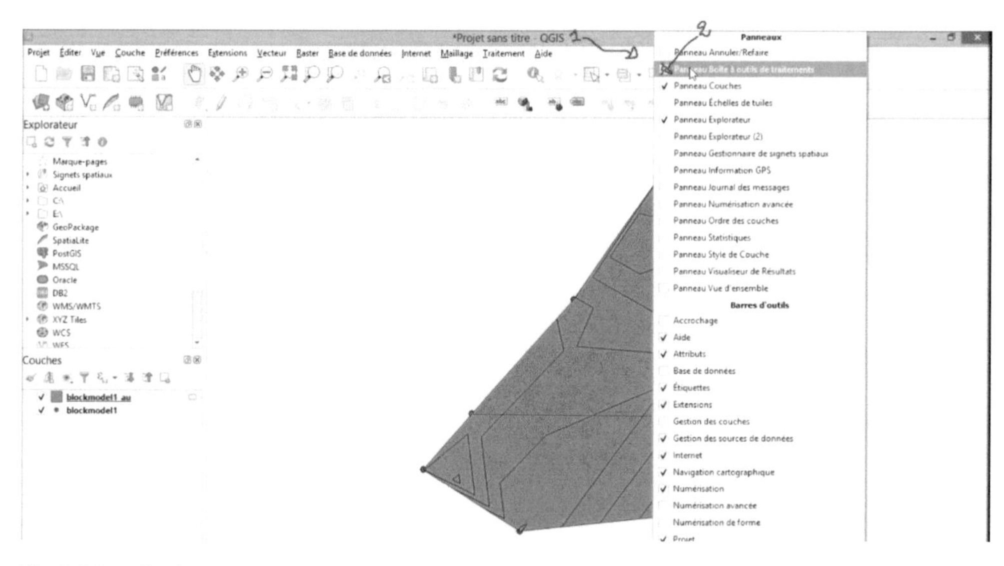

Voici le résultat

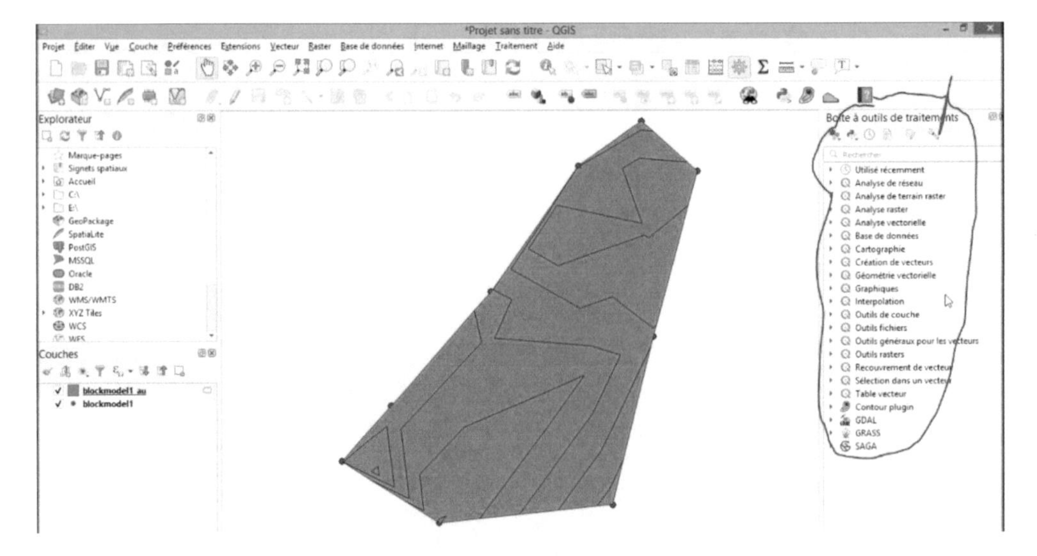

- Cliquez sur la liste déroulante **Interpolation** puis sélectionnez **Interpolation TIN**.

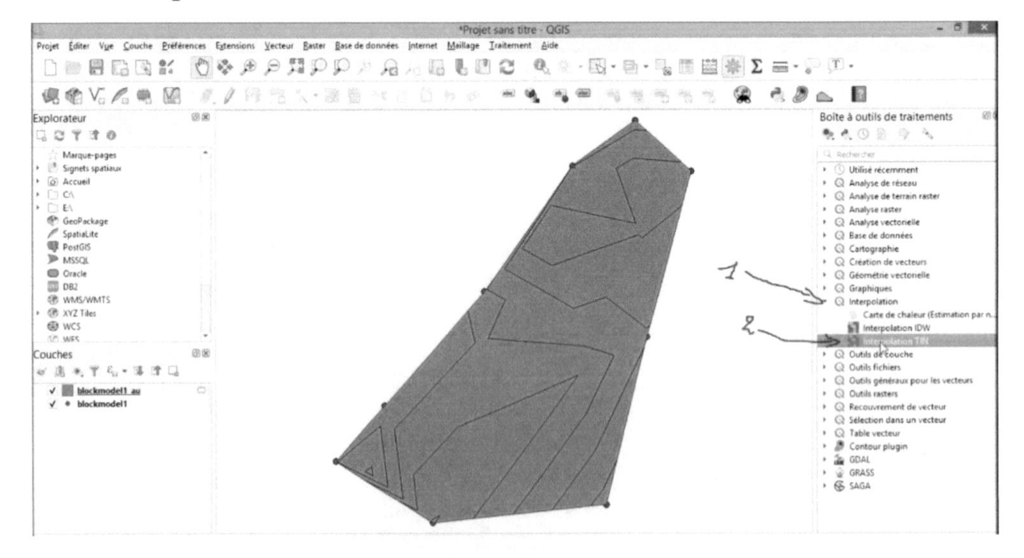

Dans la petite boite de dialogue qui apparait, sélectionnez Executer

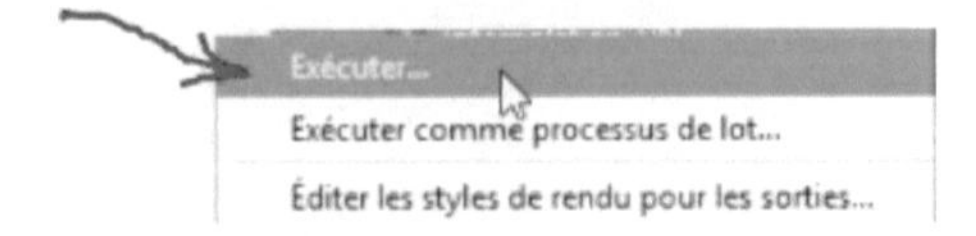

La fenêtre **Interpolation TIN** apparait.

- Cliquez dans le champ Courbe vectorielle puis sélectionnez la carte d’isovaleur que vous avez créée.

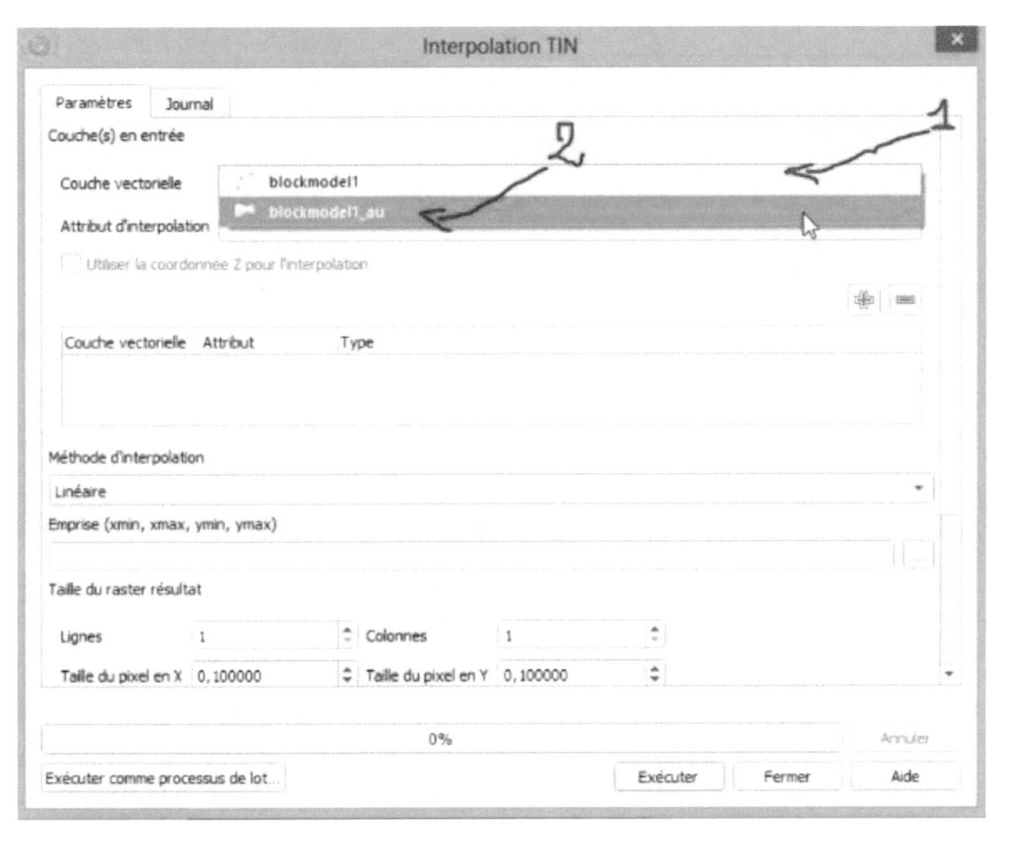

- Choisissez l'attribut d'interpolation **Index**, cliquez sur le bouton +, ensuite cliquez dans le champ méthode d'interpolation et sélectionnez **clough-toucher (cubique)**.

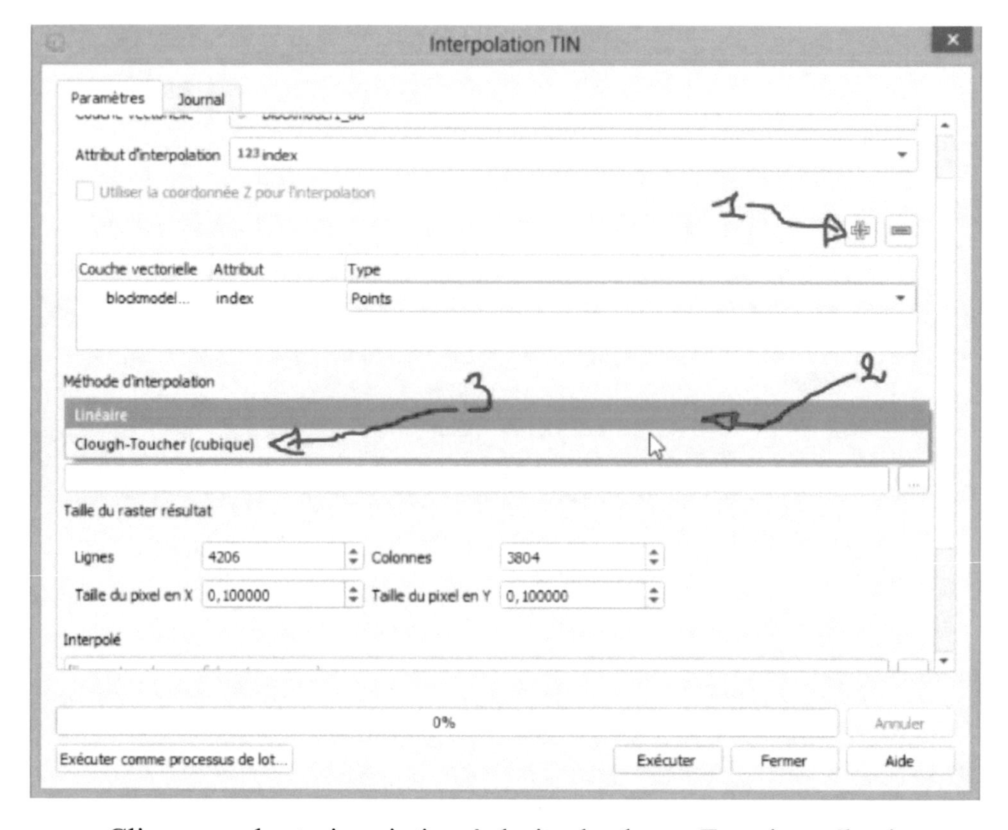

- Cliquez sur les trois pointiers à droite du champ Emprise, sélectionnez **utiliser l'emprise**.

- Cliquez sur **OK**.

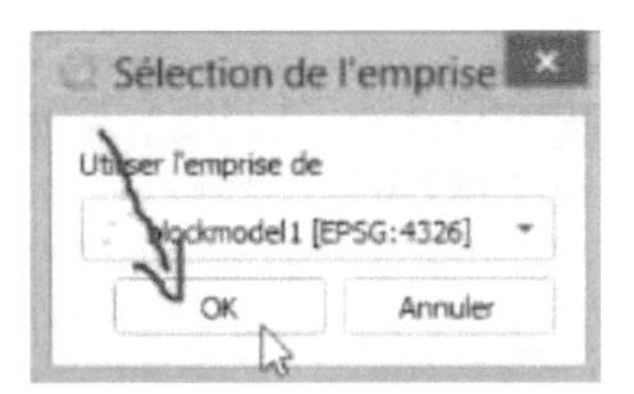

- Cliquez sur les trois pointiers à droite du champ **Interpoler**, puis sélectionnez **Enregistrer vers un fichier**.

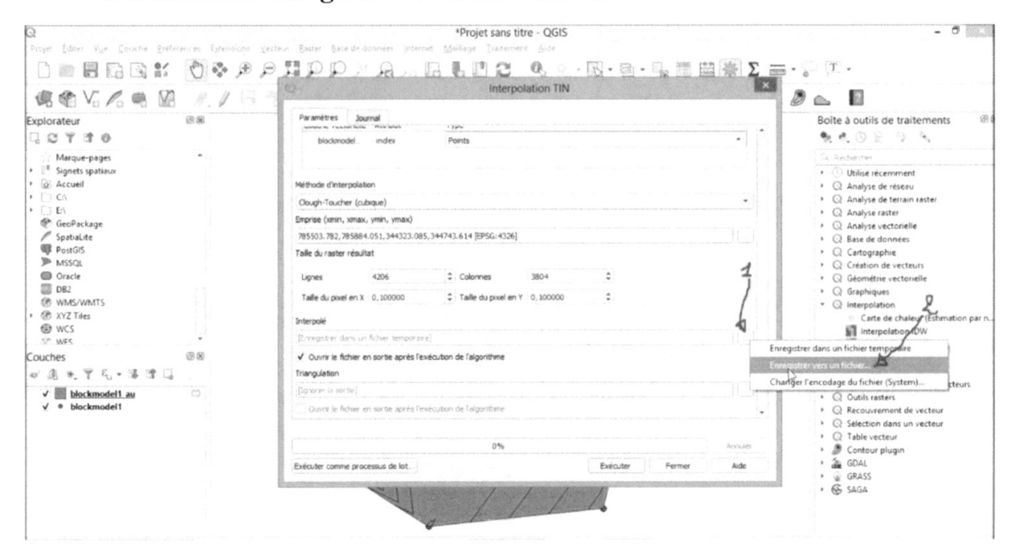

- Donnez le nom à votre carte puis cliquez sur **enregistrer**.

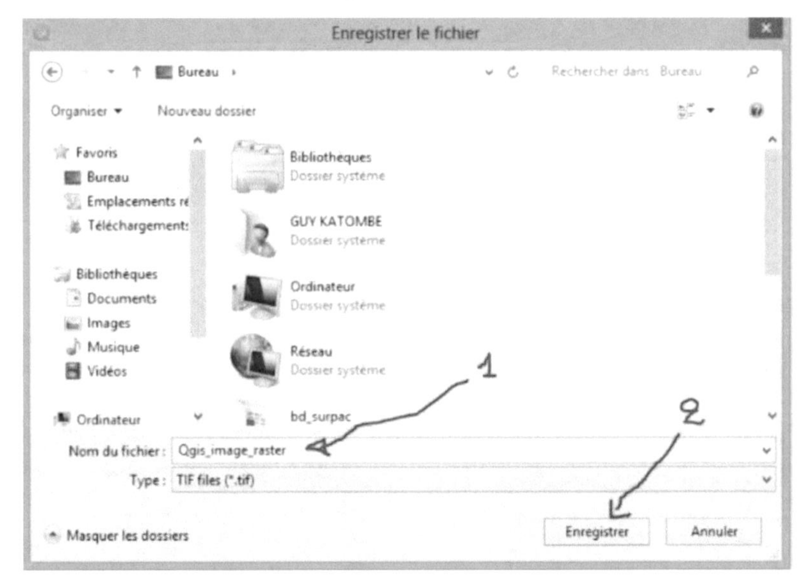

- Cliquez sur les trois pointiers à droite du champ **Triangulation** puis sélectionnez **Enregistrer vers un fichier**.

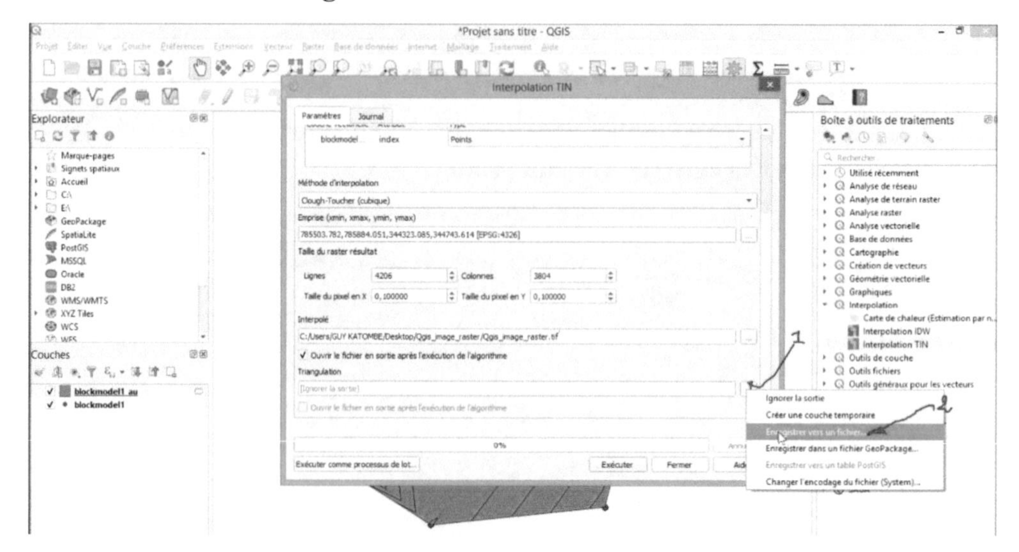

Renseignez le nom de votre triangulation puis cliquez sur **enregistrer**.

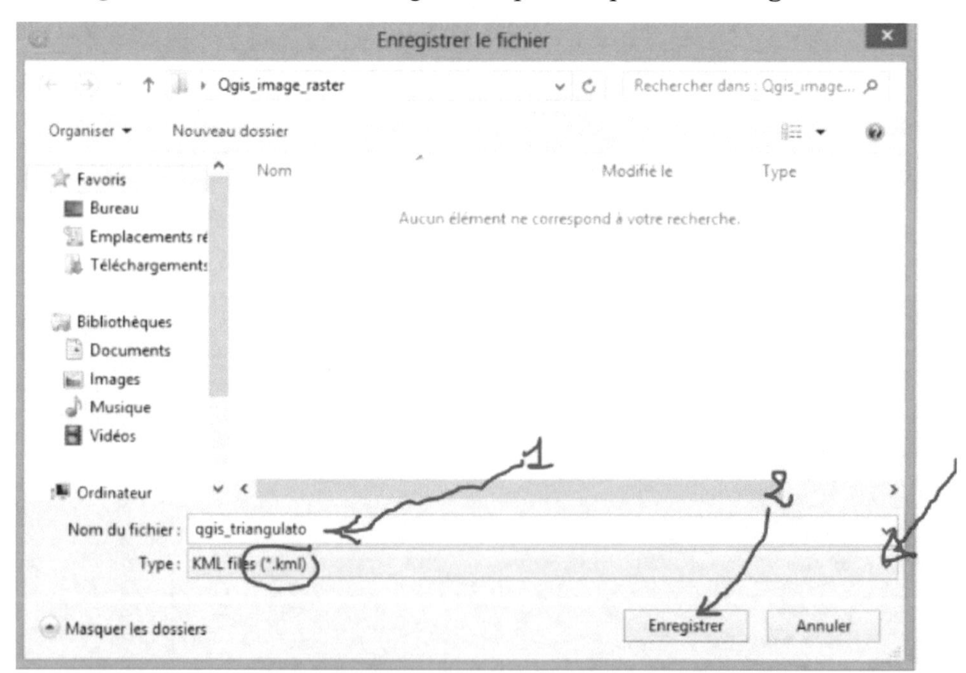

- Puis cliquez sur **Executer**.

L'interpolation et la triangulation amorcent.

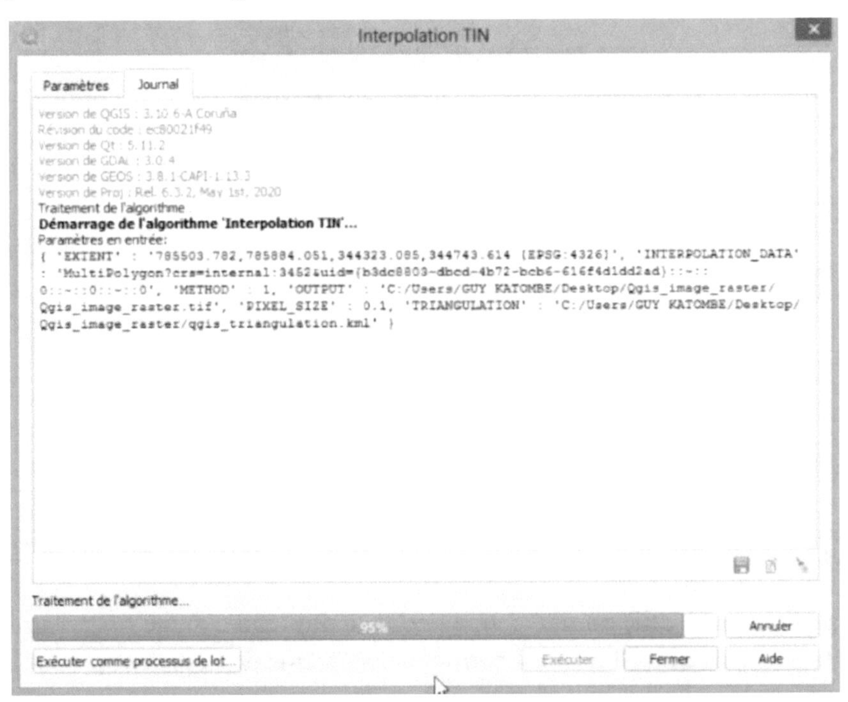

- Cliquez sur **fermer**.

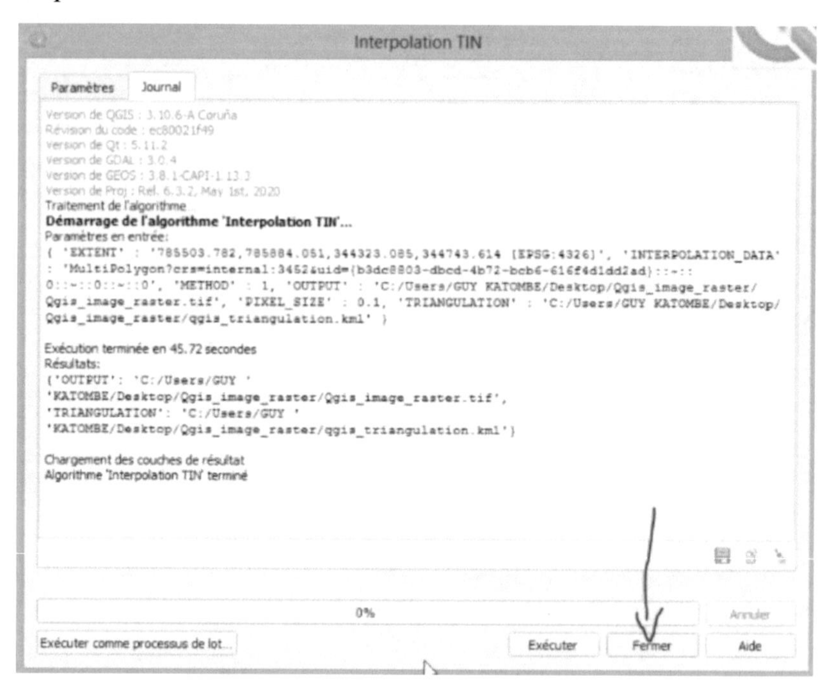

Votre carte restée est créée.

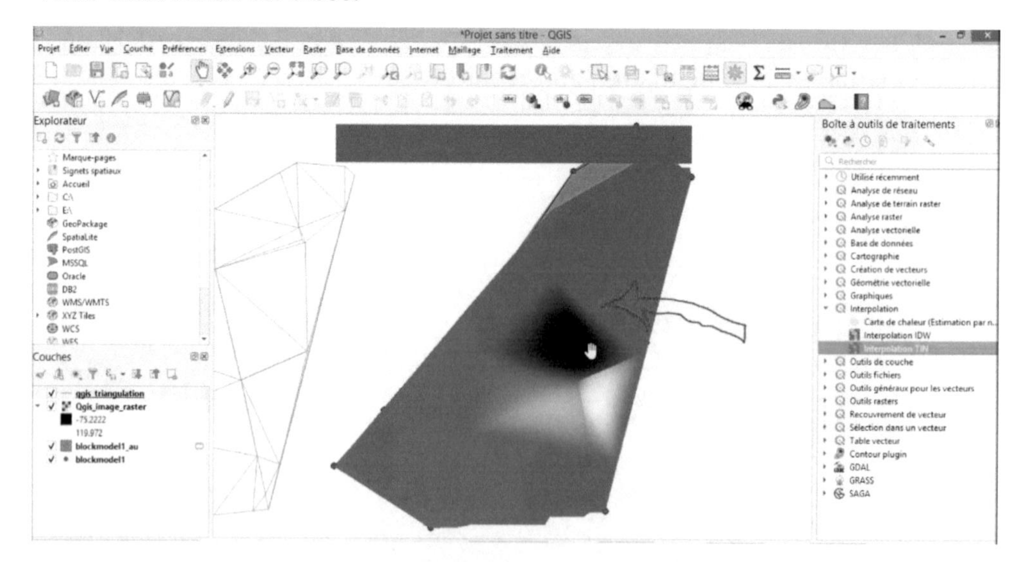

8. Création d'une section ou profil

8.1 Introduction

Une section (un profil) est une coupe verticale qui rend compte de la variation de la teneur moyenne. Un profil permet par sa forme de déceler une anomalie positive ou négative. Les vallées seront interprétées comme des anomalies négatives alors que des surelevelement seront des anomalies positives.

8.2 Comment créer une section

Pour créer une section en Qgis, il faut avoir installé un plug-in (une extension) dénommé Profil tool. Pour cela, votre machine doit être connectée sur Internet.

- Allez sur le menu **Extension**, sélectionnez **installer/gérer les extensions**.

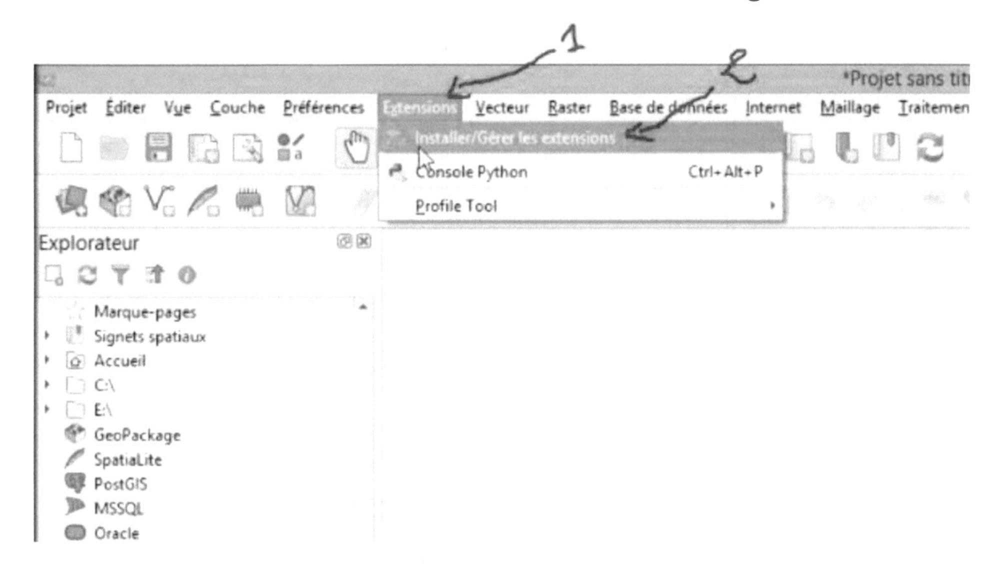

La fenêtre extensions/installés apparait.

- Cliquez sur le menu **non installé** qui devrait s'afficher à gauche (en dessous du menu Installer) si votre machine est connectée sur Internet. Ensuite tapez Profil contour dans le champ de recherche, sélectionnez **Profil tool** puis cliquez sur **installer le plug-in**, puis fermer.

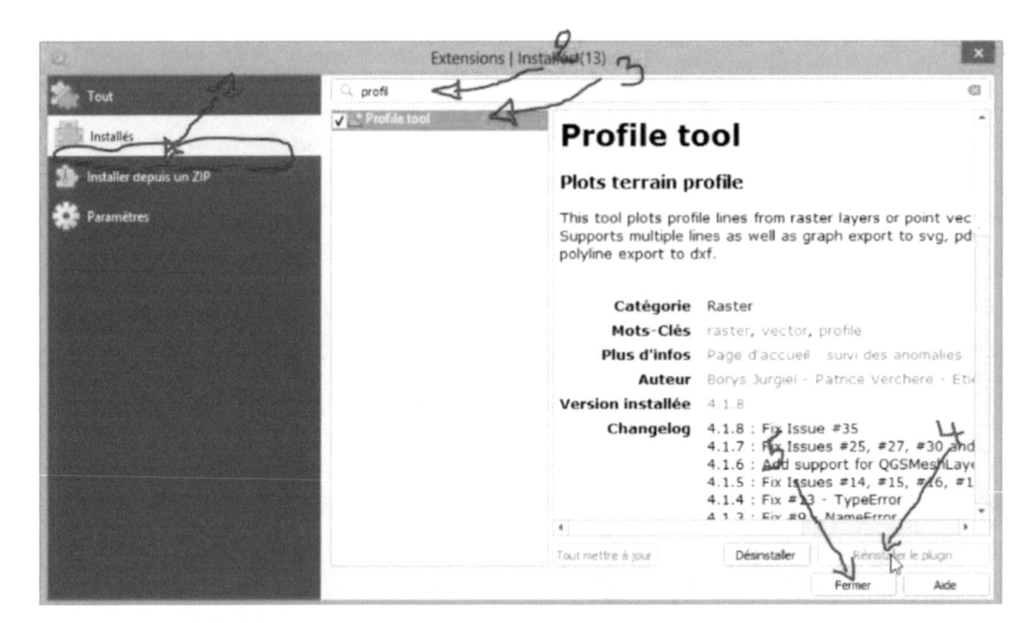

Le plug-in profile tool s'affiche dans votre barre d'outils.

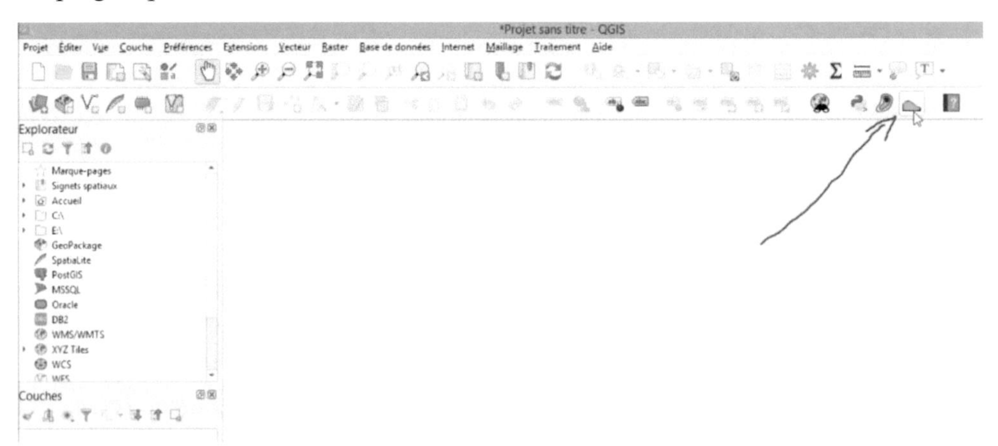

Pour créer une section ou profil, nous allons commencer par afficher notre carte raster dans notre espace d'affichage Qgis. Pour ce faire,

- allez sur le menu **Couches**, cliquez sur **ajouter une couche**, sélectionnez **ajouter une couche Raster**.

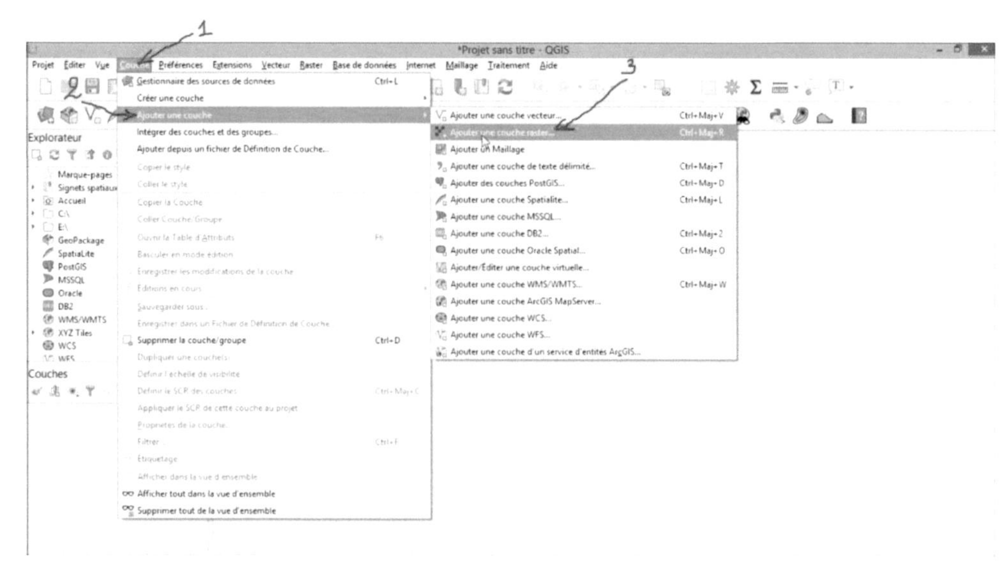

Une nouvelle fenêtre apparait

- Cliquez sur le bouton **parcourir**.

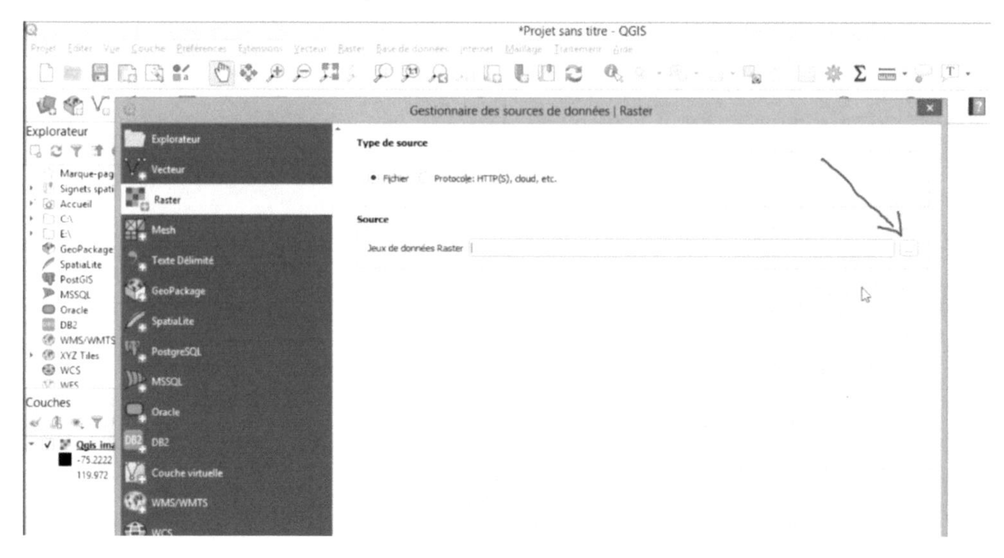

- Sélectionnez votre carte raster puis cliquez sur **ouvrir**.

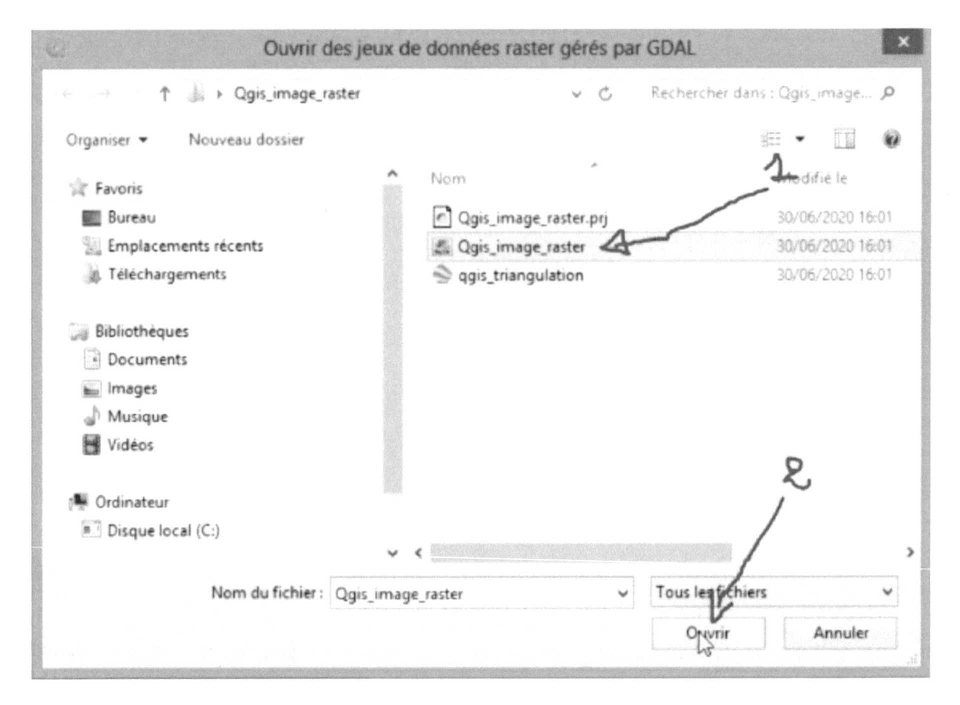

- Cliquez sur **ajouter** puis sur **Fermer**.

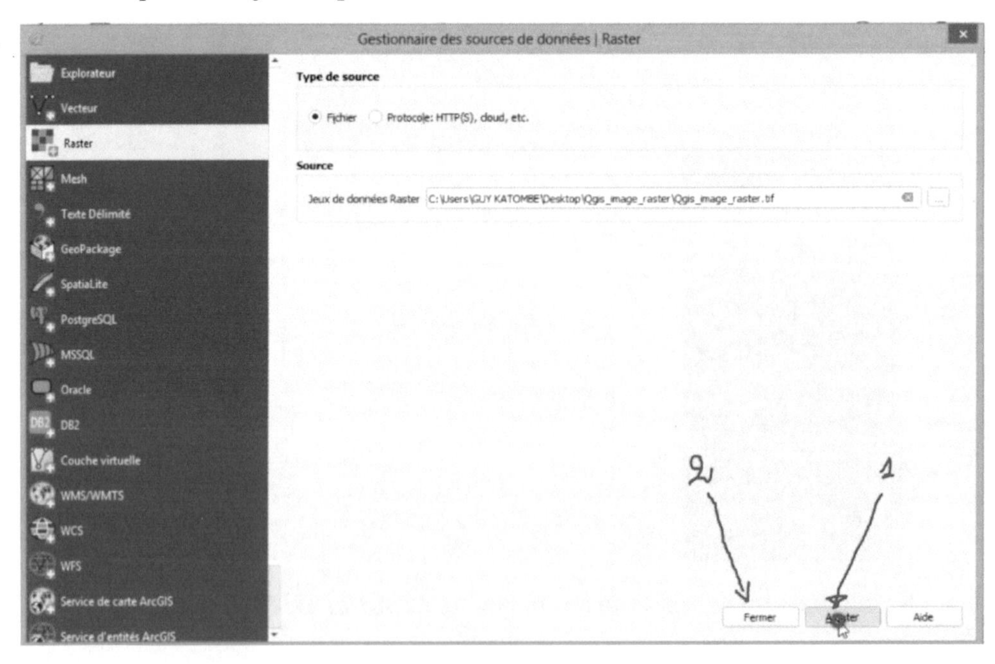

Votre carte raster apparait

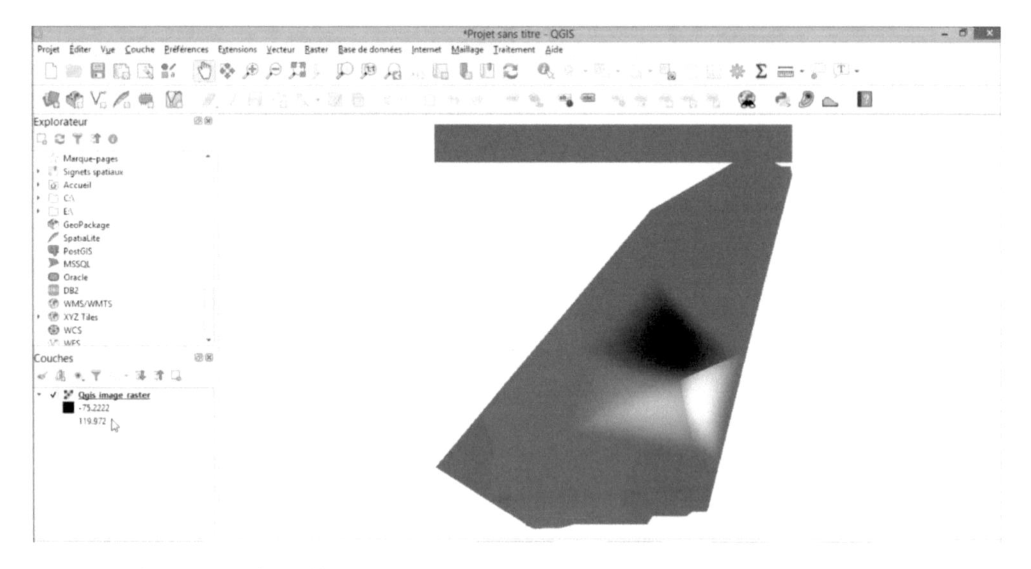

- Cliquez sur l'outil **profil tool** (1), une petite fenêtre apparait vers le bas de l'espace d'affichage. Dans cette nouvelle fenêtre, cliquez sur **Add layer** (2), puis sur la couche elle-même (3) ; la fenêtre **Selectioner une couleur** apparait, choisissez une couleur (4) et cliquez sur **OK** (5).

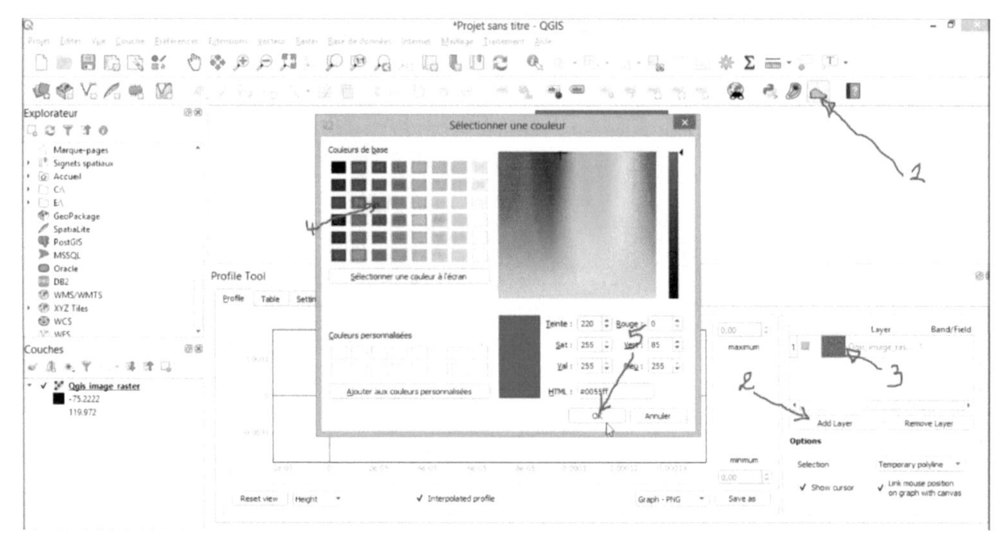

- Allez la carte raster affichée, cliqué sur le premier point (début du profil) puis faites un clic droit sur le deuxième point (fin du profil).

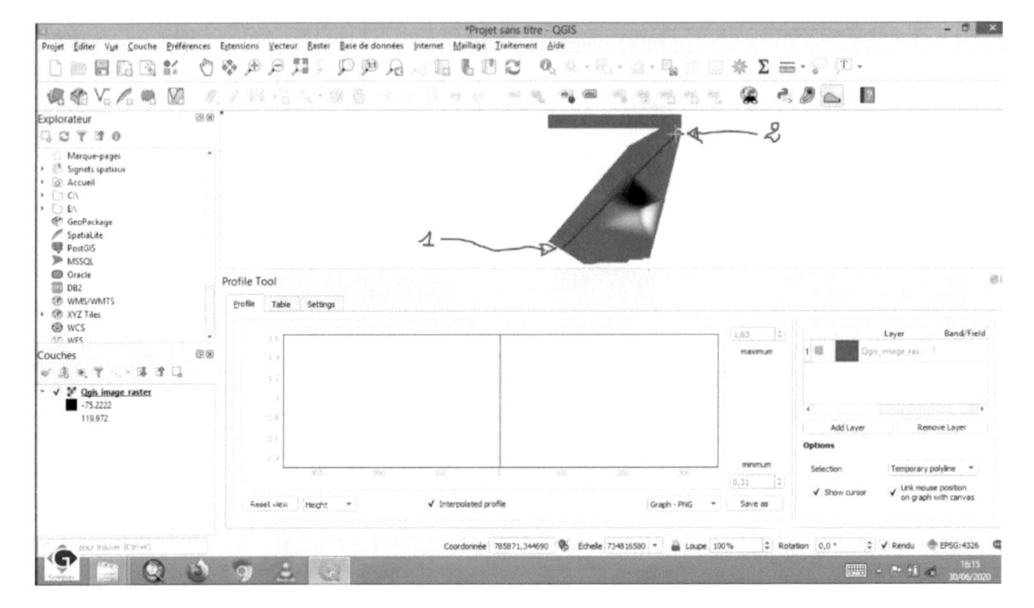

Votre section apparait dans le champ visuel de la fenêtre **Profile Tool**.

Pour l'enregistrer

- Cliquez sur le bouton **Save as**

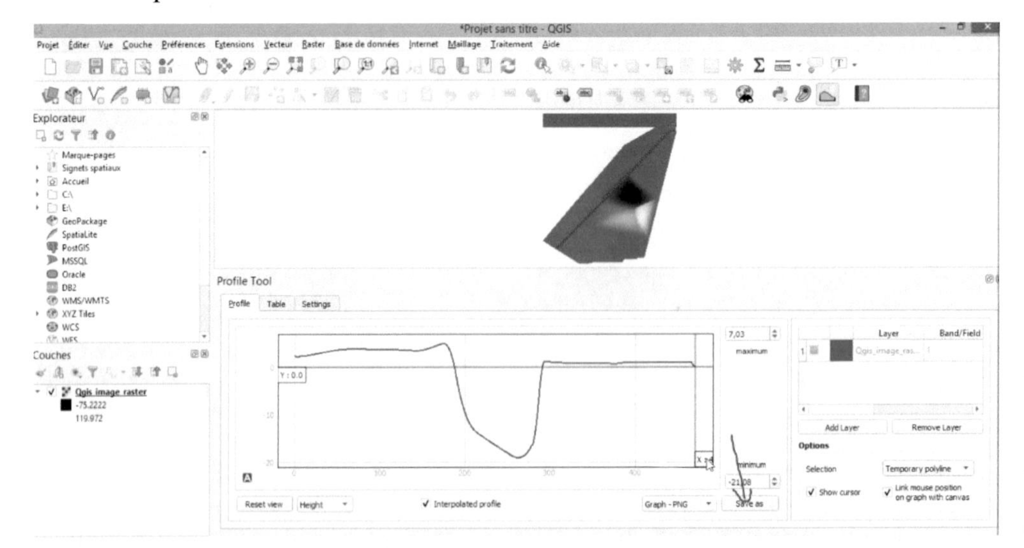

- Donnez un nom à votre Profil puis cliquez sur Enregistrer.

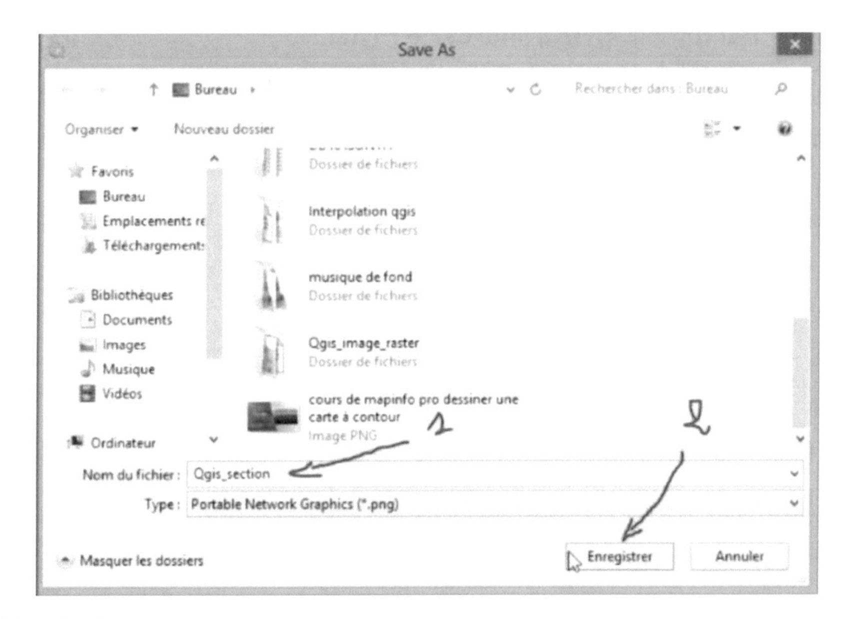

Voici le résultat

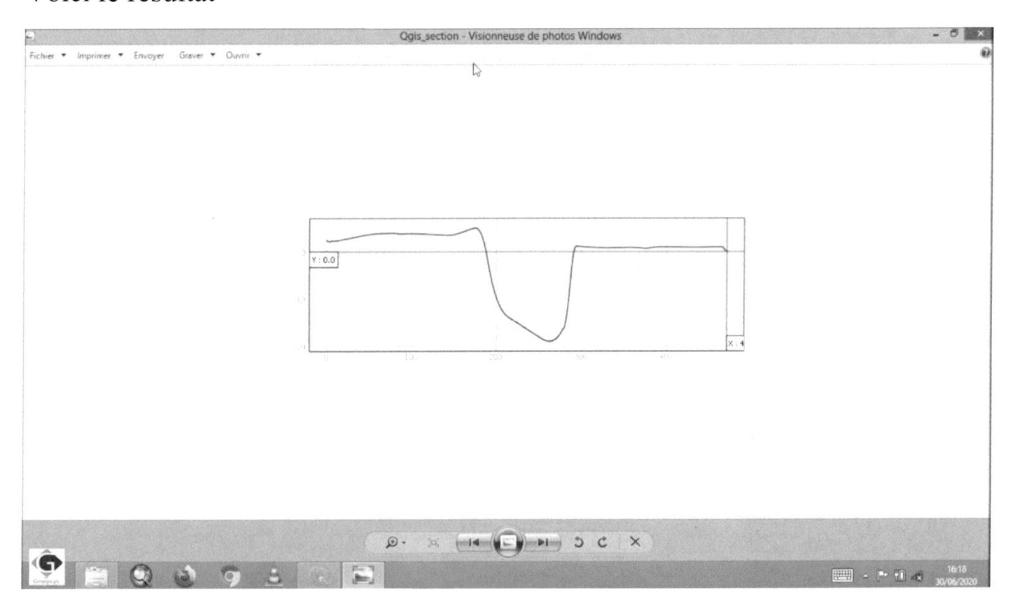

9. Définir le style de son Image raster

9.1 Introduction

Une carte raster a la propriété d'être thématique, son affichage peut être optimisé pour faciliter sa lecture et son interprétation. C'est pour cette raison qu'il est impérial de définir son style, lui ajouter un jeu de couleur, des courbes d'isovaleurs et des labels.

9.2 Comment définir le style d'une carte raster.

- Allez sur le menu **Couche**, cliquez sur **ajouter une nouvelle couche** puis sur **ajouter une nouvelle couche raster**.

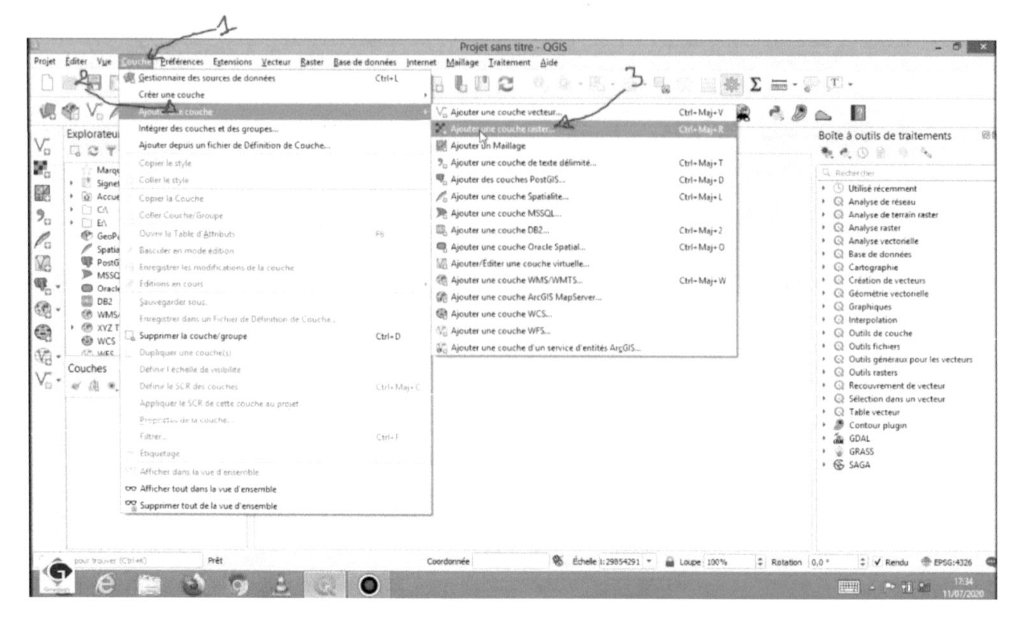

La fenêtre gestionnaire des sources de données apparait

- Cliquez sur le bouton parcourir

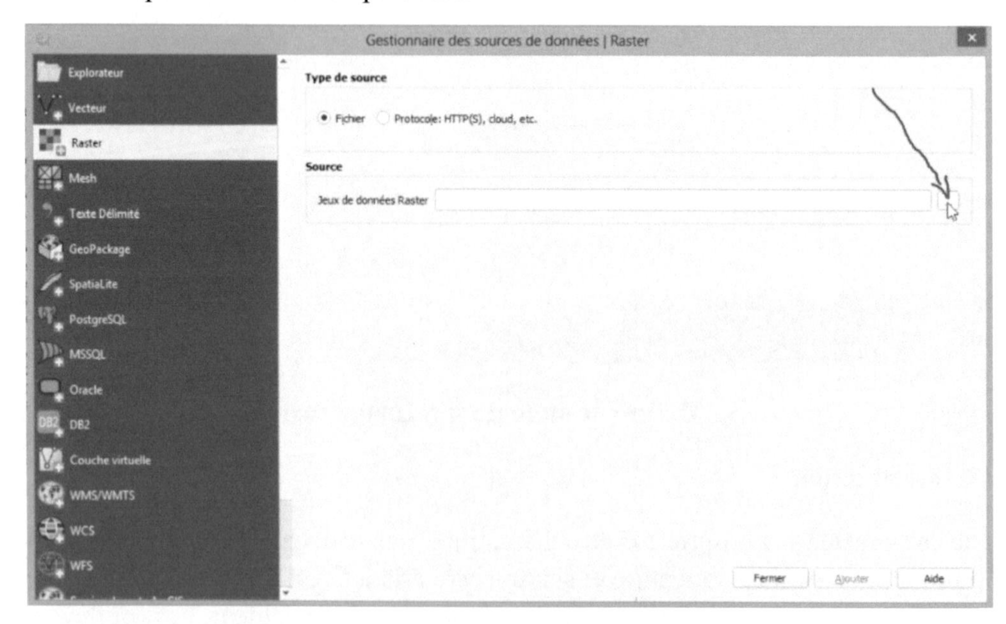

- Sélectionnez votre carte Raster puis cliquez sur **Ouvrir**

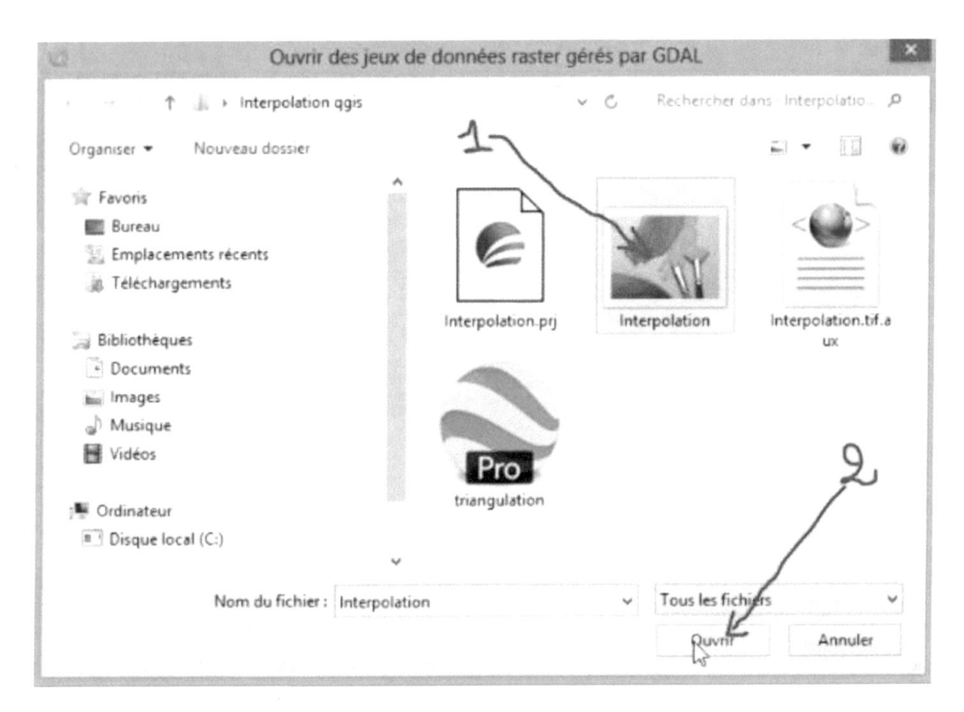

- Cliquez ensuite sur **ajouter** puis **Fermer**.

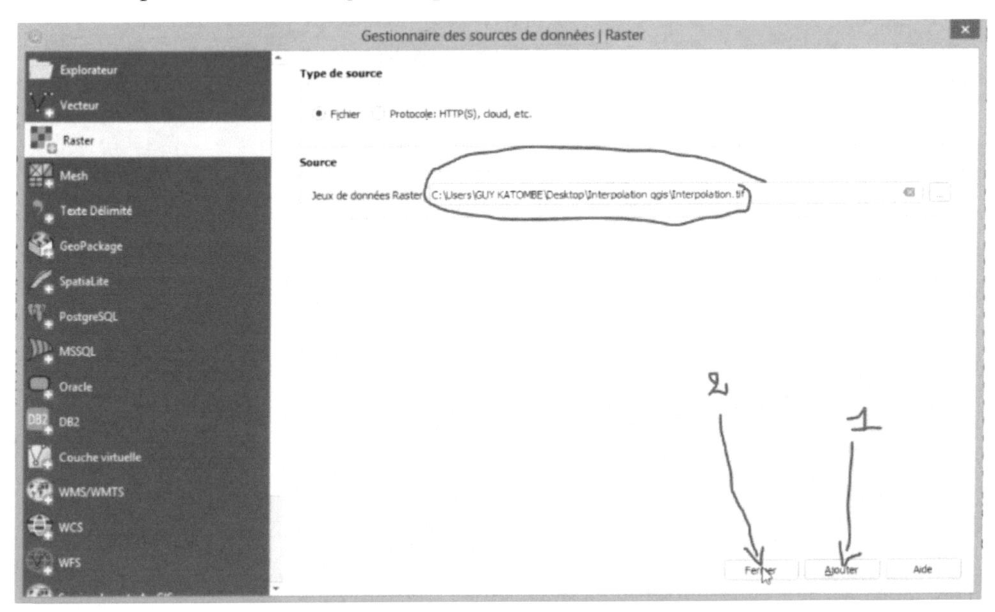

Votre carte raster apparait

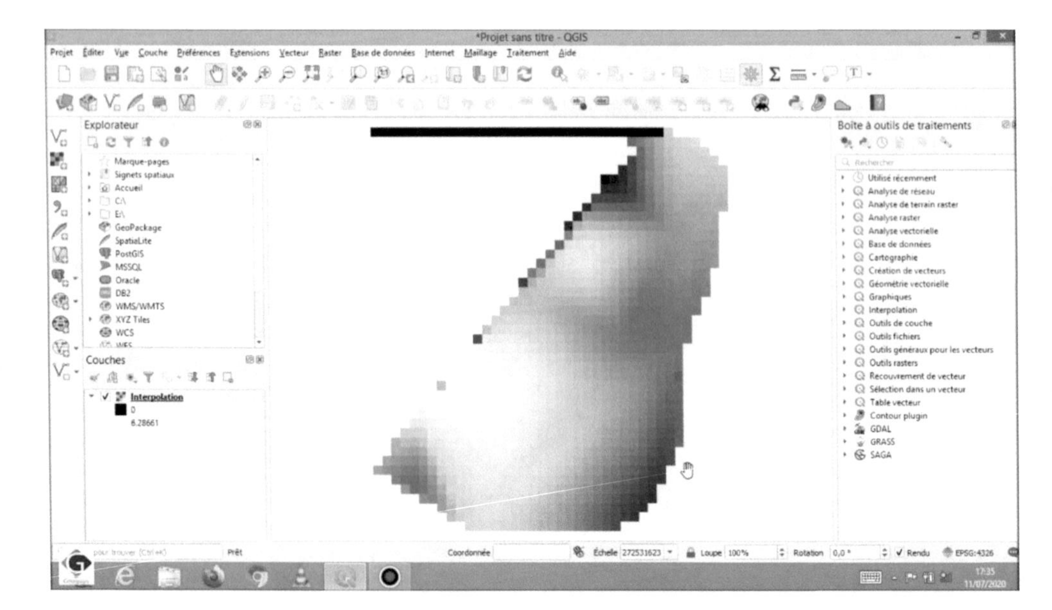

- Faites un clic droit sur votre carte raster (dans la fenêtre, couche), puis sélectionnée Propriétés.

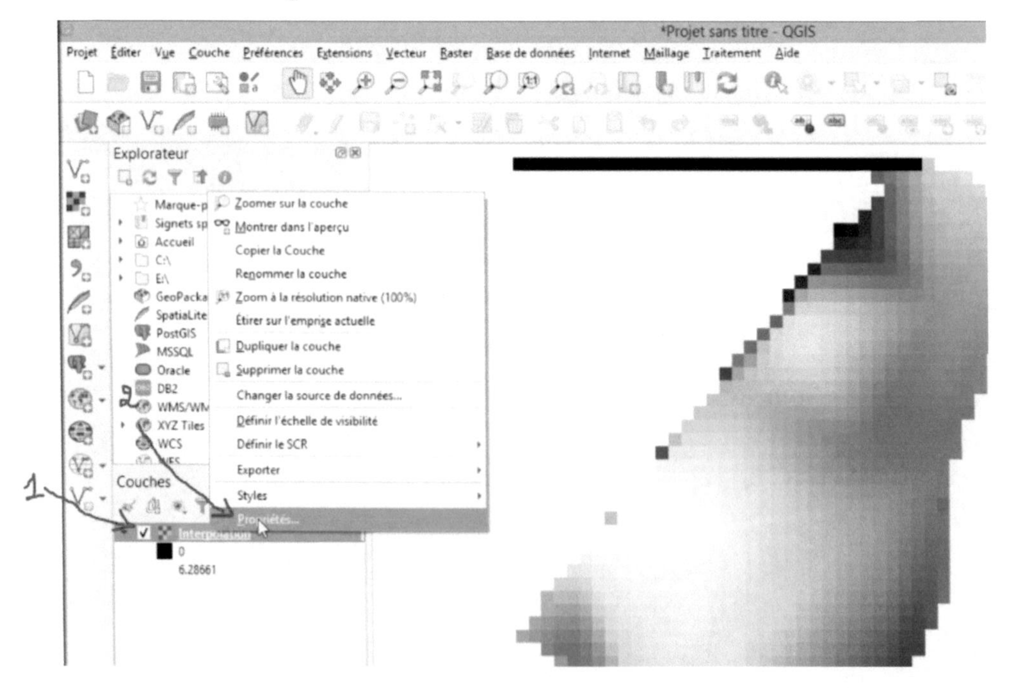

Dans la fenêtre propriété de la couche

- Sélectionnez le menu **Symbologie** puis dans le champ **Type de rendu**, cliquez dans le champ **Bande grise unique**.

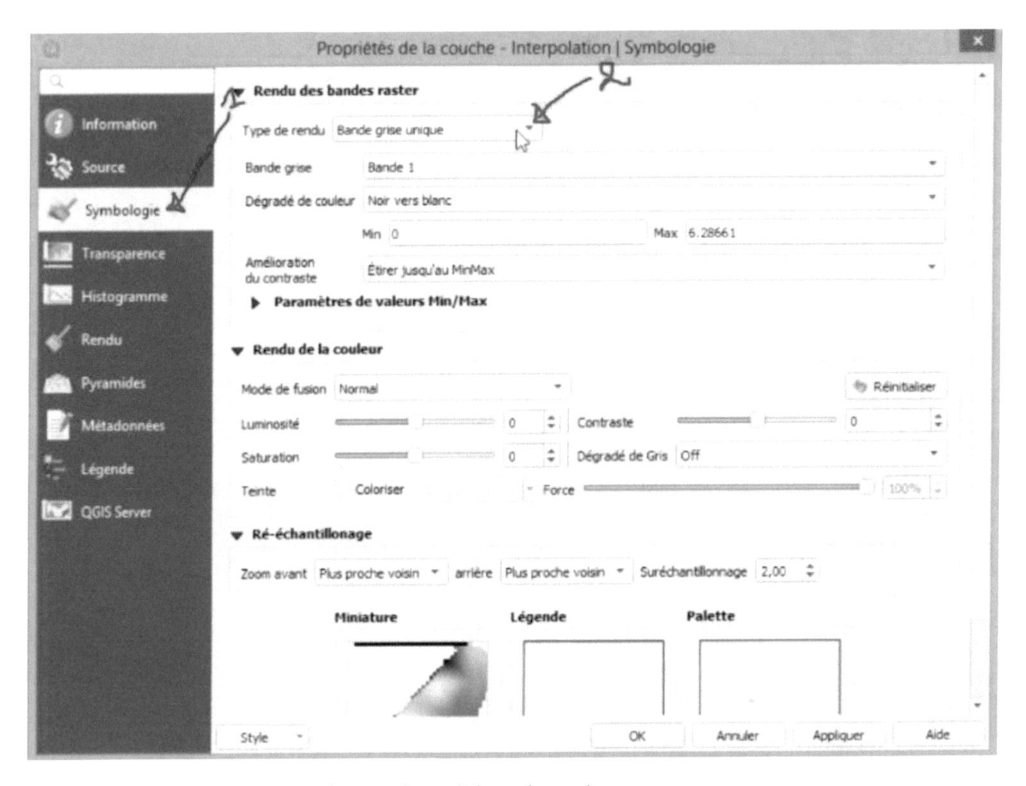

- Sélectionnez pseudo couleur à bande unique

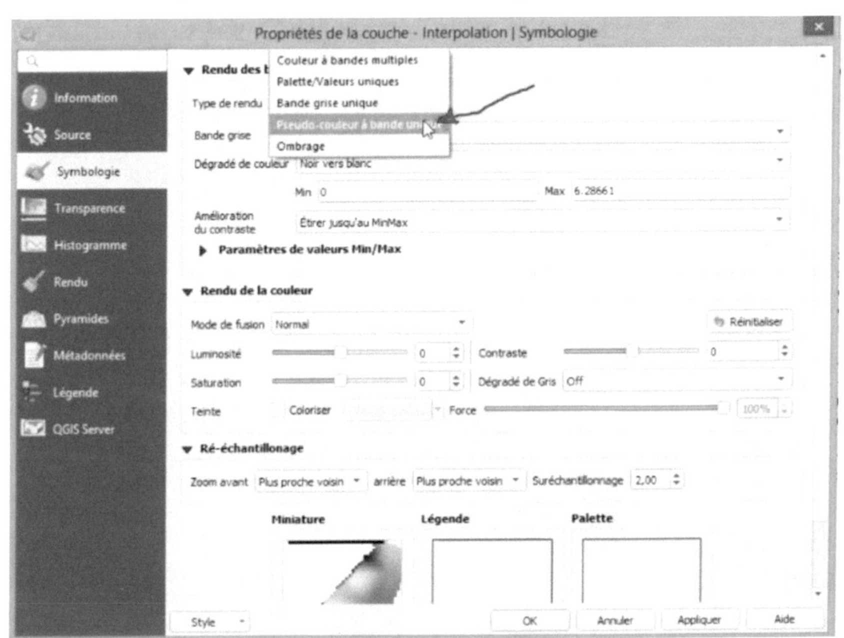

- Cliquez sur la liste déroulante palette couleur puis choisissez-en une

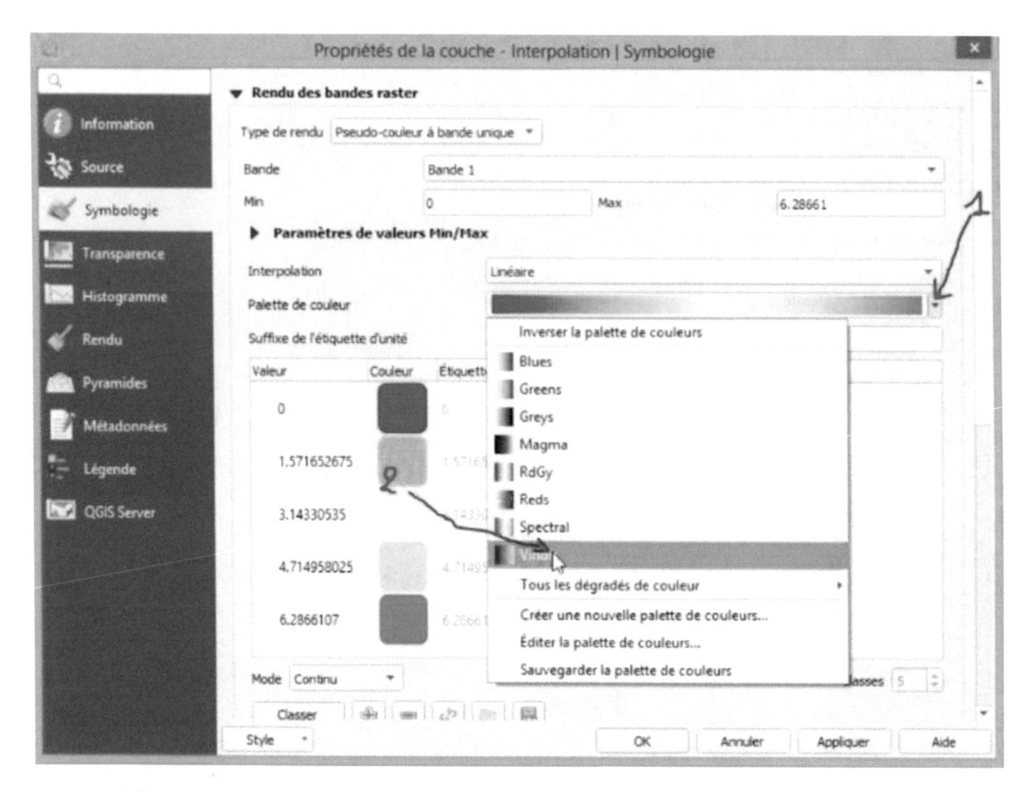

- Cliquez dans le champ **Mode** et sélectionnez **Quantiles**.

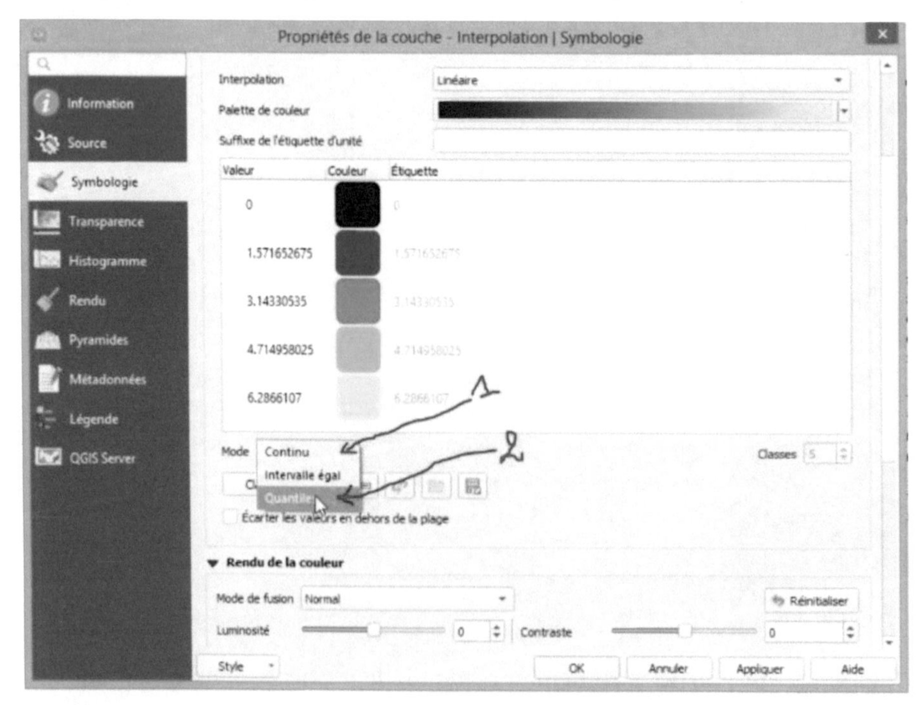

- Cliquez sur la liste déroulante de **Mode de fusion**.

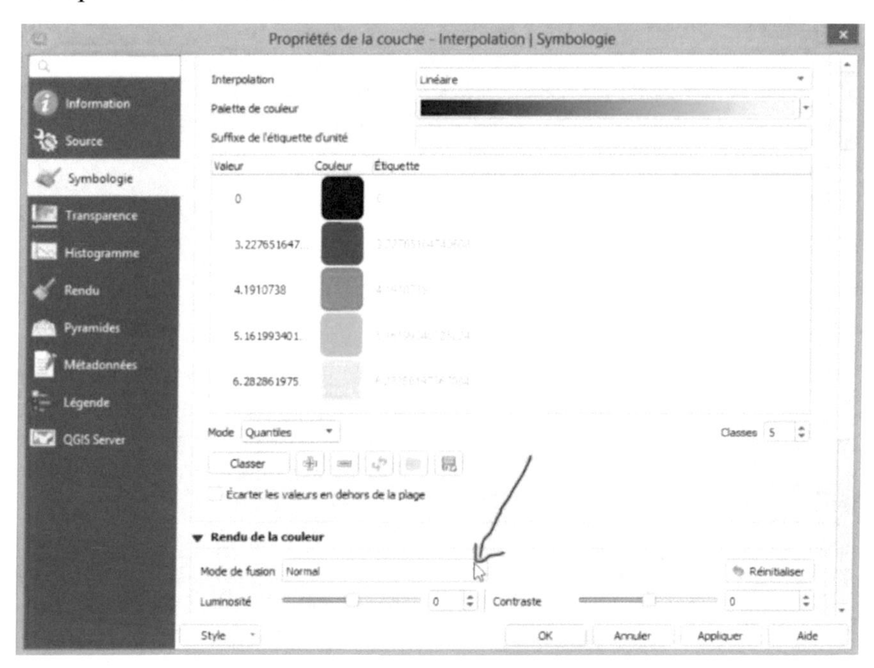

- Sélectionner **Multiplier** puis cocher la case **Ecarter**

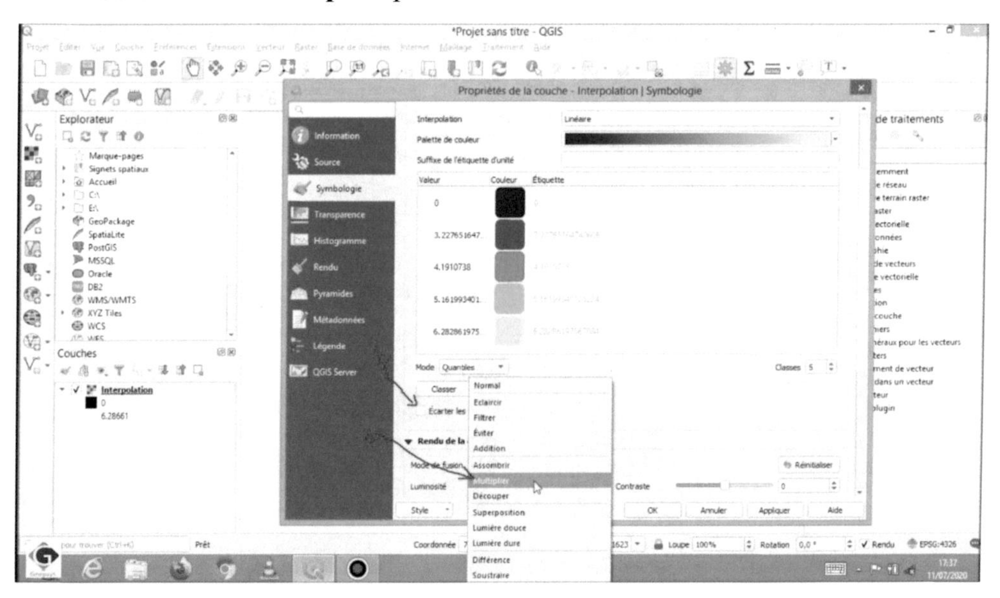

- Cliquez sur **appliquer** puis **OK**.

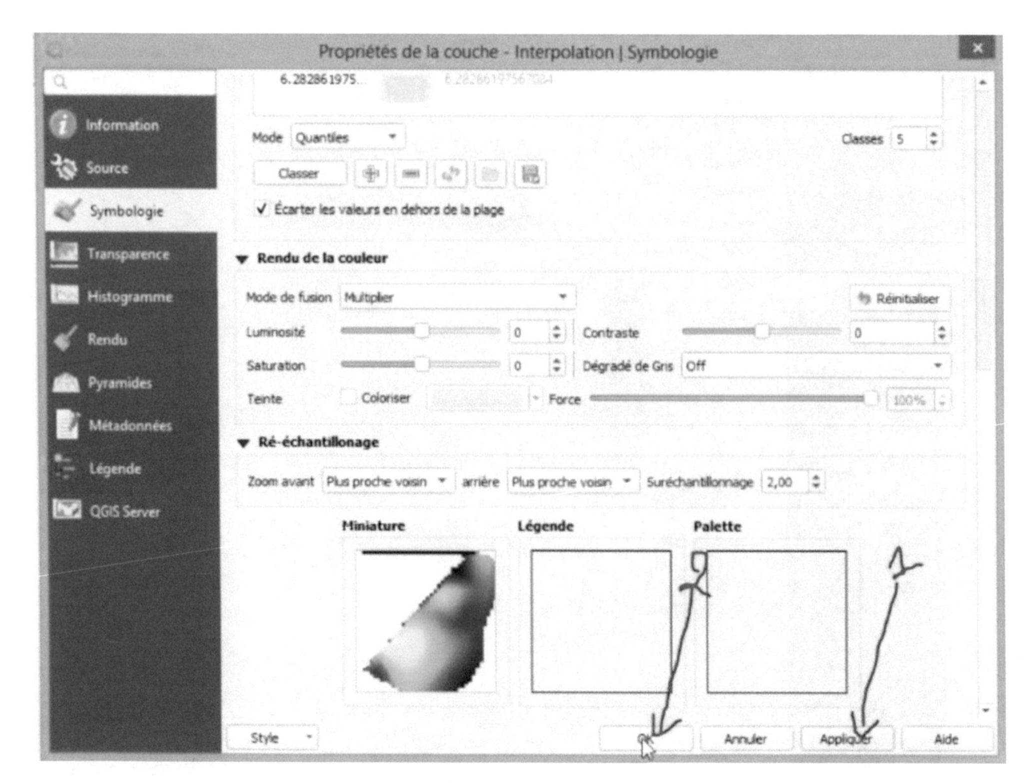

Voici le résultat

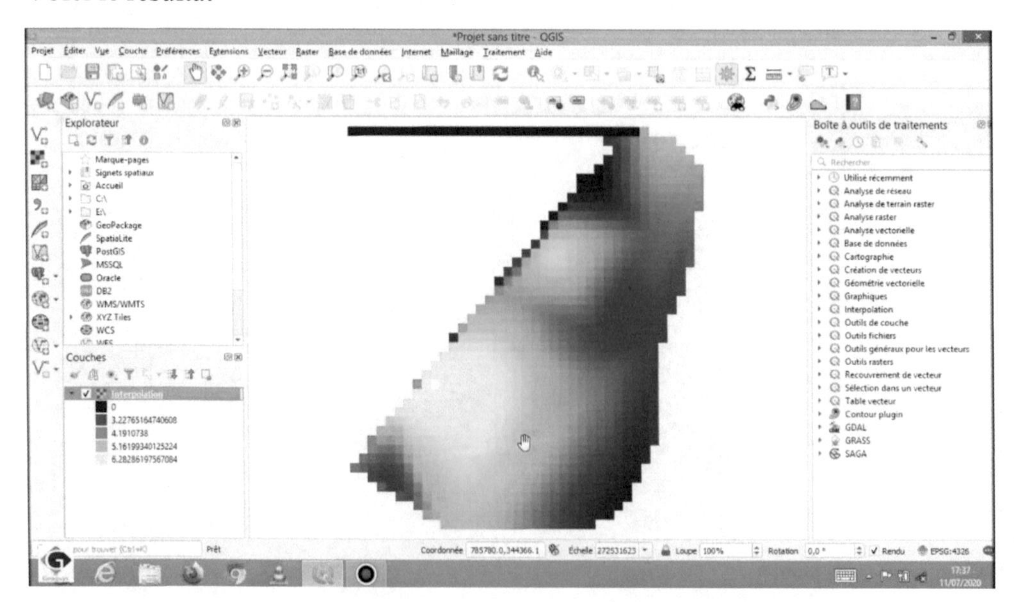

Pour ajouter les courbes d'isovaleurs

- Allez sur le Menu raster, cliquez sur Extraction puis contour.

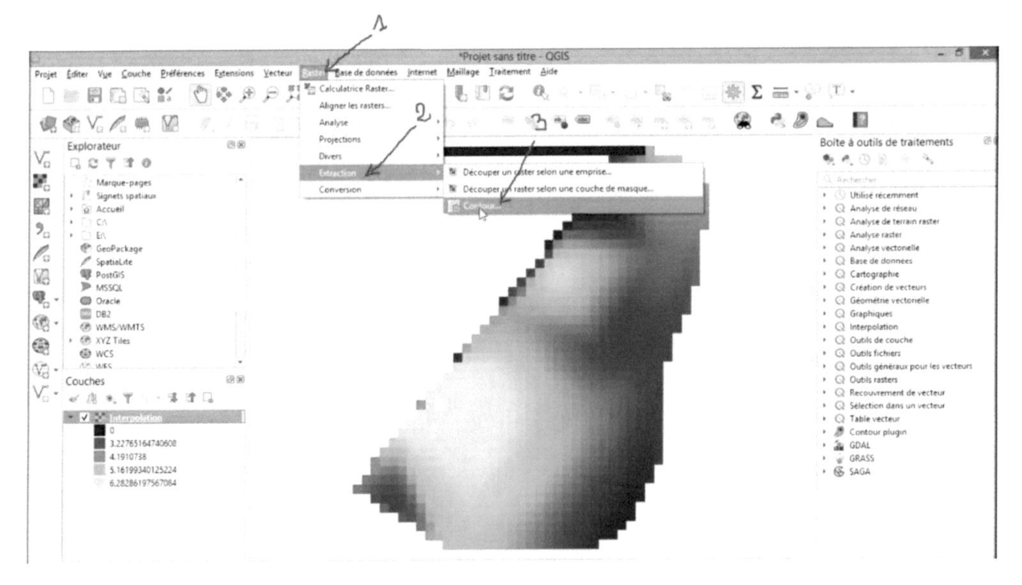

- Choisissez un système de projection (1), une bande (2), donnez un intervalle pour les courbes d'isovaleurs (3), puis cliquez sur Executer (4).

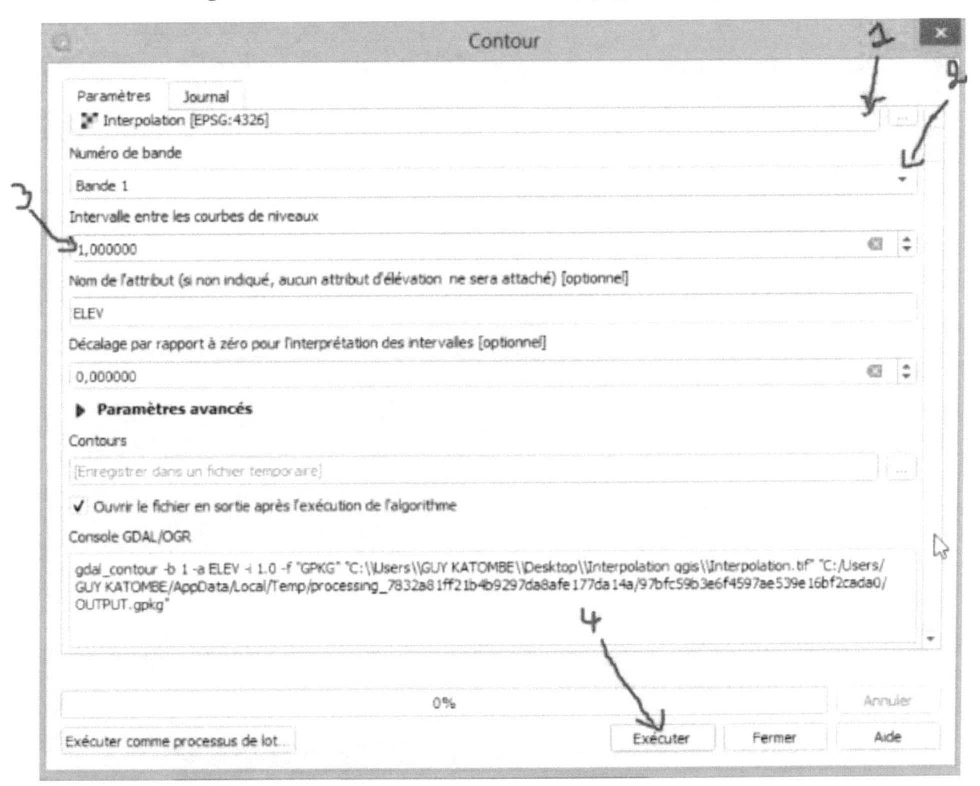

- Le chargement se lance

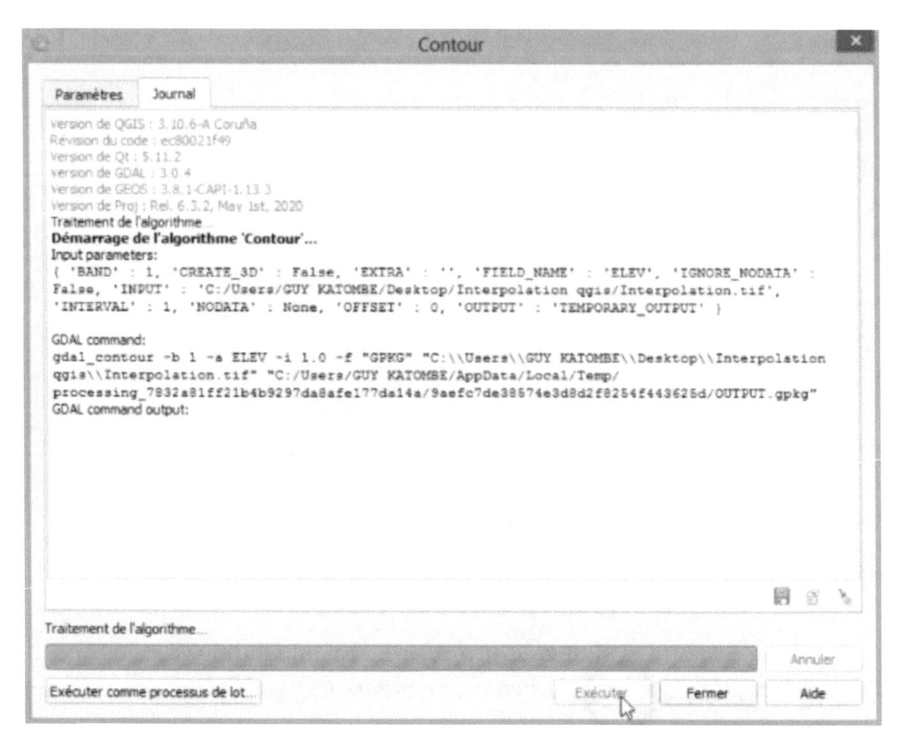

- Cliquez sur fermer

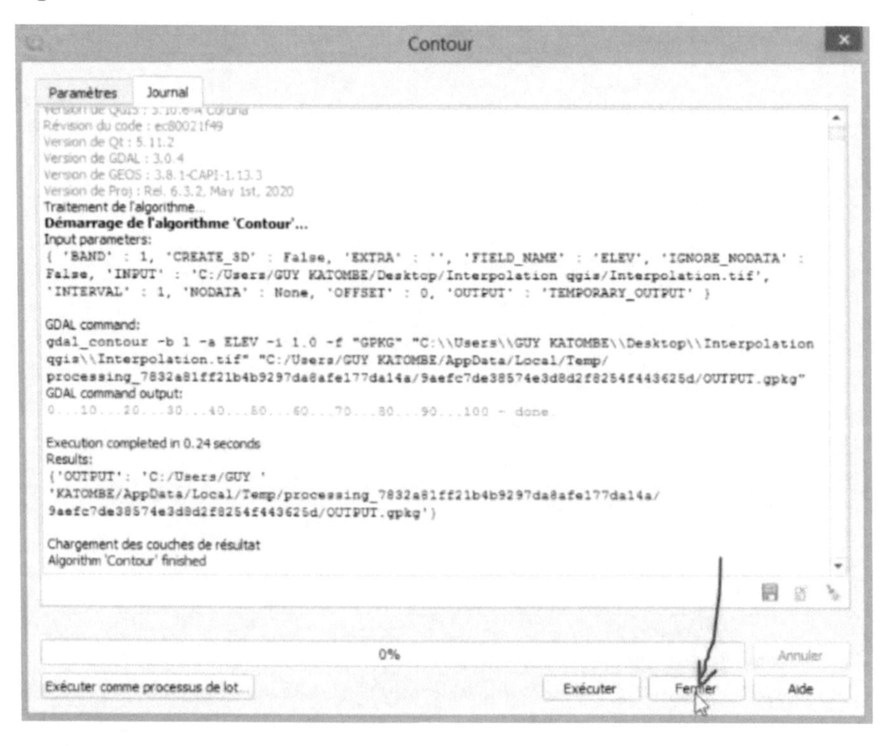

Voici le résultat

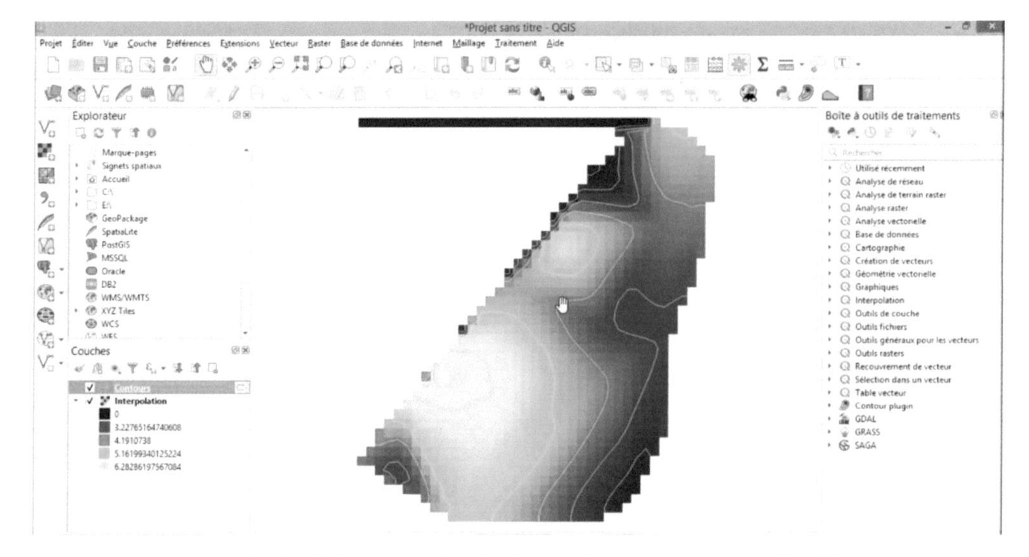

Pour ajouter les labels, faites un clic droit sur la carte raster puis cliquez sur **Proprietes**.

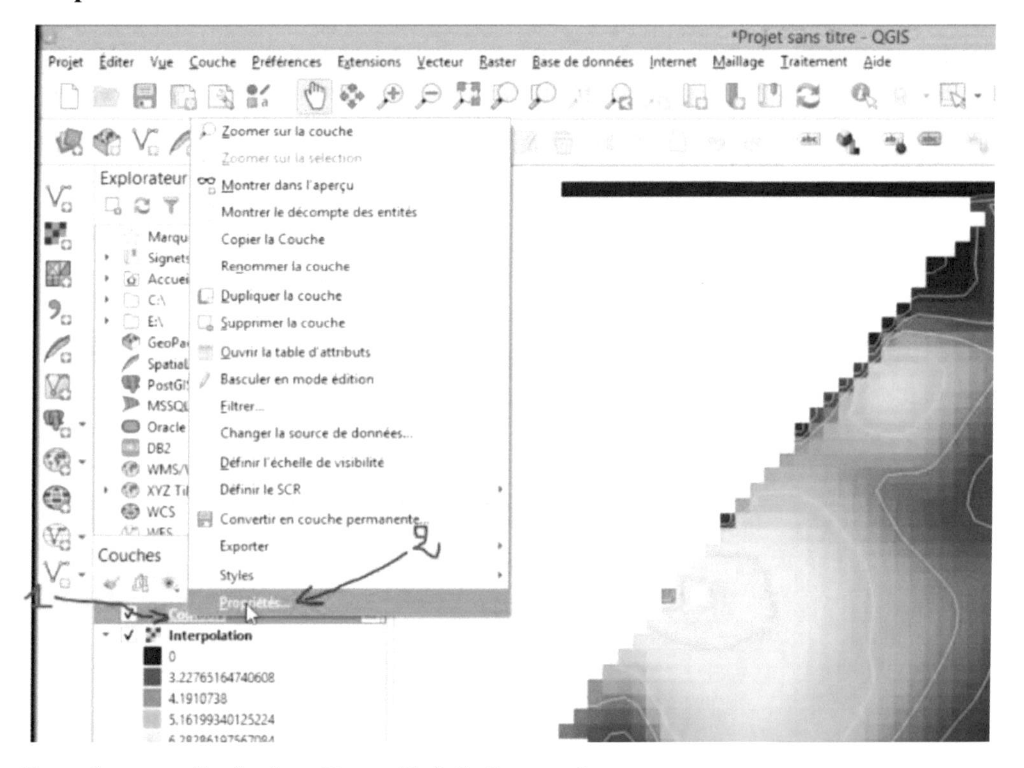

Dans la nouvelle fenêtre **Propriété de la couche**

- Cliquez sur le Menu Étiquettes puis dans le champ **pas d'étiquette** et sélectionnez **Étiquettes simples**.

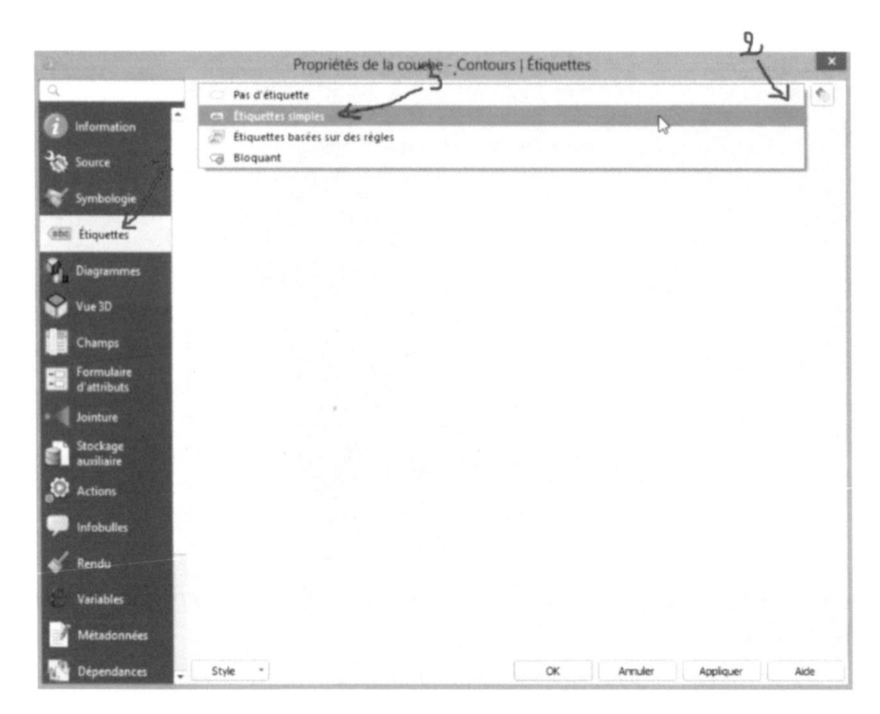

- Cliquez sur la liste déroulante Valeur et sélectionnez **ELEV**, cliquez sur l'option position et cochez la case incurvée puis cliquez sur **appliquer** et **OK**.

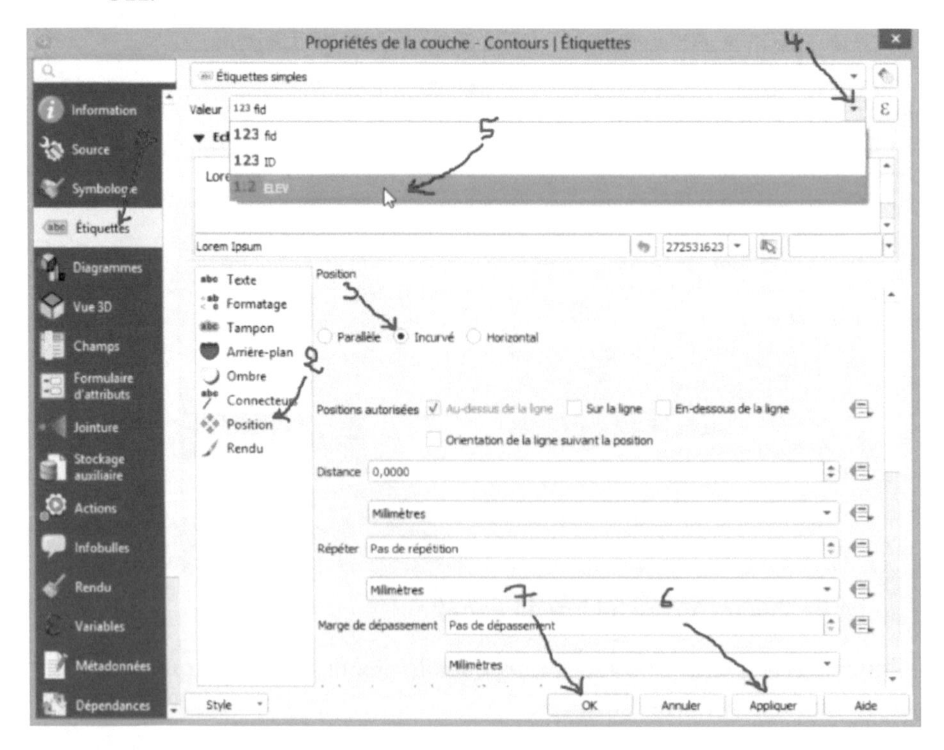

Votre carte est désormais Labeller.

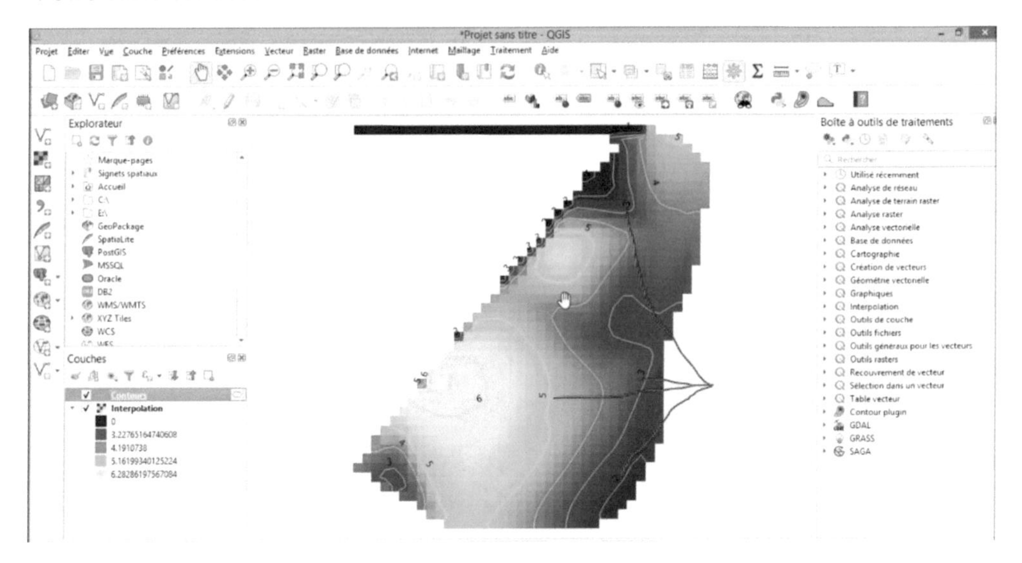

10. Téléchargement et affichage de la carte globale de la terre

10.1 Téléchargement

Allez sur le lien suivant https://mailchi.mp/f6dc8404b764/carte-globale-de-la-terre

Renseignez votre mail, votre prénom puis votre numéro de téléphone. Cliquez zn suite sur Envoyez. Vous serez dirigé vers une page de téléchargement de Natiral Earth.

Vous aurez sur le site trois types de cartes, large scale data (une carte de grande échelle), Medium scale data (Carte d'échelle moyenne), Small scale data (Carte de petite échelle).

Nous vous conseillons de choisir la carte de grande échelle.

Vous aurez pour chaque type de carte, 3 types de fichiers : Physical, cultural et Raster. Vous devriez télécharger le fichier Physical et le fichier cultural.

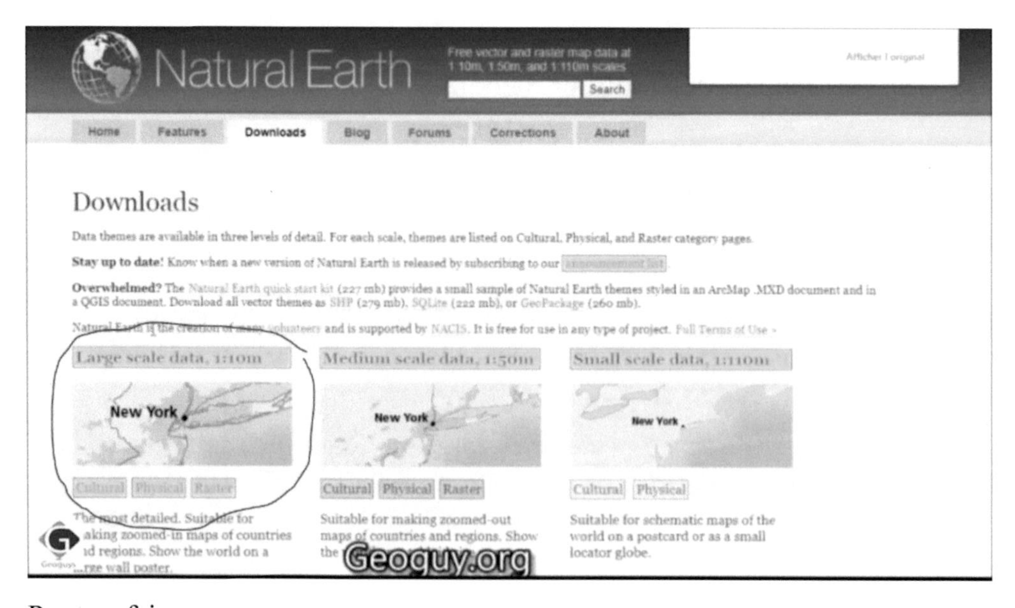

Pour ce faire :

- Cliquez sur Physical

- Une nouvelle page apparait, cliquez sur **Download all 10 m physical thème**.

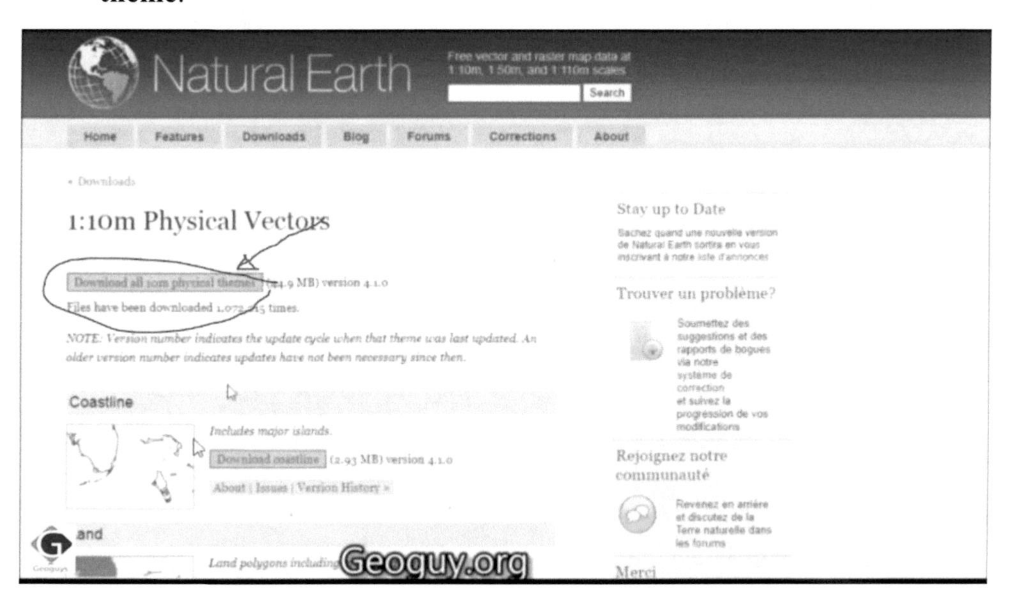

Le téléchargement se lance, une fois terminer vous trouverez le fichier dans le dossier Téléchargement dans votre ordinateur.

- En suite, faites un retour en arrière et sélectionnez **Cultural**.

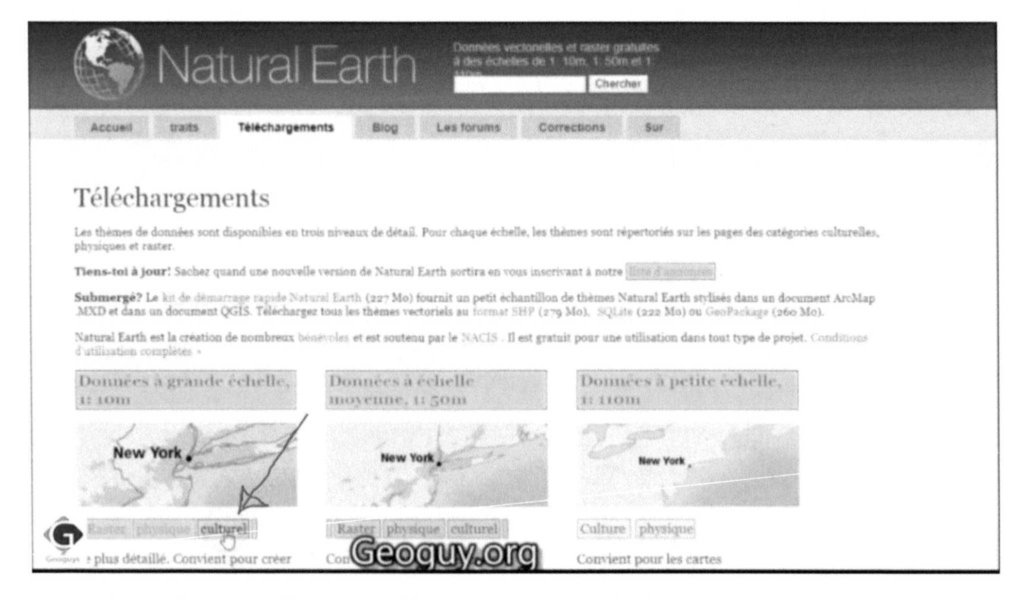

- Dans la nouvelle page, cliquez sur **Download all 10 m cultural thème (télécharger tous les thèmes culturels 10m)**.

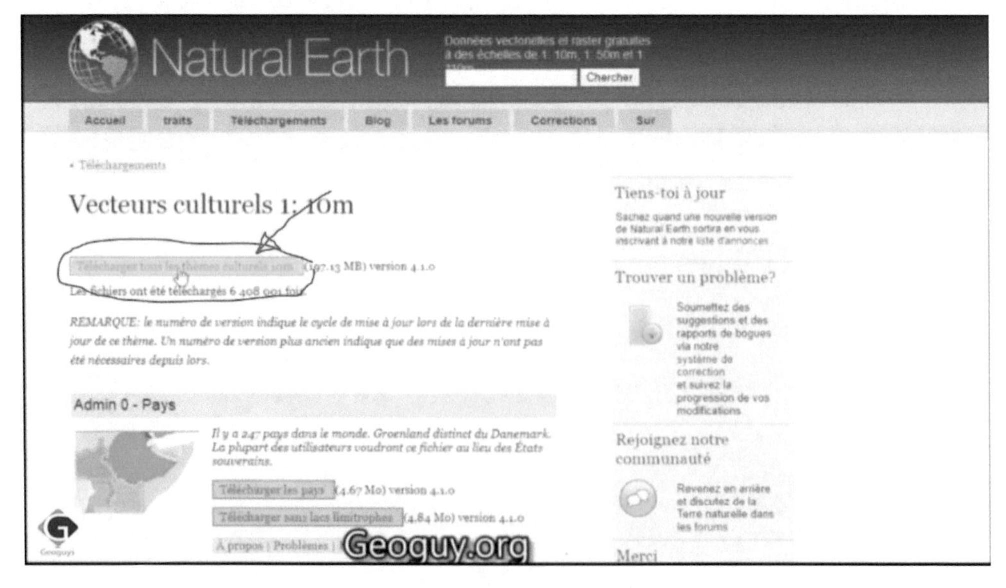

Le téléchargement se lance, une fois terminer vous trouverez le fichier dans le dossier Téléchargement dans votre ordinateur.

10.2 Affichage de la carte globale de la terre

Ouvrez le logiciel Qgis, dans la fenêtre **Parcourir**, naviguer jusque vers vos données télécharger (en cliquant sur le petit + à côté de chaque dossier).

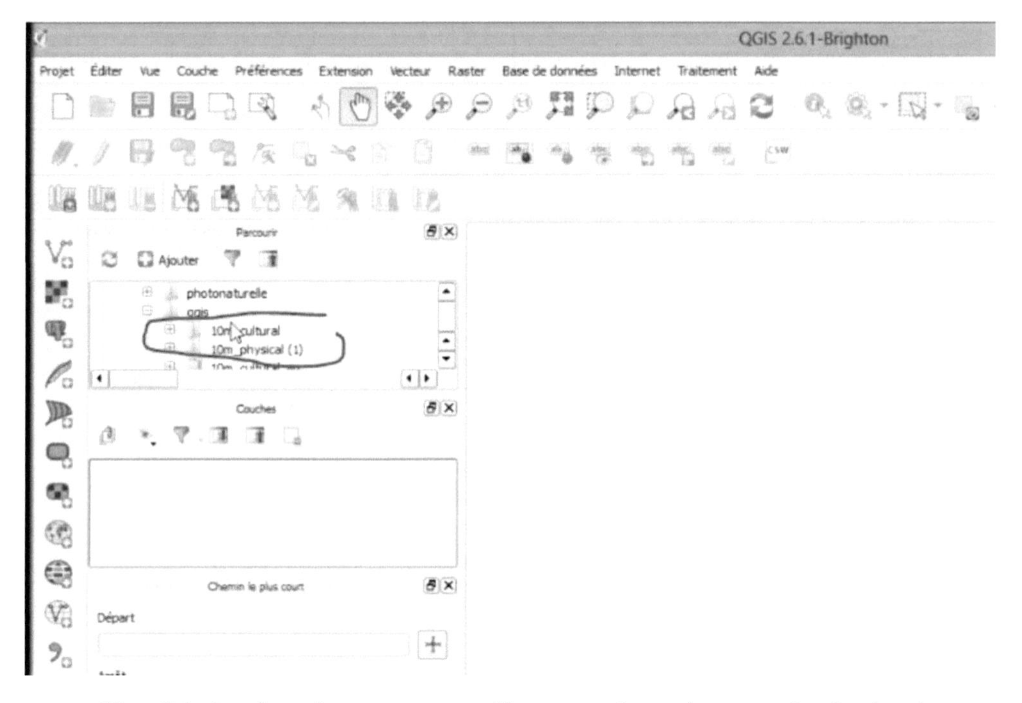

- Une fois les données retrouver, cliquez sur le petit + gauche du dossier cultural

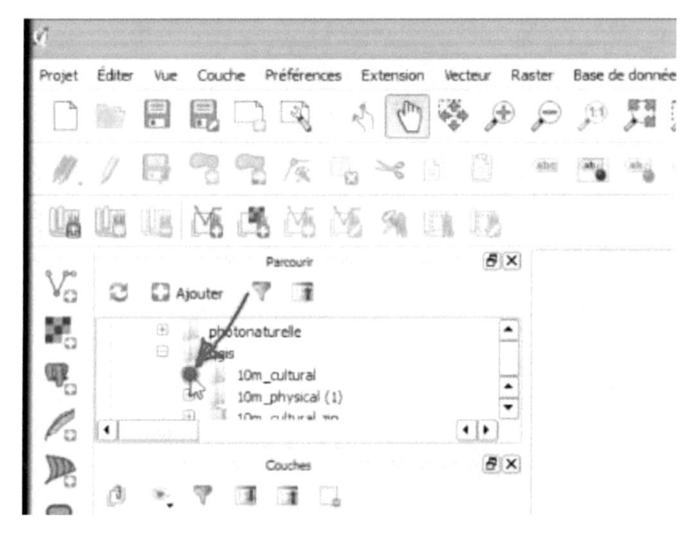

Vous ferez face à plusieurs couches de données de différents types. Les données qui nous intéresserons pour le moment sont les données Shapefile, qui ont l'extension **SHP**.

- D'où dérouler le curseur.

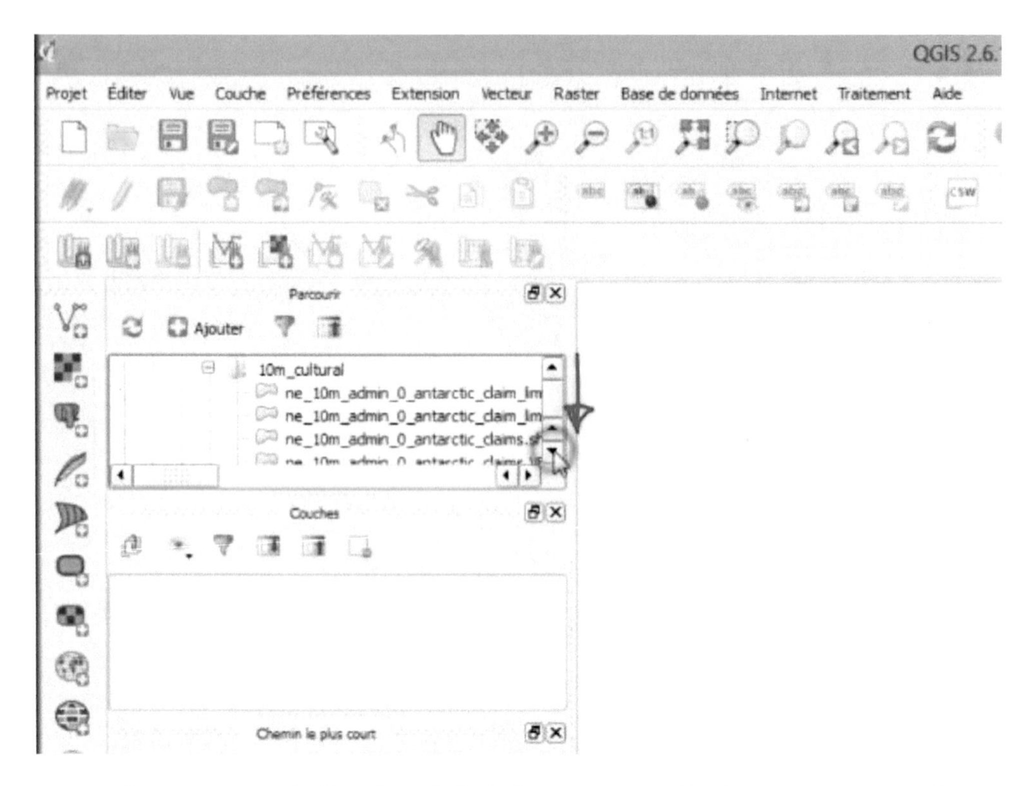

- Servez-vous de l'ordre alphabétique pour sélectionner vos couches.

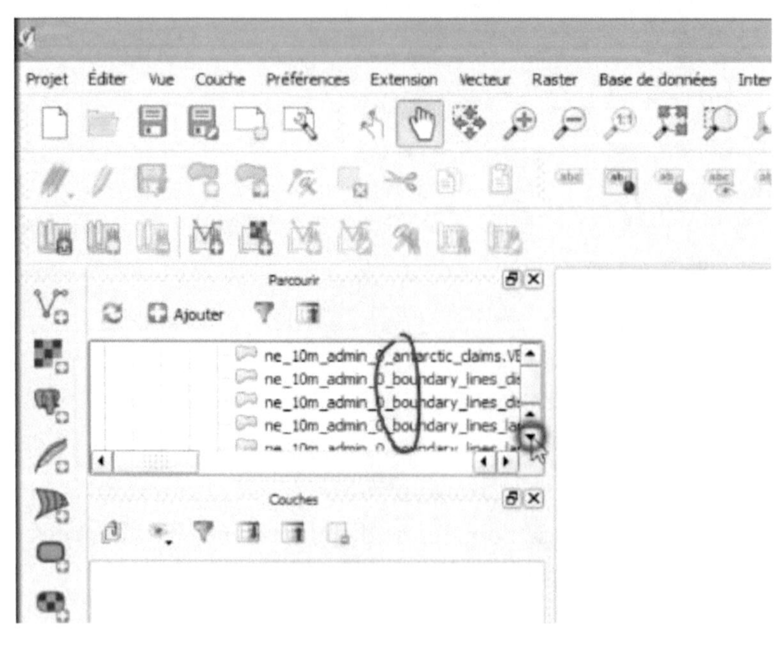

- Servez-vous aussi du chariot horizontal

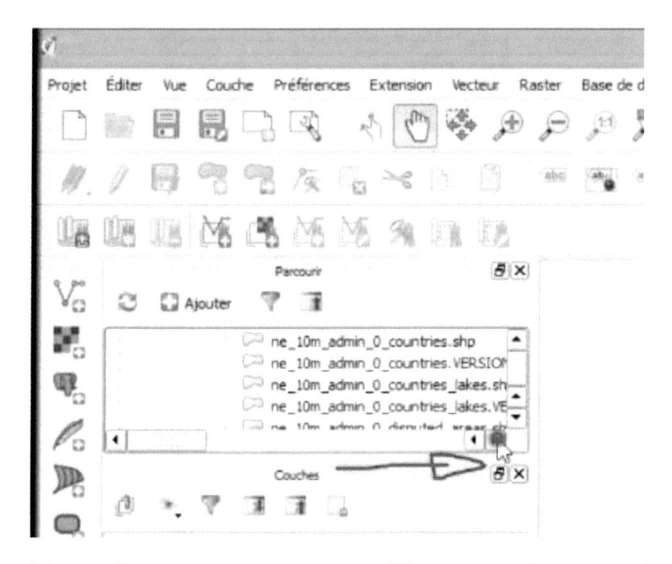

Nous allons commencer par afficher tous les pays du monde. Pour ce faire :

- Cliquez sur countries_lakes.shp, maintenez un clic gauche dessus et faites glisser la couche dans l'espace d'affichage.

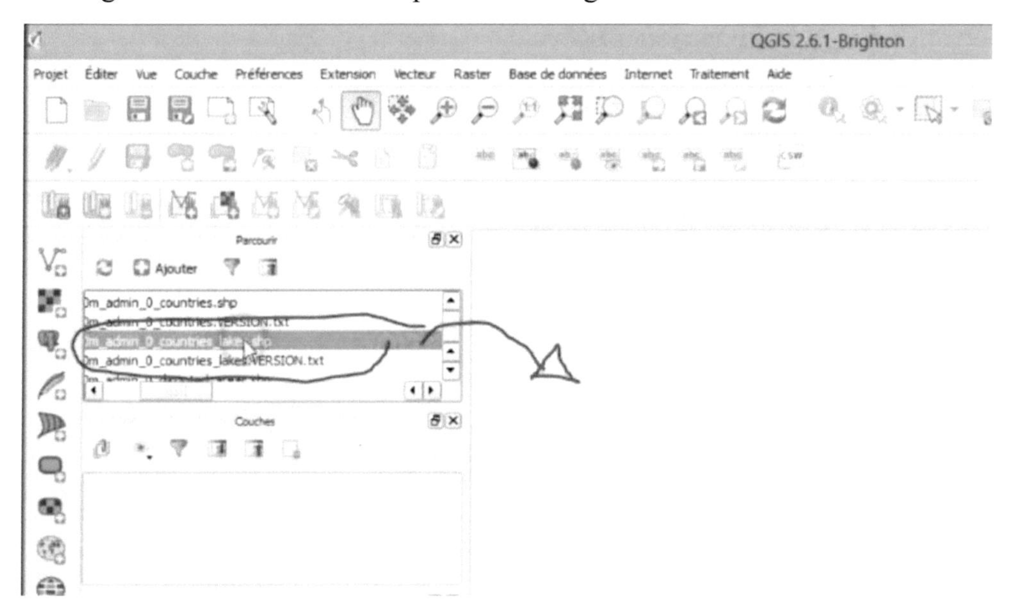

Votre carte s'affiche

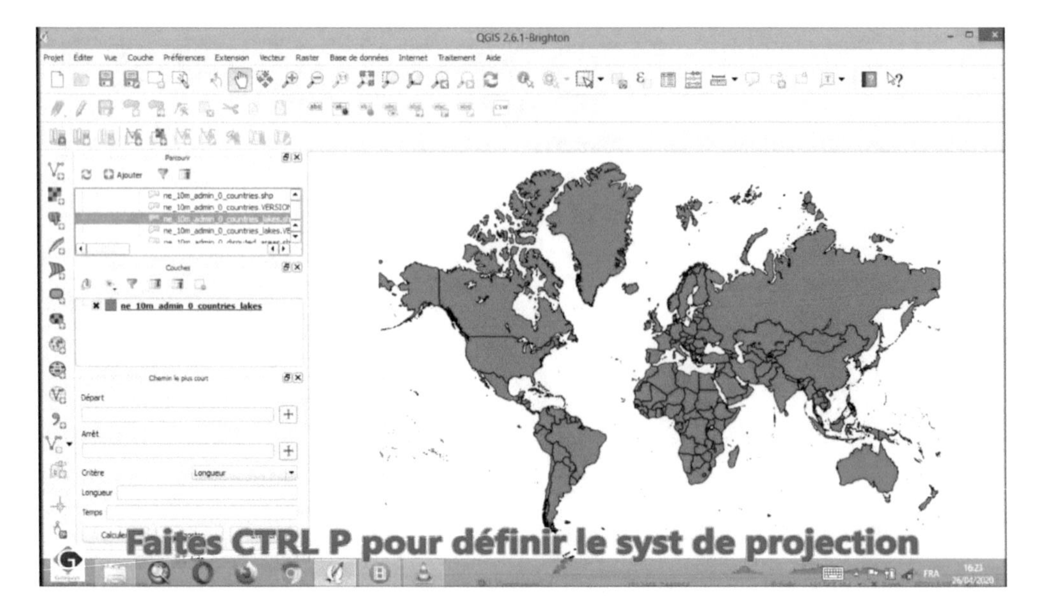

Qgis va afficher la carte avec le système de projection par défaut et cela déforme un peu la carte, pour choisir un système de projection appropriée faite CTRL P sur votre clavier.

La fenêtre **Sélectionneur de systèmes de coordonnées de référence** apparait, tapez un mot clef (WGS) puis sélectionnez le système dans le champ Liste de SRC mondiale puis cliquez sur **OK**.

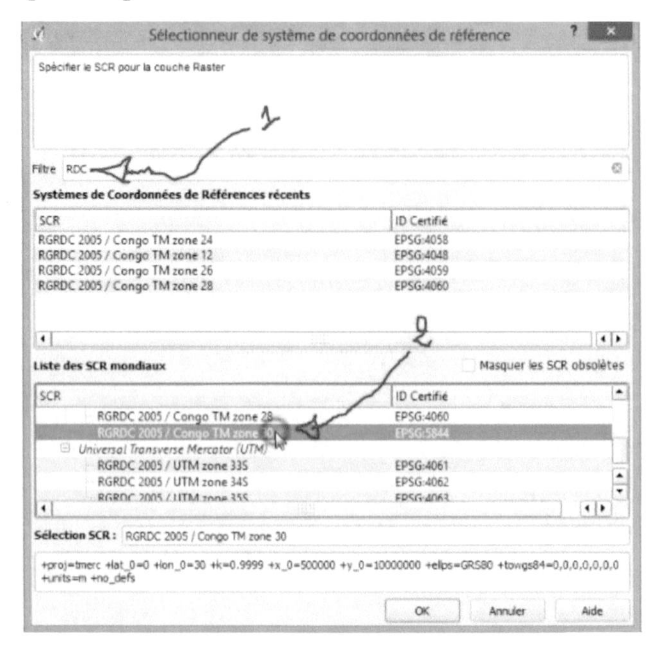

Vous pouvez également ajouter les limites de pays, pour cela

- Cliquez sur la couche Boundery_line et faites-la glisser dans la fenêtre d'affichage.

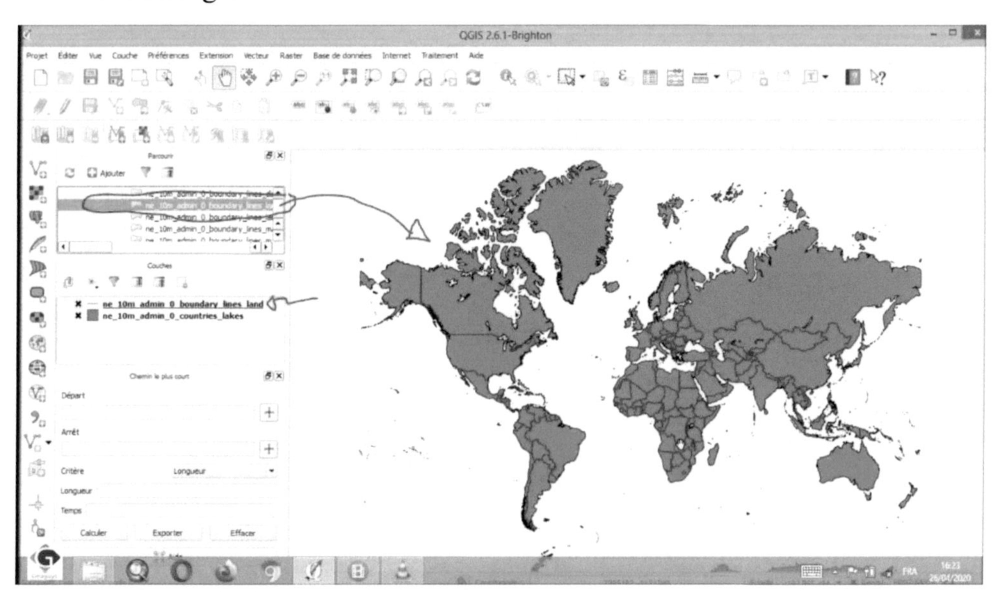

Pour ajouter les limites de provinces (pour chaque pays), les limites côtières et les populations.

- Cliquez sur le petit + à coter du dossier physical

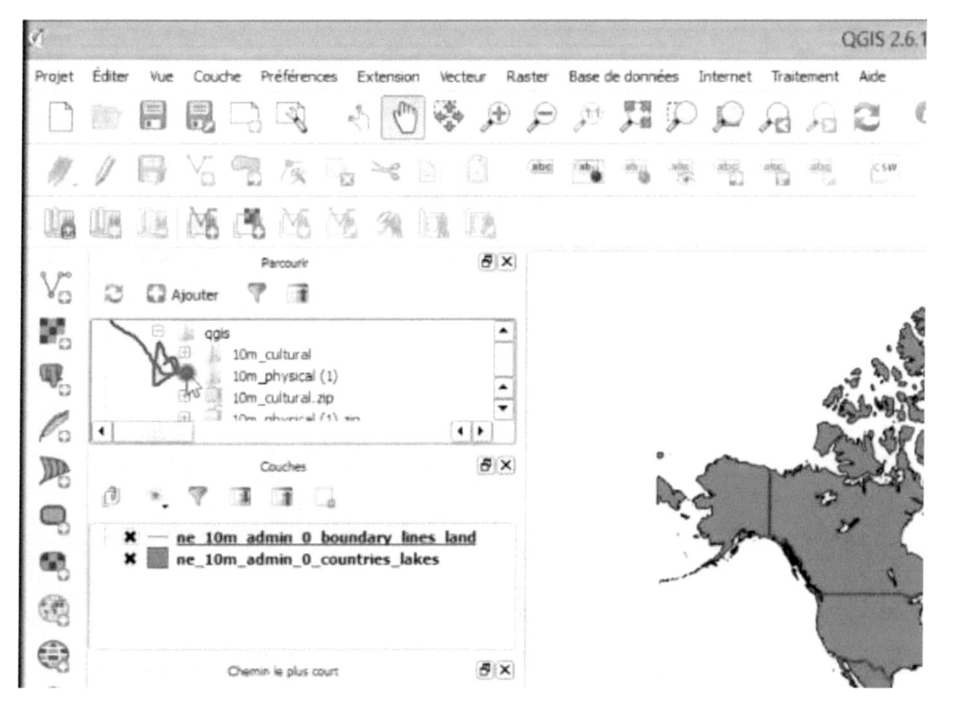

- Vous aurez plusieurs couches, utiliser les curseurs pour vous déplacer vers le bas

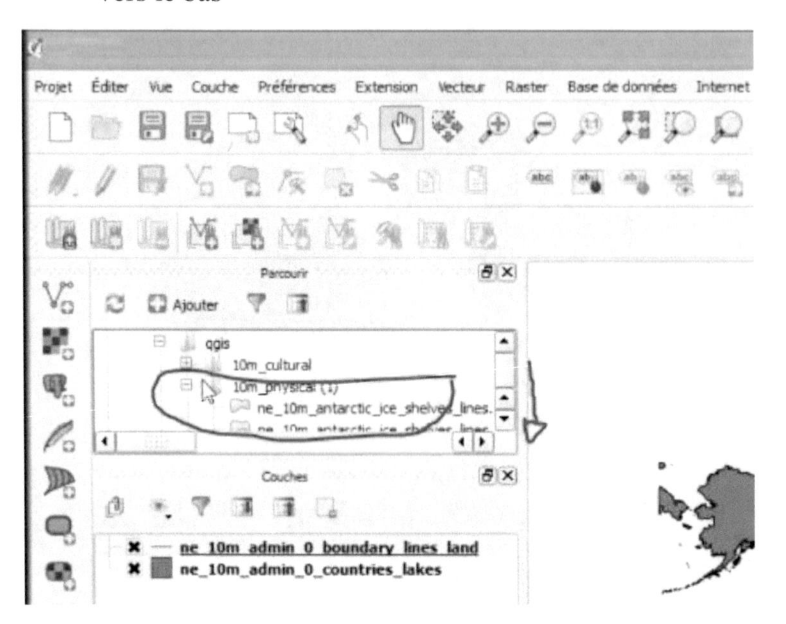

- Sélectionnez la couche river_line et glissez la dans la fenêtre d'affichage

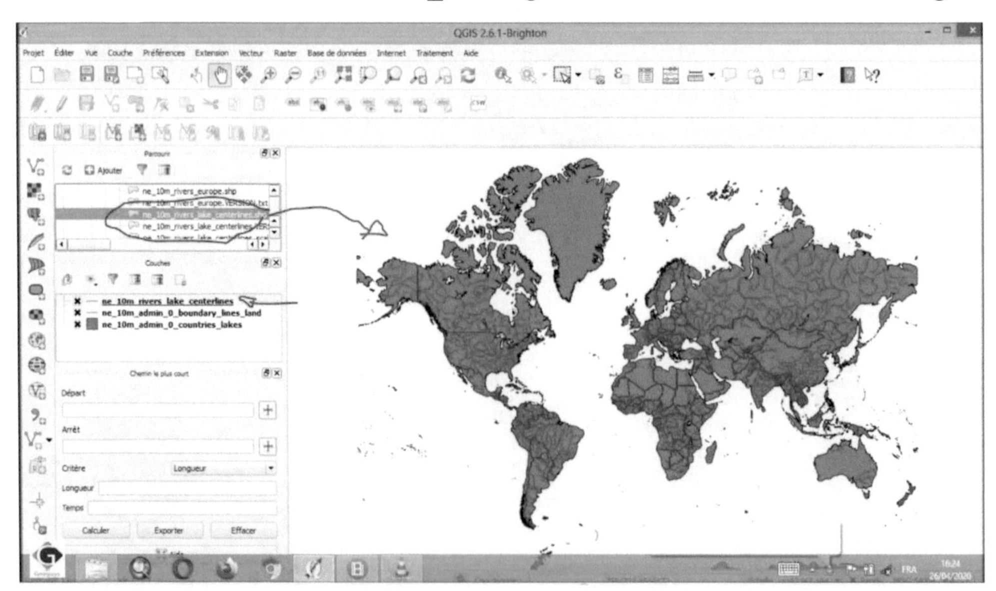

- Sélectionnez la couche Lakes et glissez la dans la fenêtre d'affichage

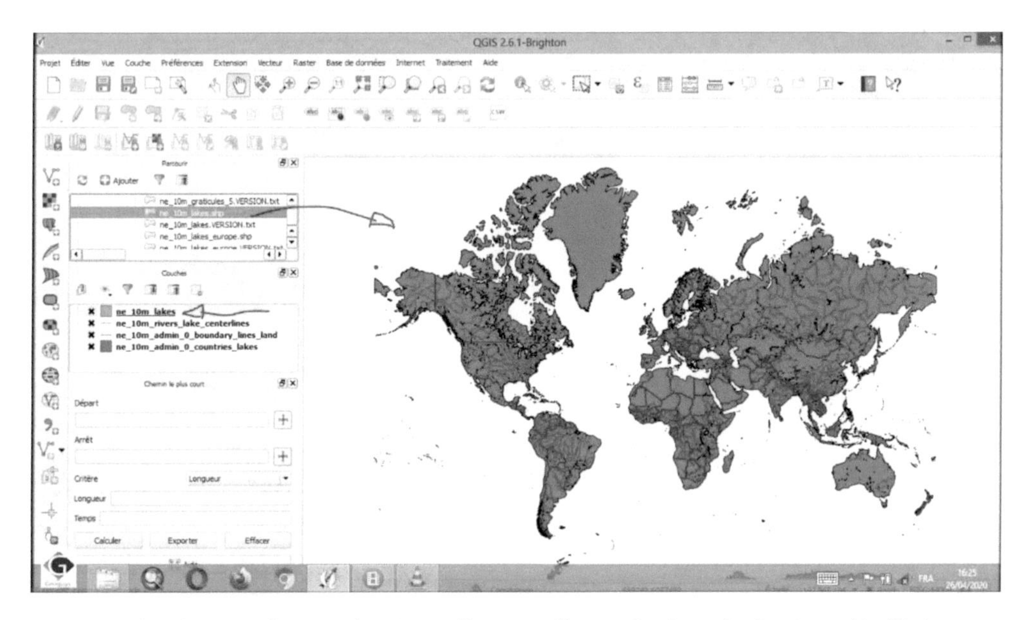

- Sélectionnez la couche Coastline et glissez-la dans la fenêtre d'affichage.

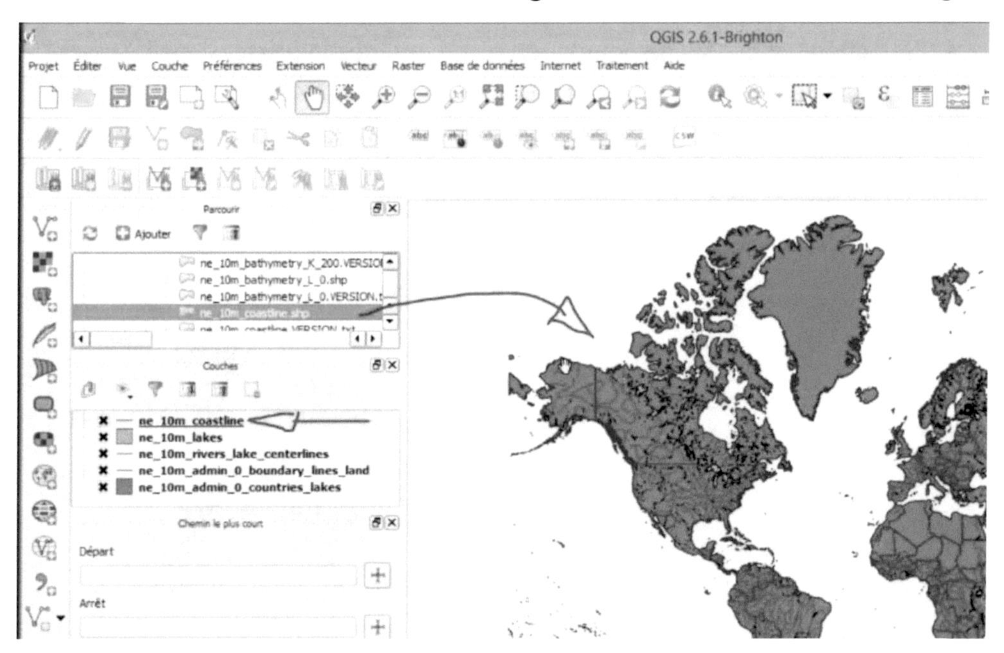

Rentrez dans le dossier cultural

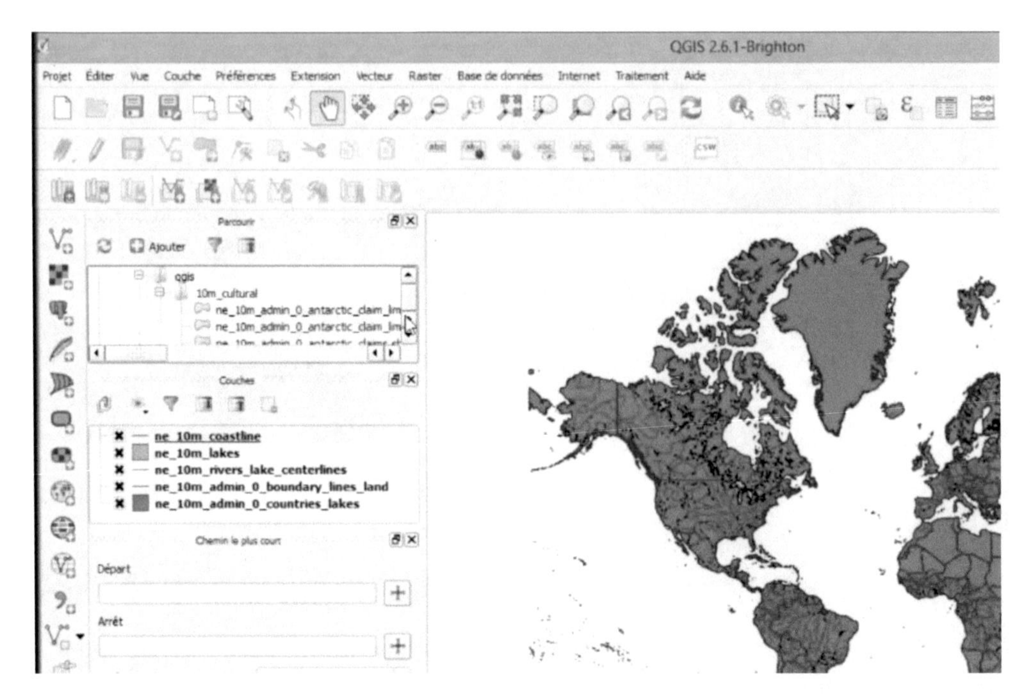

- Sélectionnez la couche population place et faites la glisser dans l'espace d'affichage.

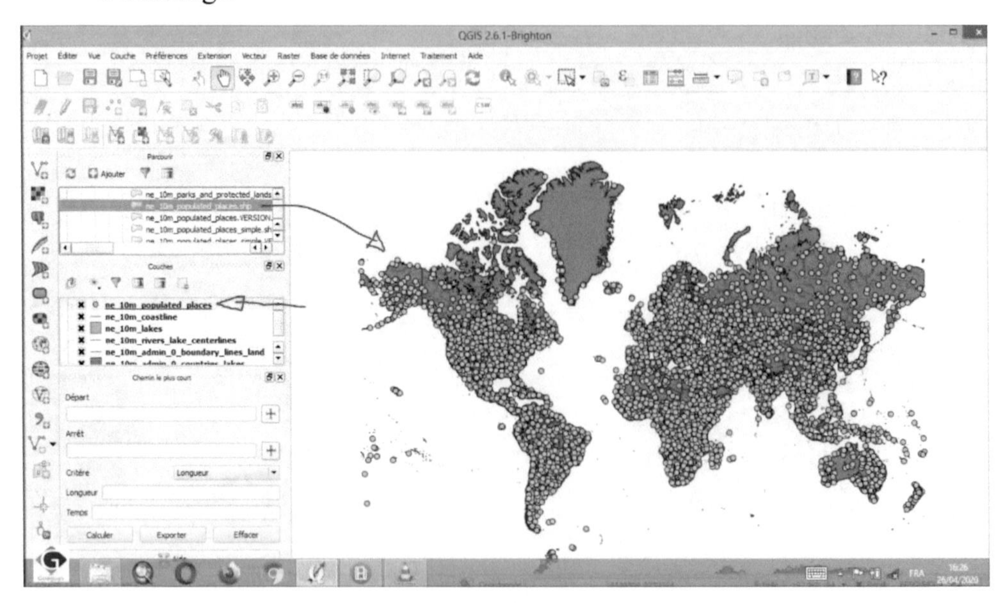

11. Définir les styles des éléments de notre carte : points, lignes ou polygones.

11.1 Style d'un polygone

- Faites un clic droit sur une couche polygone pour laquelle vous voulez changer le style puis sélectionner **Proprietes**.

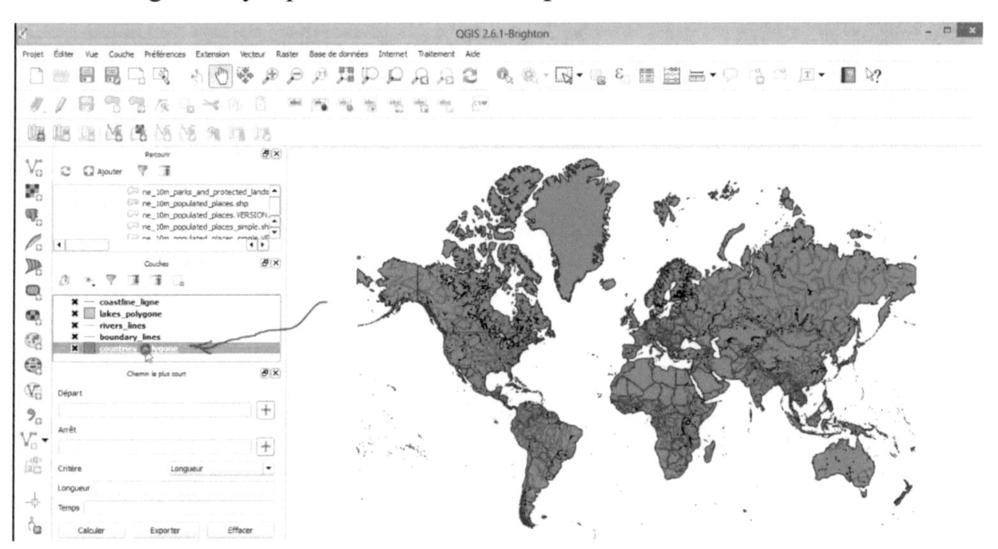

Une fois sur la fenêtre **Propriétés de la couche**, sélectionnez le menu **Style** à gauche de la fenêtre, cliquez sur la couche puis dans le champ **bordure**.

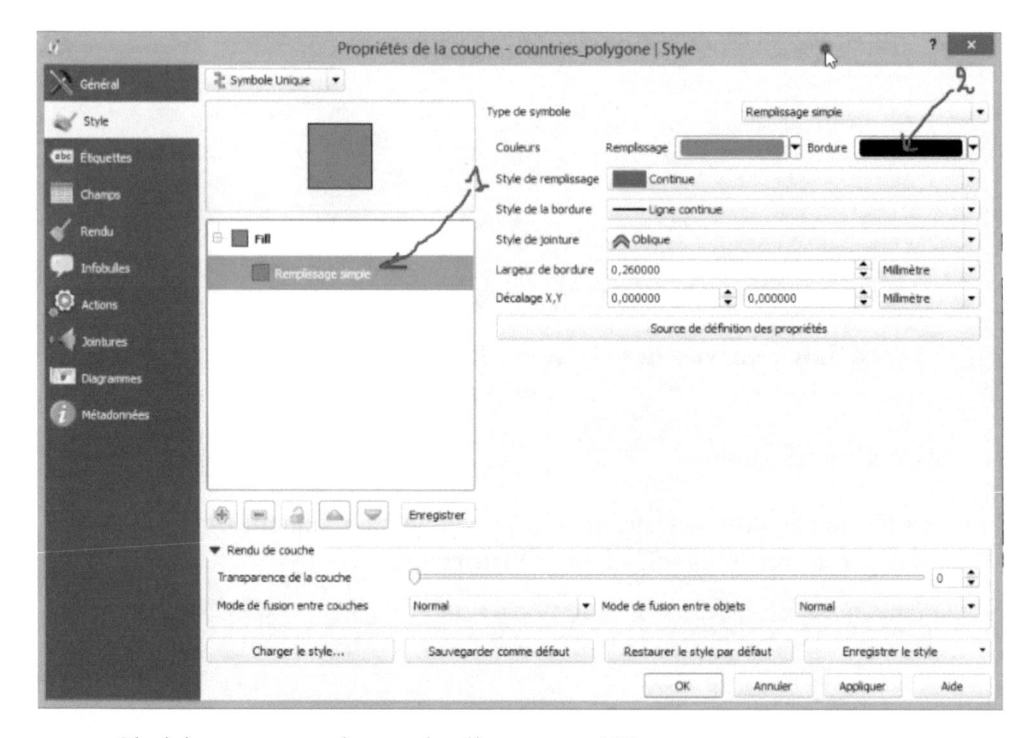

- Choisissez une couleur puis cliquez sur **OK**.

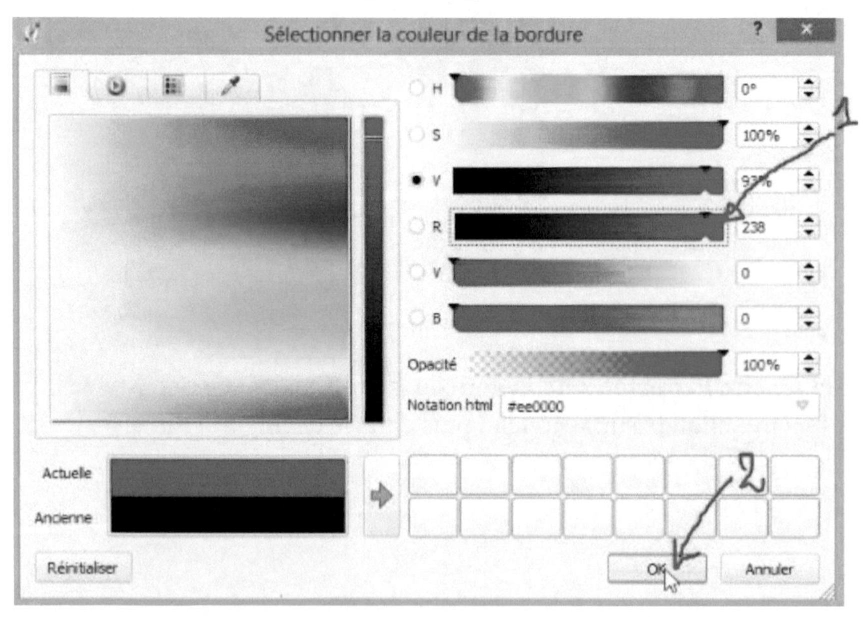

Remarquez que la couche prend la bordure de couleur rouge dans le carreau en haut à gauche de la fenêtre **Propriété de la couche**. Pour voir comment ça apparait sur la carte, cliquez sur **appliquer**.

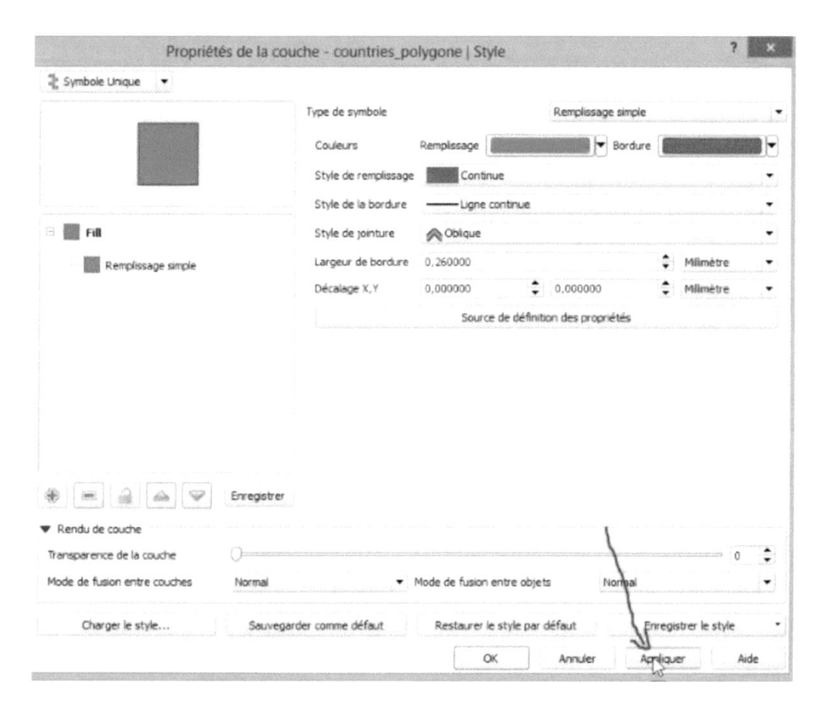

Voici le résultat

- En suite, cliquez sur la liste déroulante du champ **Style de la bordure**, puis ne sélectionnez **pas de ligne**.

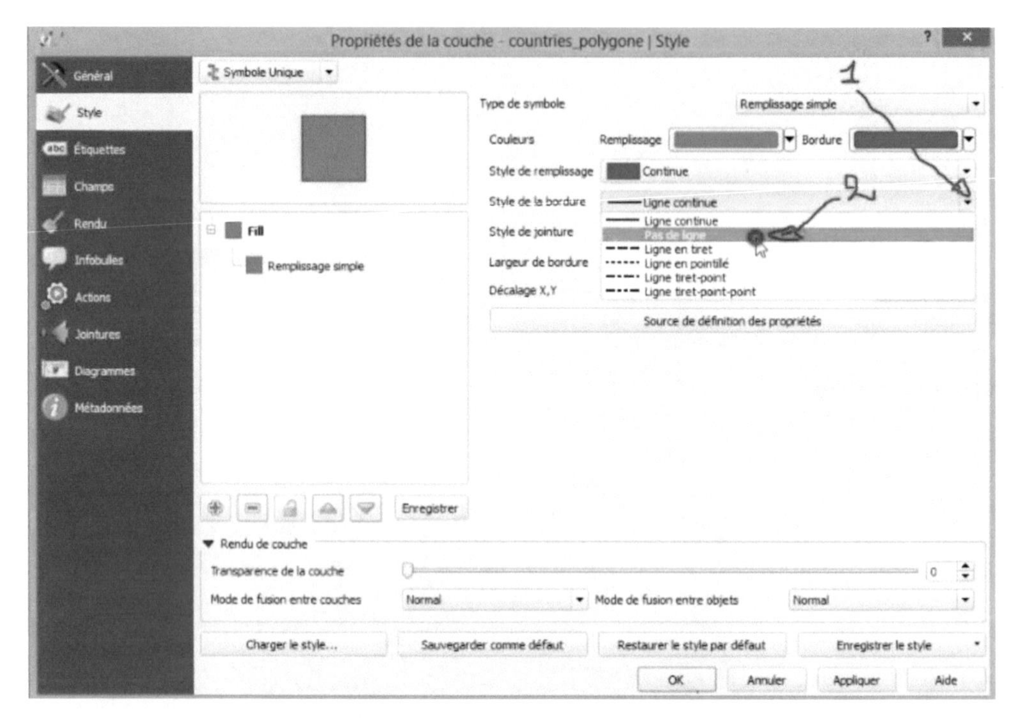

Remarquer ci-dessous que la bordure rouge a disparu. Pour changer la couleur du polygone :

- Cliquez dans le champ **Remplissage**, sélectionnez une couleur dans la fenêtre sélectionner la couleur de Remplissage puis cliquez sur **OK**.

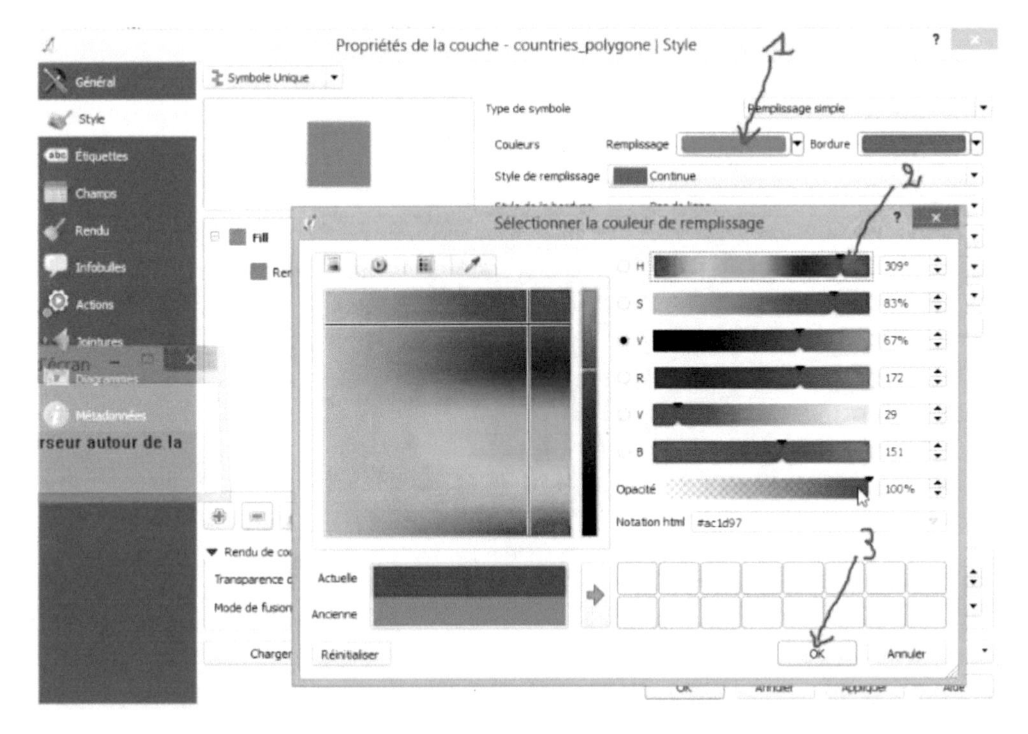

En suite, cliquez sur **OK**.

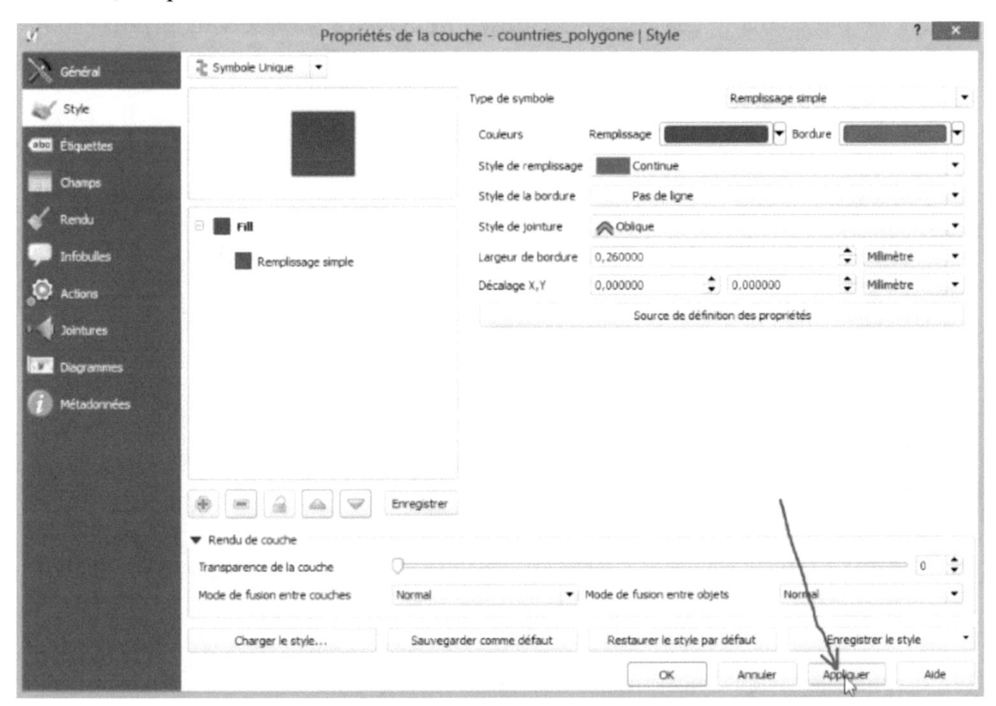

Voici le résultat

Pour changer l'épaisseur du contour, revenez sur la fenêtre Propiete de la couche (en faisant clic droit sur la couche puis propriétés), sélectionnez de nouveau le Menu style puis dans le champ Largeur de bordure, mettez une valeur plus grande puis cliquez sur **appliquer**.

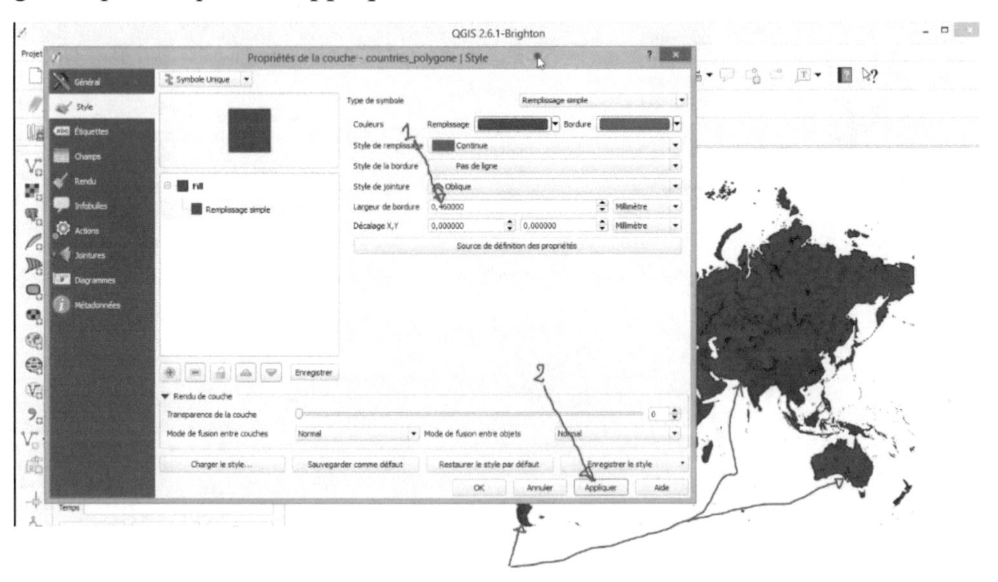

Pour changer le type de bordure

- Cliquez sur la liste déroulante **Style de jointure**, puis sélectionnez-en une.

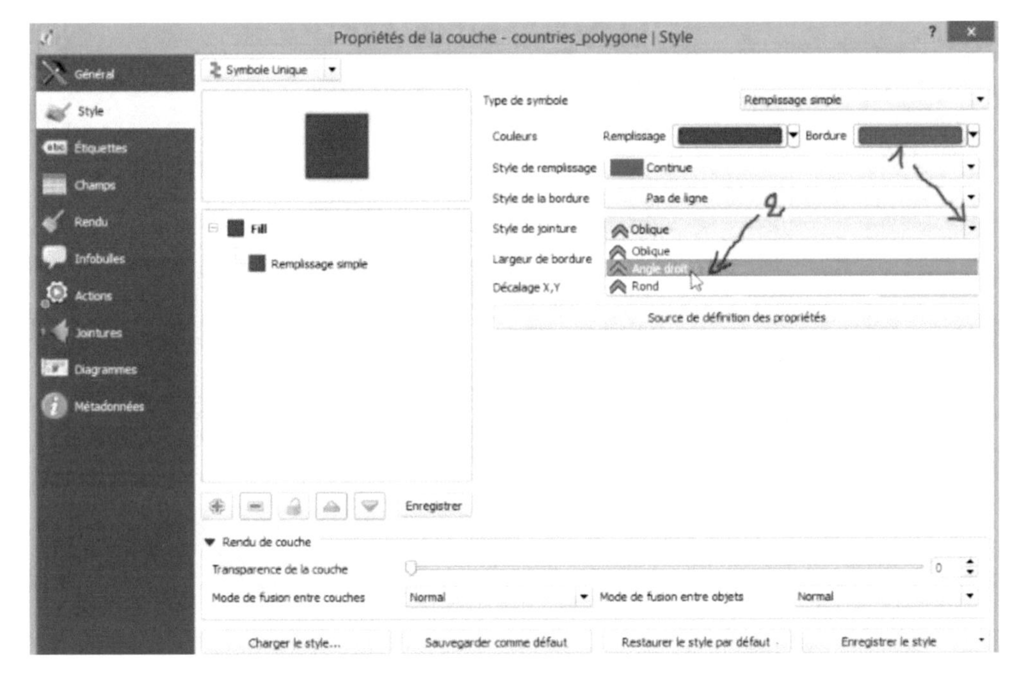

- Puis cliquez sur OK

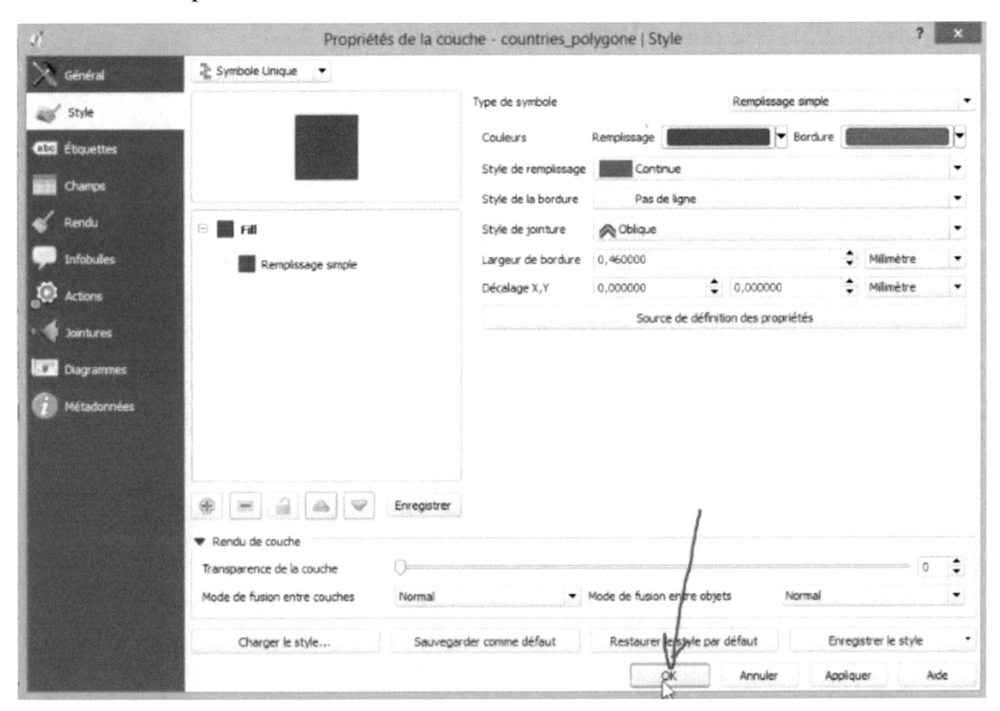

Voici le résultat

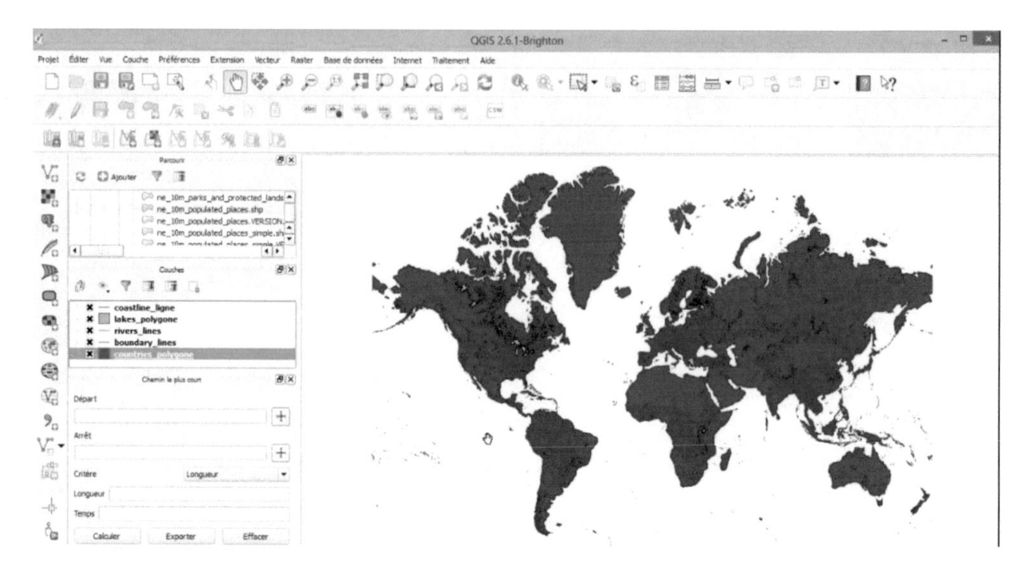

11.2 Style d’une ligne

- Faites un clic droit sur une couche polygone pour laquelle vous voulez changer le style puis sélectionner **Proprietes**.

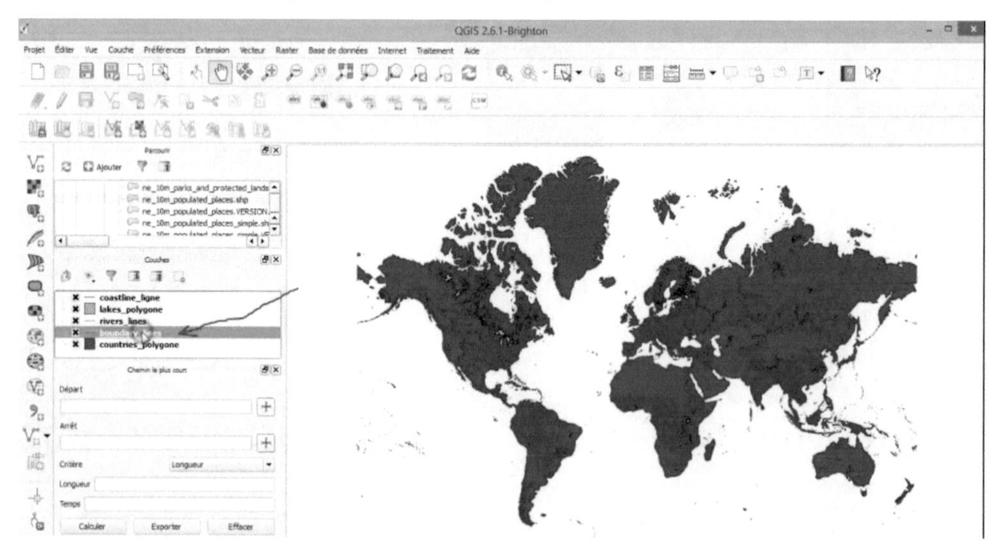

Une fois sur la fenêtre **Propriétés de la couche**, sélectionnez le menu Style à gauche de la fenêtre, cliquez sur la couche ligne puis dans le champ **couleur**.

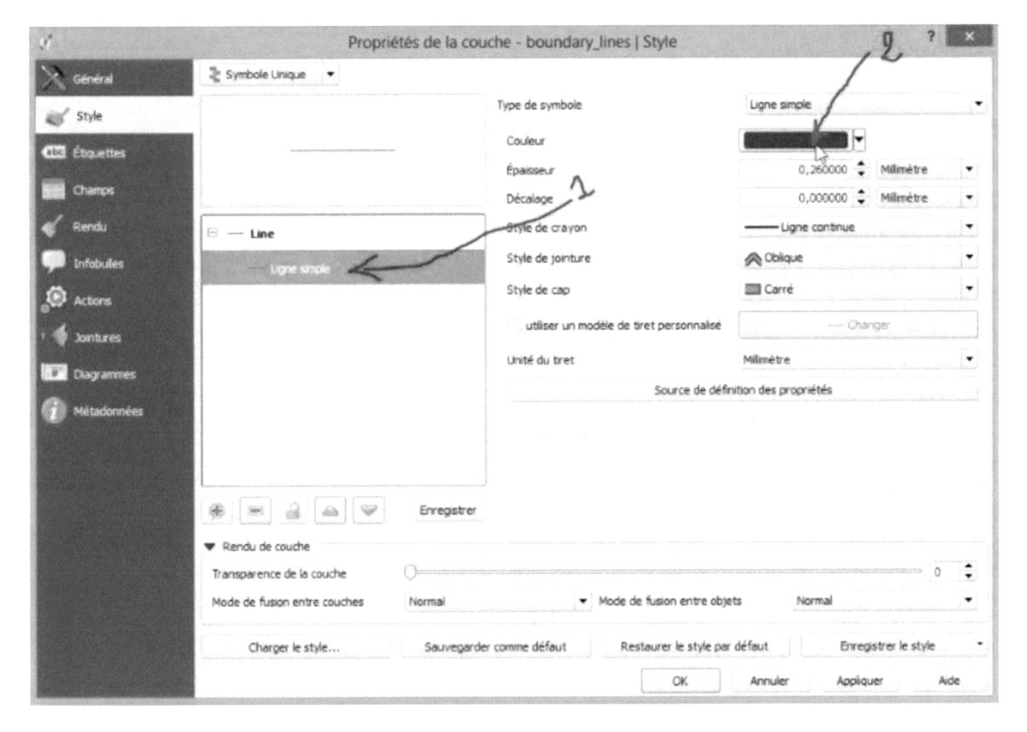

- Choisissez une couleur puis cliquez sur **OK**.

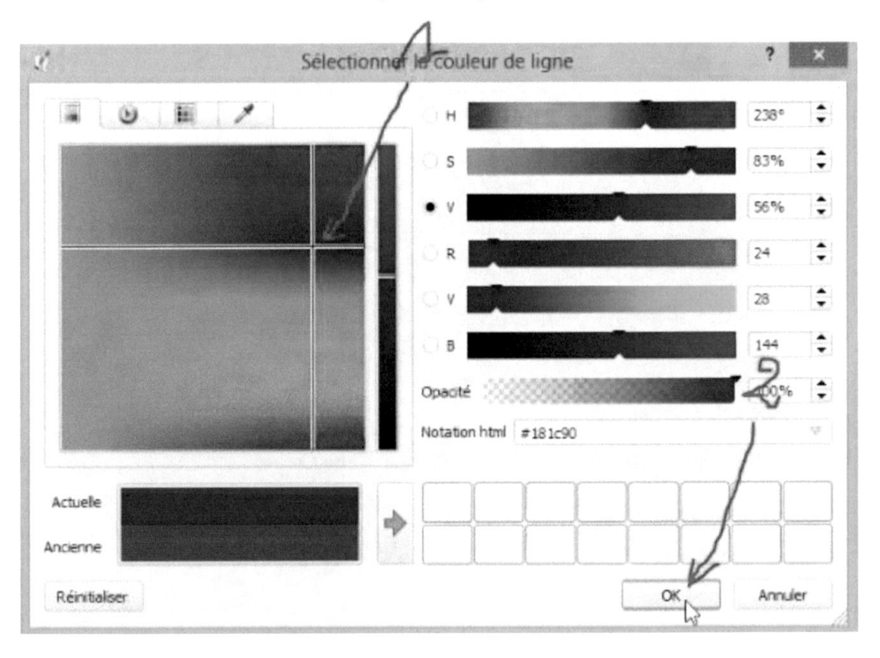

- Puis cliquez sur Appliquer.

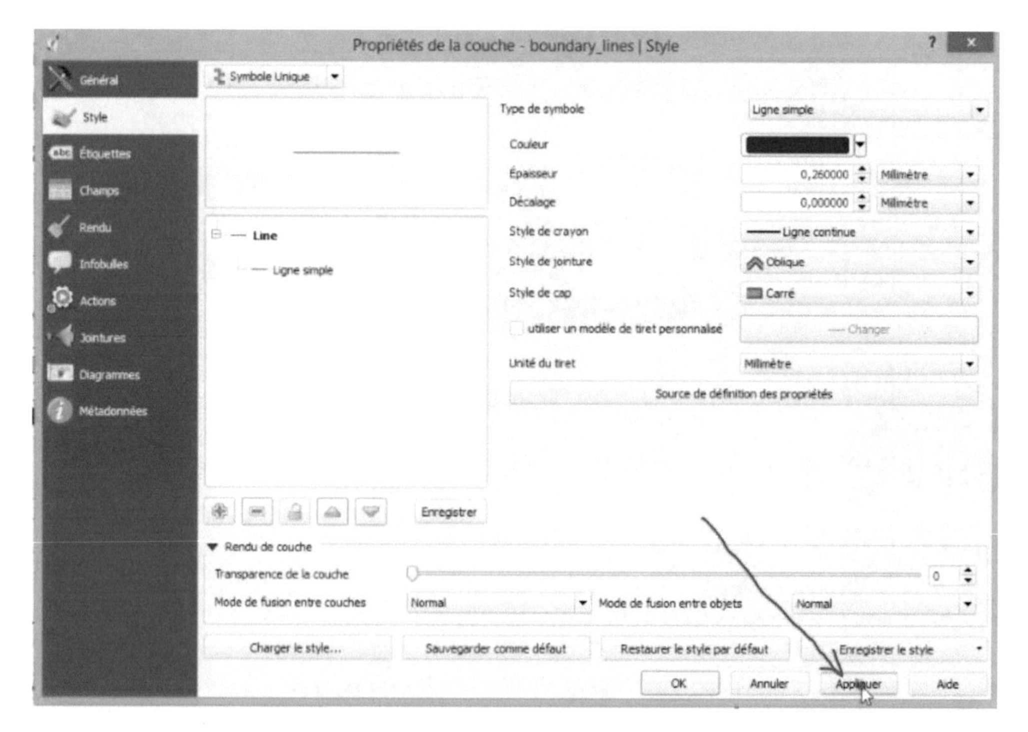

Voici le résultat

Observer l'aperçu de votre paramétrage en haut à gauche de la fenêtre Propriétés de la couche.

- Dans le champ épaisseur, augmentez la valeur plus grande puis cliquez sur **Appliquer**.

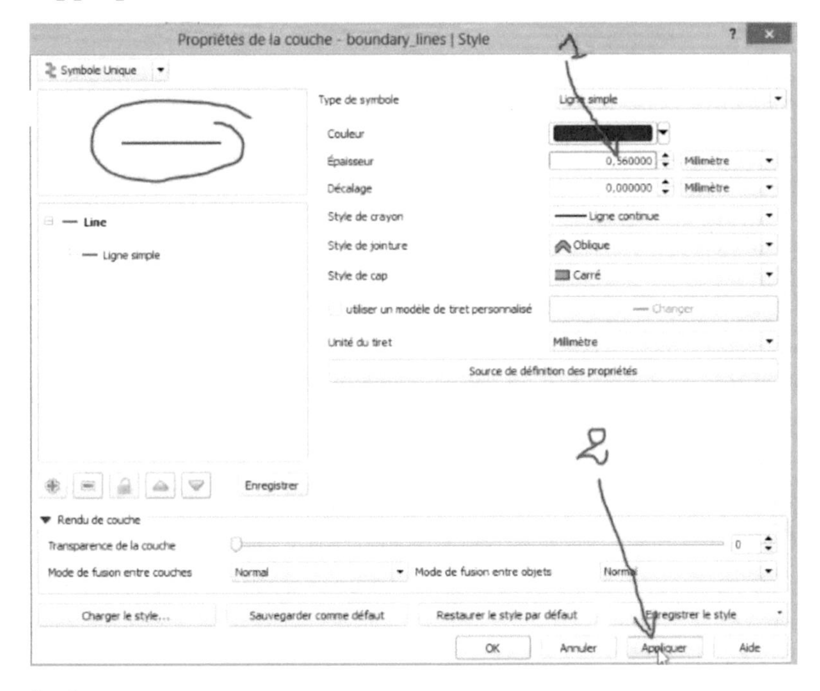

Voici le résultat

Si vous êtes satisfait de vos paramétrages, cliquez sur **OK**.

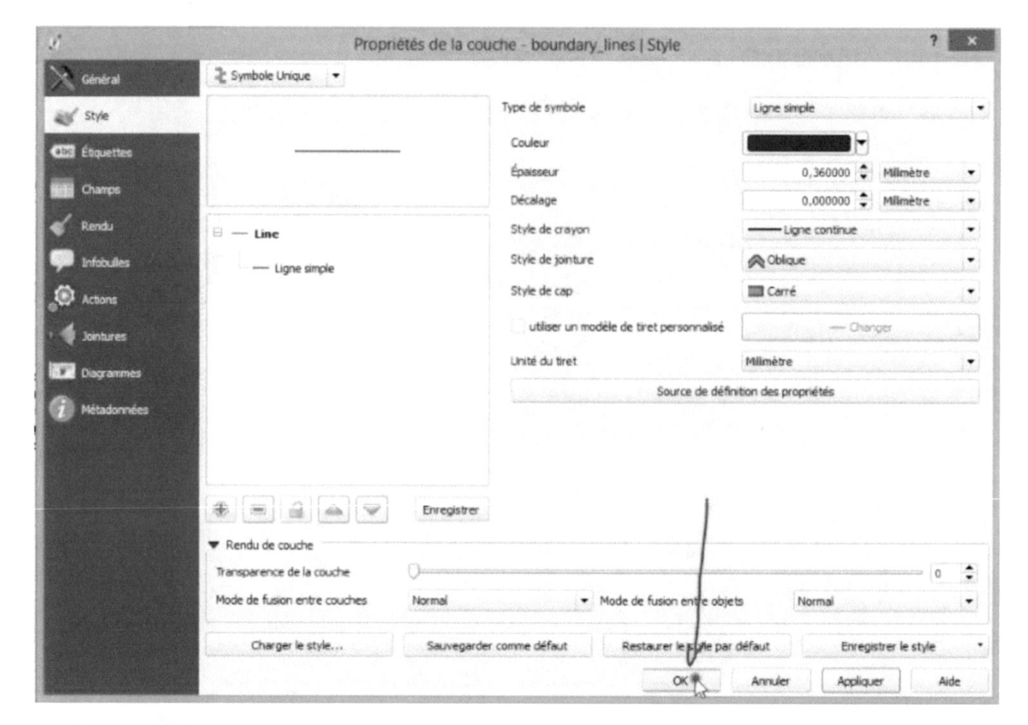

Voici le résultat

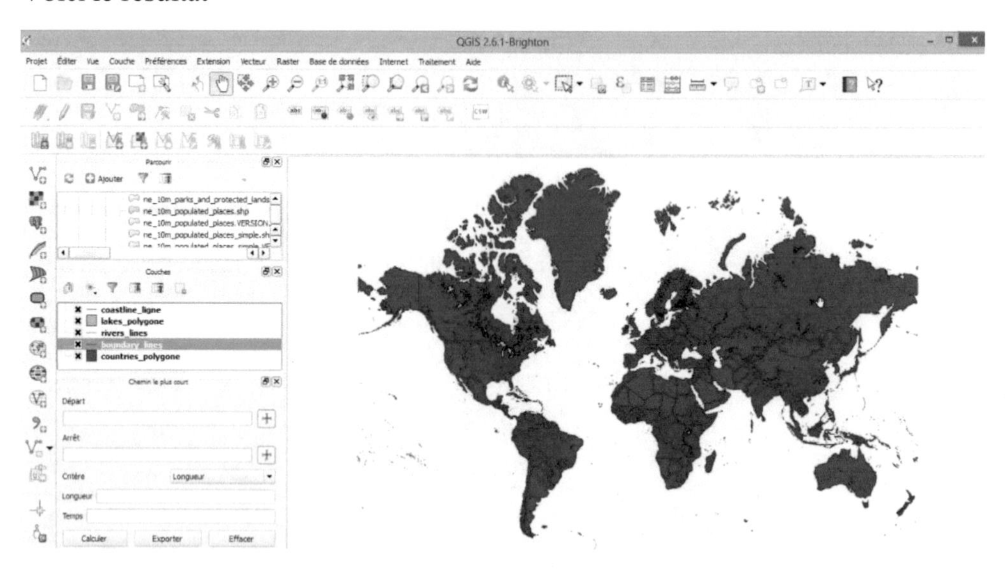

11.3 Style des points

Nous allons commencer par ajouter une couche ethnie de toutes les populations mondiales, nommer Population place dans le fichier télécharger.

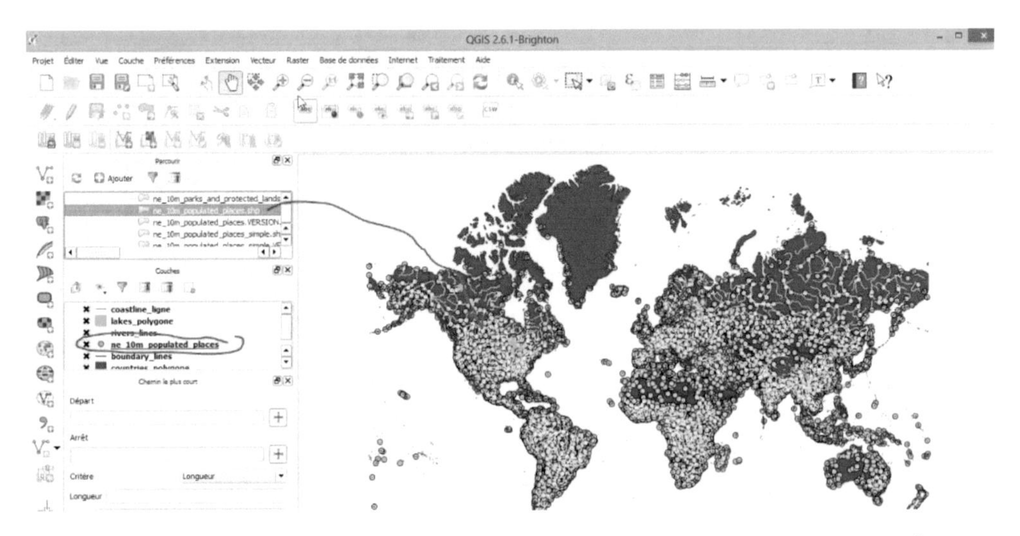

- Cliquez sur l'outil Zoom + puis faites un cadre sur une zone pour mieux voir le changement.

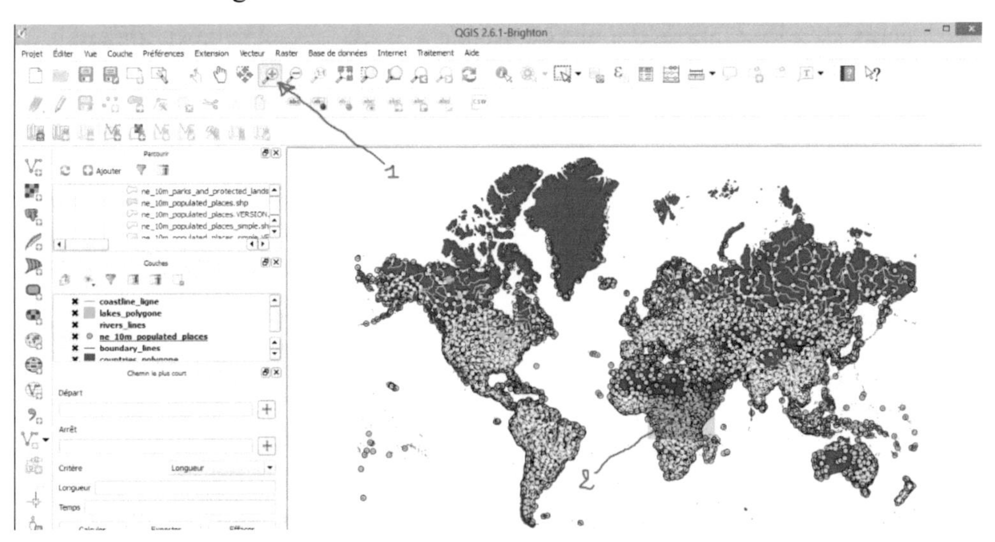

Voici le résultat.

- Faites un clic droit sur la couche point pour laquelle vous voulez définir le style.

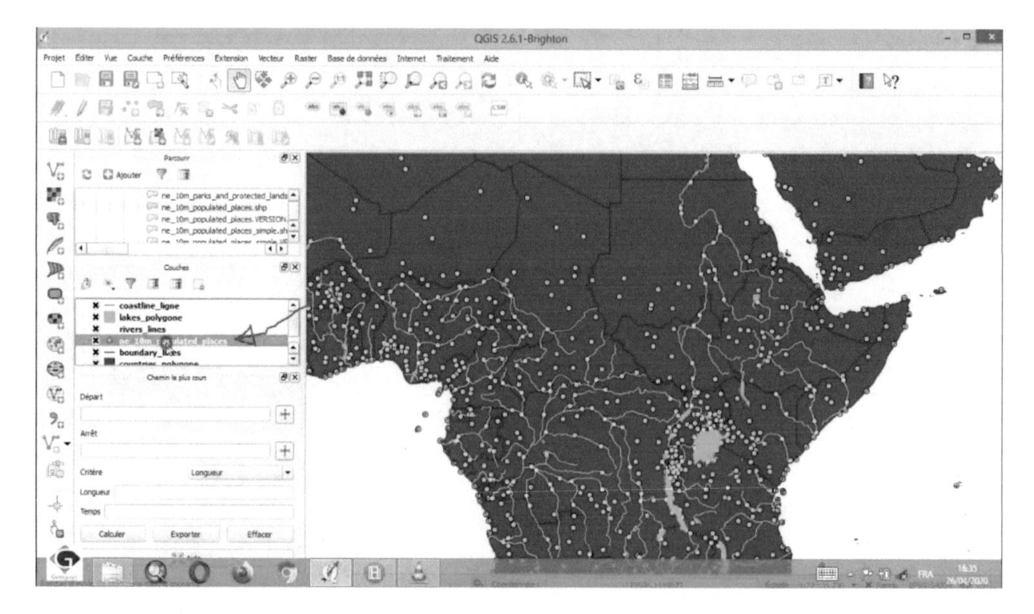

La fenêtre Propriété de la couche apparait :

- À la gauche, cliquez sur le menu Style, sélectionnez la couche Point, choisissez le symbole qui vous convient pour représenter vos points puis cliquez sur **Appliquer**.

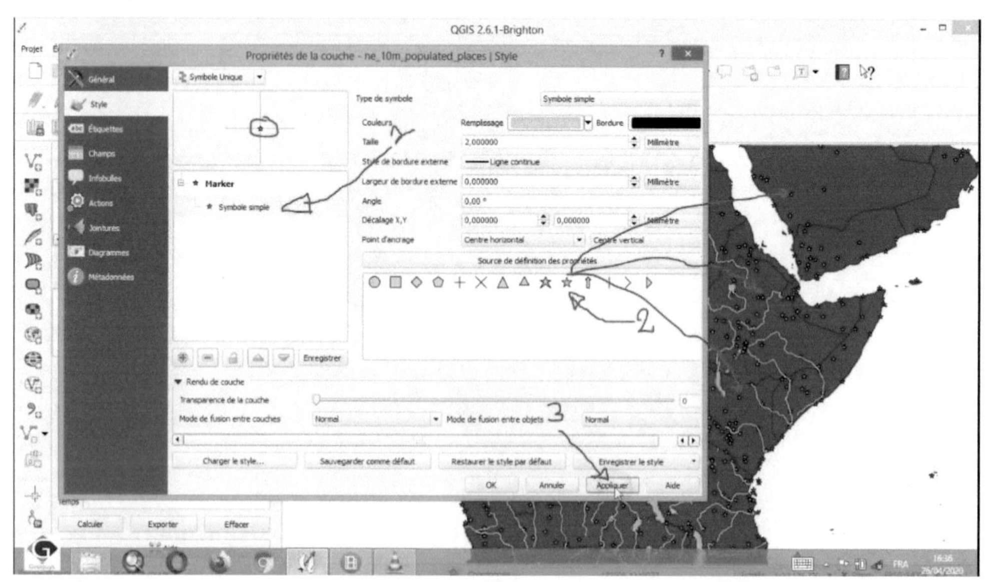

Vous pouvez changer un autre symbole pour représenter les points et vous aurez le même résultat.

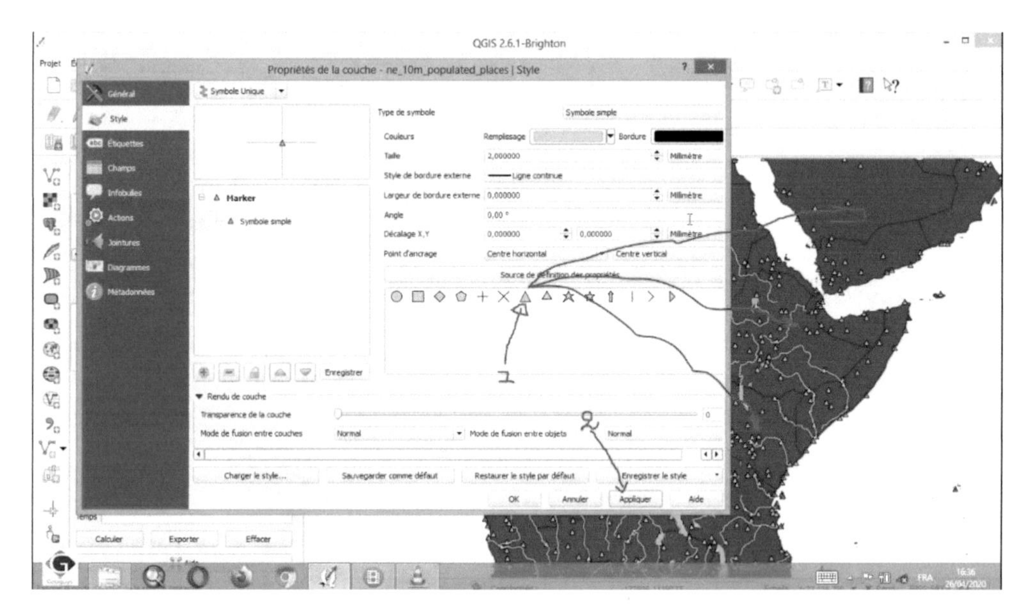

Pour changer la couleur de symbole

- Cliquez dans le champ Remplissage, la fenêtre **sélectionner une couleur de Remplissage** apparait puis cliquez sur **OK**.

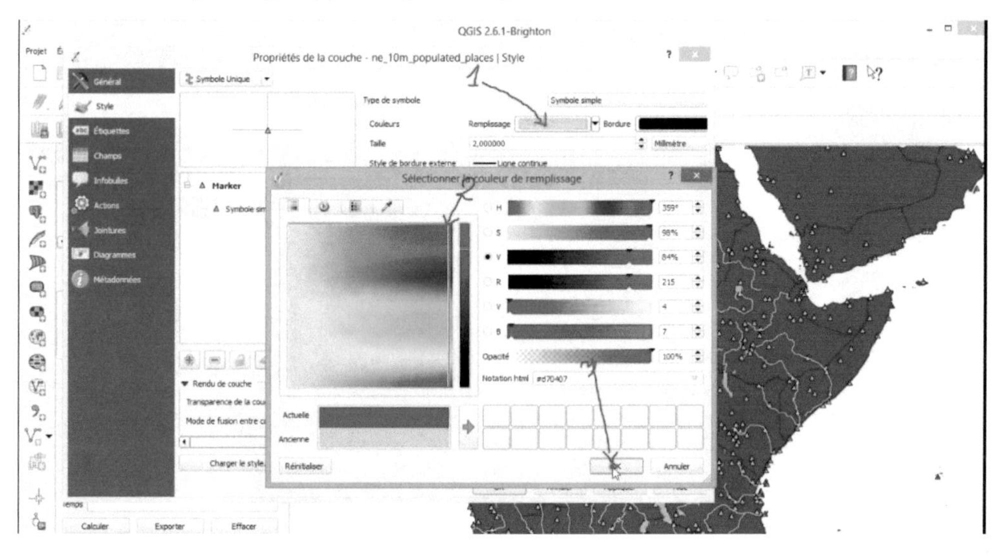

Remarquez le changement puis cliquez sur Appliquer.

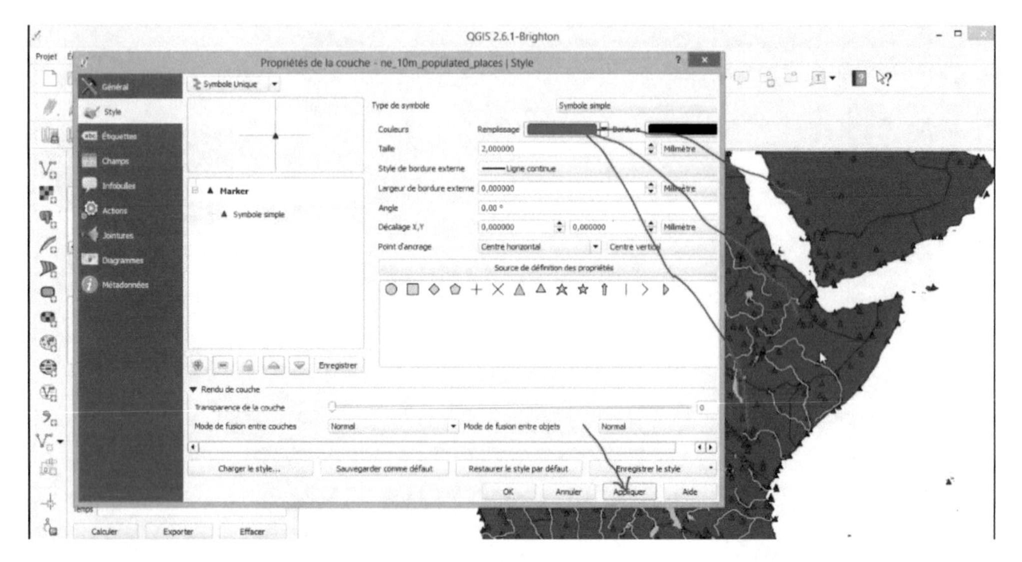

Pour enlever la bordure du symbole

- Cliquez sur le champ **Style de bordure**, puis ne sélectionnez **pas de ligne**.

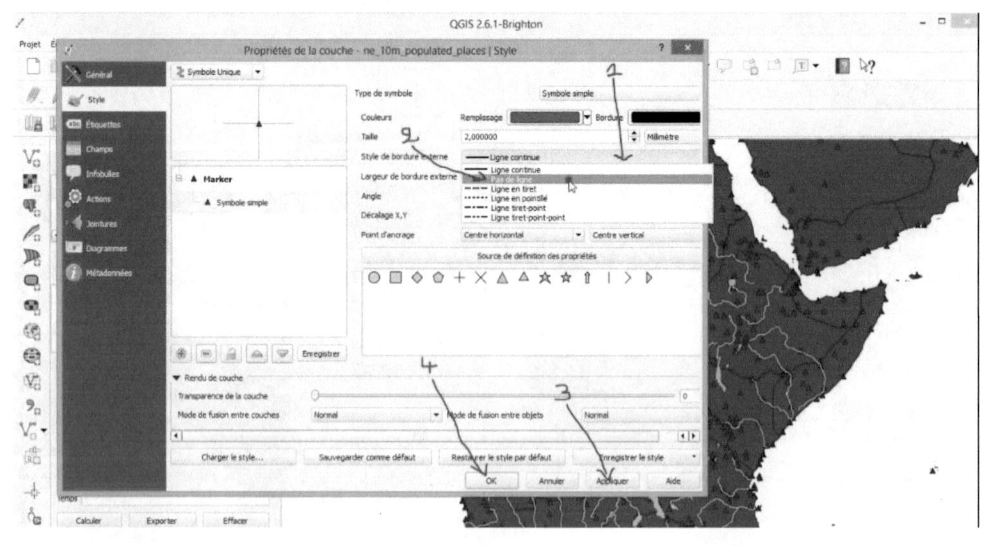

Voici le résultat

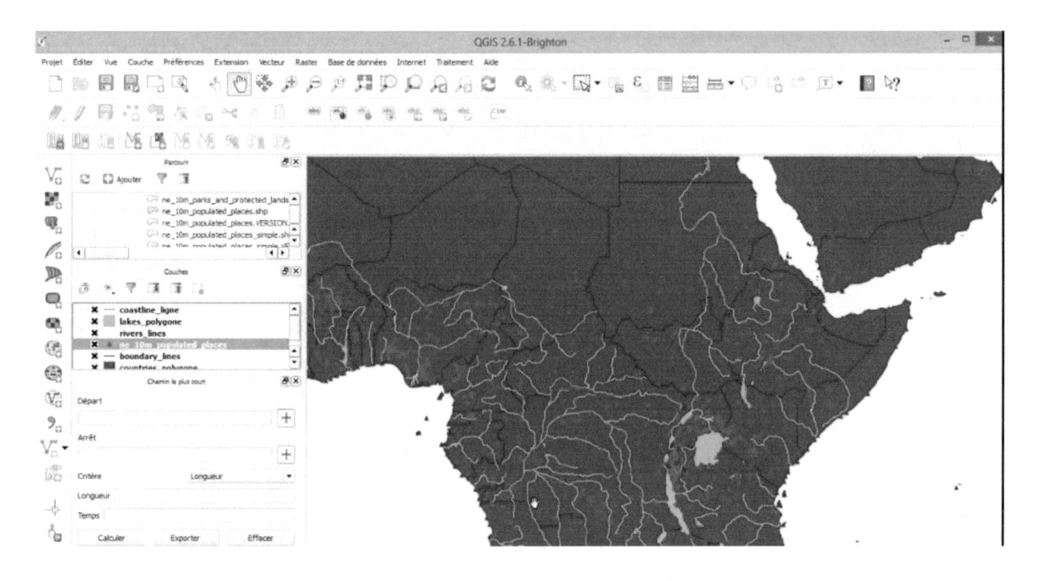

12.Lancement de requête

Les requîtes en Qgis permettent de filtrer une masse de données pour ne ressortir qu'une donnée spécifique. Dans cet ouvrage, nous allons lancer une requête pour ne ressortir que le pays RDC. Pour ce faire :

- Commencer par zoomer la carte, cliquez sur l'outil Zoom + puis faites un cadre sur la RDC

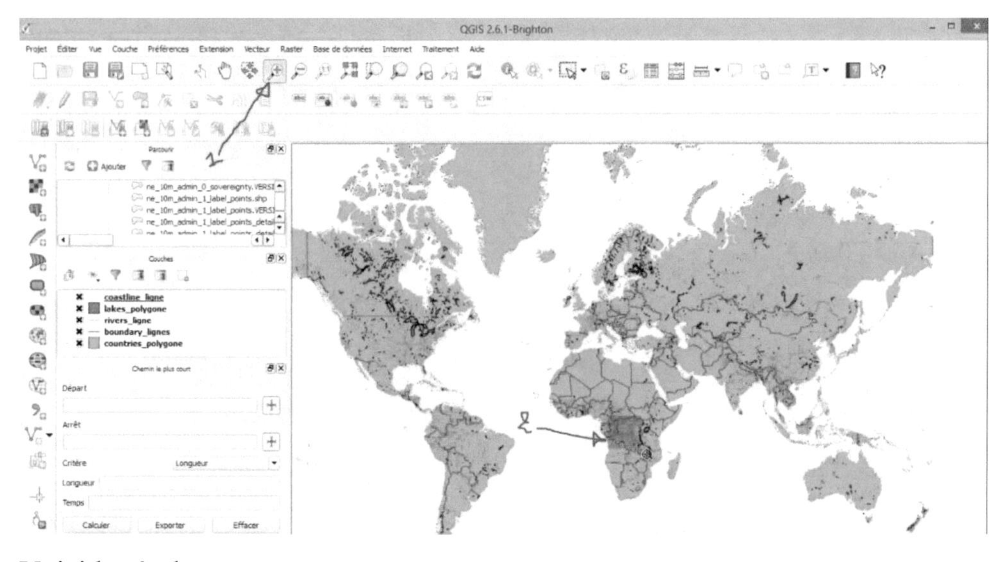

Voici le résultat

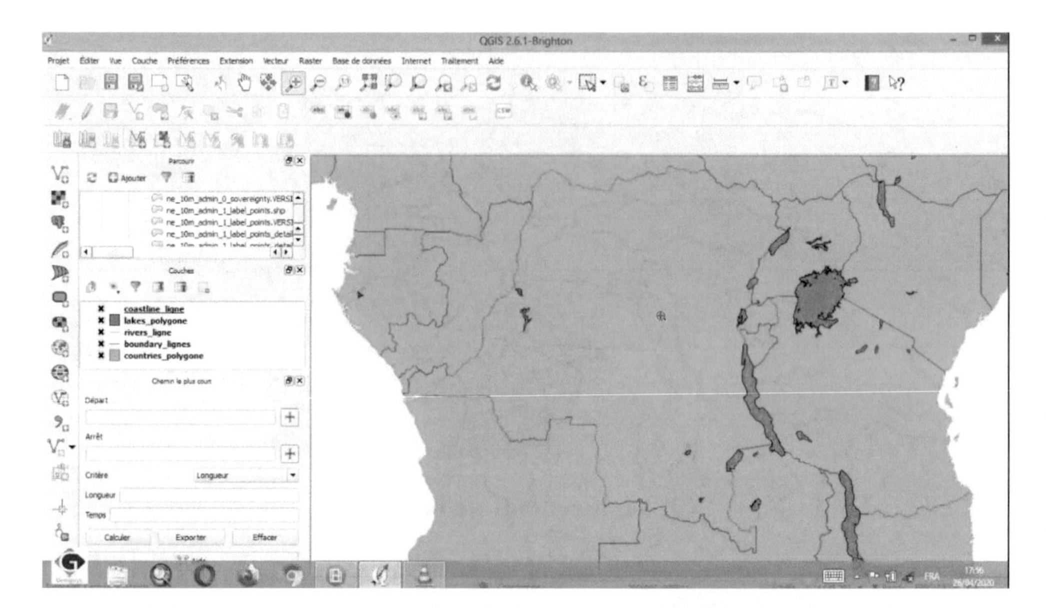

- Ajouter la couche province sur la carte (state province line).

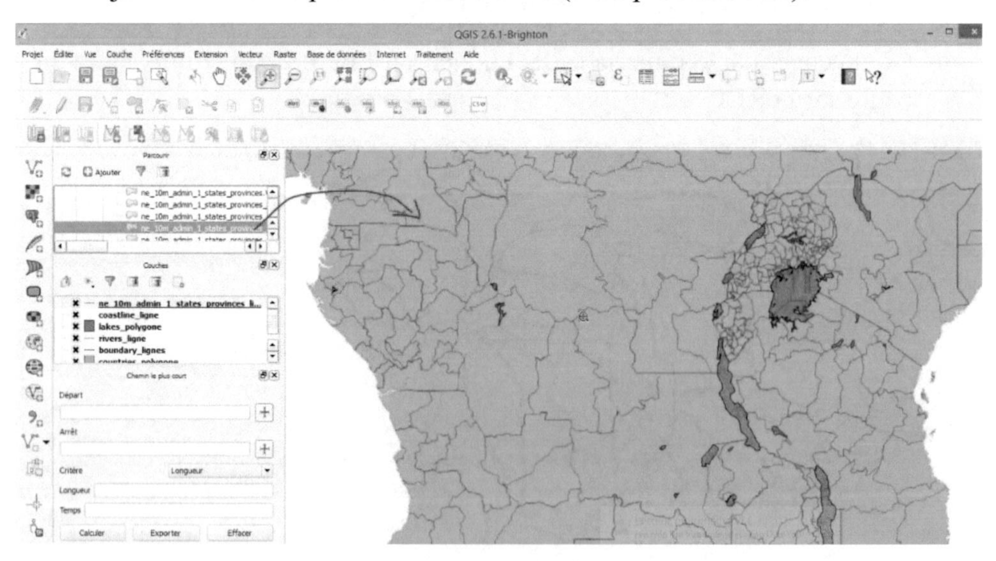

- Buys state province land

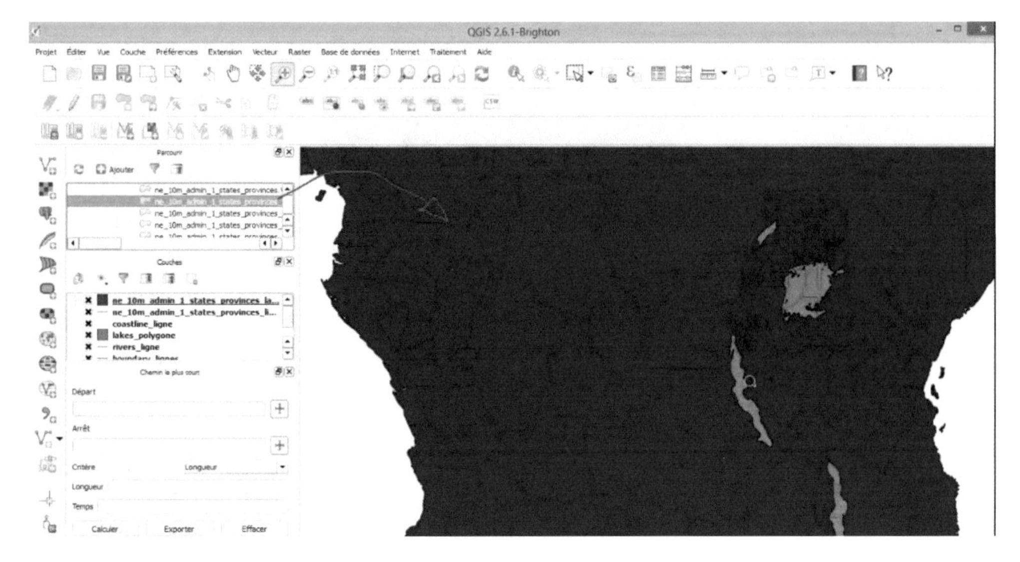

- Puis ajouter également les ethnies (Population places)

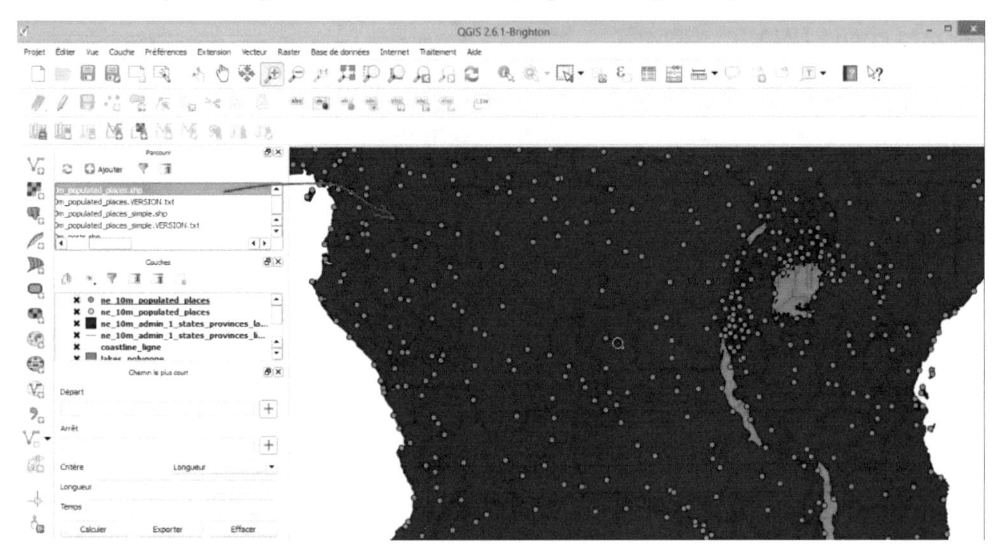

Pour lancer votre requis pour filtrer de cette carte la RDC, vous devez d'abord chercher dans la table d'attribut pour voir comment est orthographié la RDC et choisir la colonne à partir de laquelle vous allez lancer la requit.

Pour voir la table d'attribut :

- Cliquez sur la couche de pays (en l'occurrence : States province land), puis cliquez sur l'outil **Ouvrir la table d'attribut**.

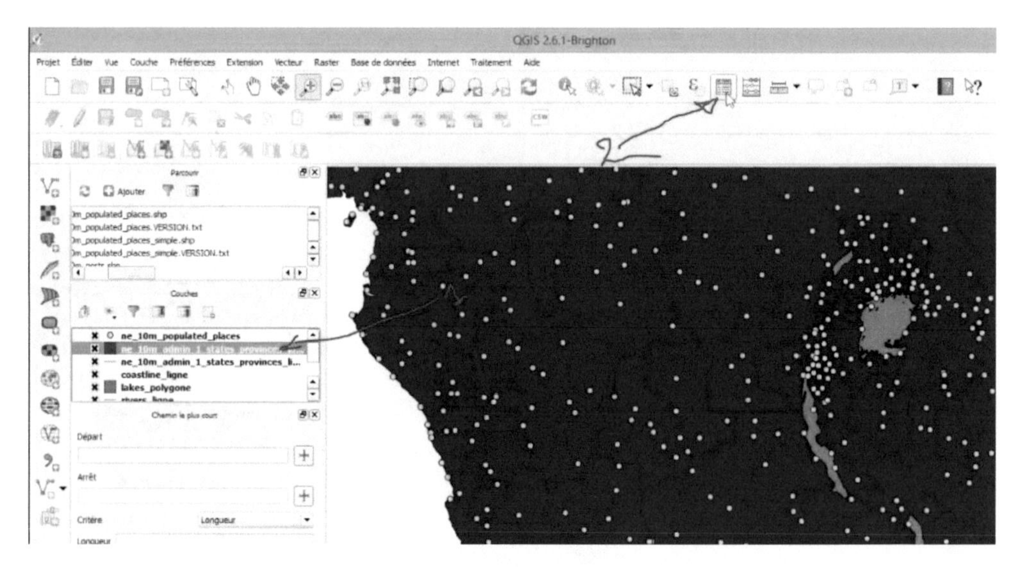

La table d'attribut apparait, remarquez sur ce tableau deux colonnes. La colonne **Admin** qui contient les différents pays du monde et **Admin0_a3** qui associent à chaque pays un code. Le pays Argentine a comme code **ARG** alors qu'Uruguay a comme code **URY**.

Table attributaire - ne_10m_admin_1_states_provinces_lakes :: Total des entités : 4593, filtrées : 4593, sélecti...

	woe_name	latitude	longitude	sov_a3	adm0_a3	adm0_label	admin	geonunit
0	Entre RÃos	-32.02750000	-59.2824000	ARG	ARG	2	Argentina	Argentina
1	PaysandÃº	-32.09330000	-57.2240000	URY	URY	2	Uruguay	Uruguay
2	Sind	26.37340000	68.8685000	PAK	PAK	2	Pakistan	Pakistan
3	Gujarat	22.75010000	71.3013000	IND	IND	2	India	India
4	Kalimantan Timur	1.28915000	116.3540000	IDN	IDN	2	Indonesia	Indonesia
5	Sabah	5.31115000	117.0950000	MYS	MYS	2	Malaysia	Malaysia
6	Arica y Parinacota	-18.32070000	-69.6804000	CHL	CHL	2	Chile	Chile
7	La Paz	-14.83350000	-68.2128000	BOL	BOL	2	Bolivia	Bolivia
8	Oruro	-18.71510000	-67.5984000	BOL	BOL	2	Bolivia	Bolivia
9	TarapacÃ¡	-20.24270000	-69.3683000	CHL	CHL	2	Chile	Chile
10	PotosÃ-	-20.90330000	-66.7701000	BOL	BOL	2	Bolivia	Bolivia
11	Antofagasta	-23.31780000	-68.8739000	CHL	CHL	2	Chile	Chile
12	Tacna	-17.57420000	-70.3423000	PER	PER	2	Peru	Peru
13	Salta	-25.02030000	-64.4715000	ARG	ARG	2	Argentina	Argentina
14	Jujuy	-23.17640000	-65.7054000	ARG	ARG	2	Argentina	Argentina
15	NULL	35.01230000	33.7978000	GB1	ESB	3	Dhekelia Soverei...	Dhekelia Soverei
16	Jammu and Kash...	33.96580000	76.6395000	IND	IND	5	India	India
17	Xinjiang	41.12200000	85.4253000	CH1	CHN	2	China	China
18	Xizang	31.45150000	88.4137000	CH1	CHN	2	China	China
19	HaDarom	30.93500000	34.8419000	ISR	ISR	2	Israel	Israel
20	GAZ-00 (Gaza St...	31.42630000	34.3654000	ISR	PSX	5	Gaza Strip	Gaza
21	HaZafon	32.82350000	35.4202000	ISR	ISR	2	Israel	Israel
22	WEB-00 (West B...	32.00300000	35.2918000	ISR	PSX	5	West Bank	West Bank

Montrer toutes les entités

- En déroulant le curseur plus bas, on trouve la RDC qui a comme code **COD**.

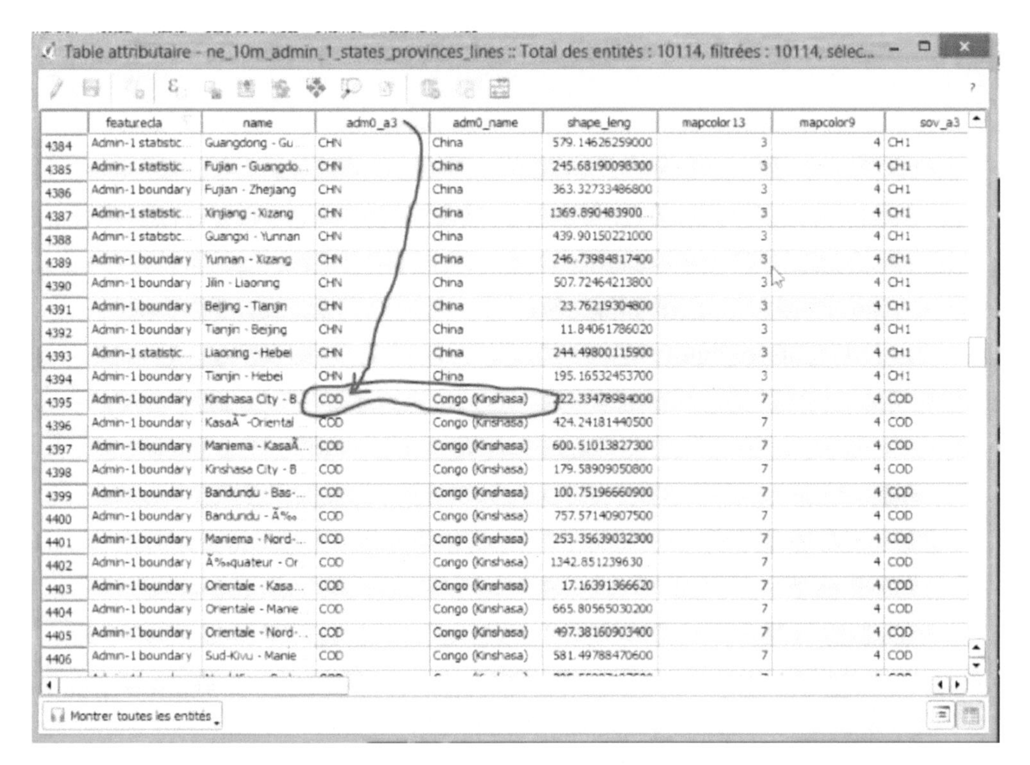
Table attributaire - ne_10m_admin_1_states_provinces_lines :: Total des entités : 10114, filtrées : 10114, sélec...

	featurecla	name	adm0_a3	adm0_name	shape_leng	mapcolor13	mapcolor9	sov_a3
4384	Admin-1 statistic...	Guangdong - Gu...	CHN	China	579.14626259000	3	4	CH1
4385	Admin-1 statistic...	Fujian - Guangdo...	CHN	China	245.68190098300	3	4	CH1
4386	Admin-1 boundary	Fujian - Zhejiang	CHN	China	363.32733486800	3	4	CH1
4387	Admin-1 statistic...	Xinjiang - Xizang	CHN	China	1369.890483900...	3	4	CH1
4388	Admin-1 statistic...	Guangxi - Yunnan	CHN	China	439.90150221000	3	4	CH1
4389	Admin-1 boundary	Yunnan - Xizang	CHN	China	246.73984817400	3	4	CH1
4390	Admin-1 boundary	Jilin - Liaoning	CHN	China	507.72464213800	3	4	CH1
4391	Admin-1 boundary	Beijing - Tianjin	CHN	China	23.76219304800	3	4	CH1
4392	Admin-1 boundary	Tianjin - Beijing	CHN	China	11.84061786020	3	4	CH1
4393	Admin-1 statistic...	Liaoning - Hebei	CHN	China	244.49800115900	3	4	CH1
4394	Admin-1 boundary	Tianjin - Hebei	CHN	China	195.16532453700	3	4	CH1
4395	Admin-1 boundary	Kinshasa City - B	COD	Congo (Kinshasa)	222.33478984000	7	4	COD
4396	Admin-1 boundary	KasaÃ -Oriental	COD	Congo (Kinshasa)	424.24181440500	7	4	COD
4397	Admin-1 boundary	Maniema - KasaÃ...	COD	Congo (Kinshasa)	600.51013827300	7	4	COD
4398	Admin-1 boundary	Kinshasa City - B	COD	Congo (Kinshasa)	179.58909050800	7	4	COD
4399	Admin-1 boundary	Bandundu - Bas-...	COD	Congo (Kinshasa)	100.75196660900	7	4	COD
4400	Admin-1 boundary	Bandundu - Ã‰	COD	Congo (Kinshasa)	757.57140907500	7	4	COD
4401	Admin-1 boundary	Maniema - Nord-...	COD	Congo (Kinshasa)	253.35639032300	7	4	COD
4402	Admin-1 boundary	Ã‰quateur - Or	COD	Congo (Kinshasa)	1342.85123963 0	7	4	COD
4403	Admin-1 boundary	Orientale - Kasa...	COD	Congo (Kinshasa)	17.16391366620	7	4	COD
4404	Admin-1 boundary	Orientale - Manie	COD	Congo (Kinshasa)	665.80565030200	7	4	COD
4405	Admin-1 boundary	Orientale - Nord-...	COD	Congo (Kinshasa)	497.38160903400	7	4	COD
4406	Admin-1 boundary	Sud-Kivu - Manie	COD	Congo (Kinshasa)	581.49788470600	7	4	COD

Montrer toutes les entités

Fermer la fenêtre

- Ensuite, faites un clic droit sur la couche **States provinces land** et sélectionnez **Proprietes**.

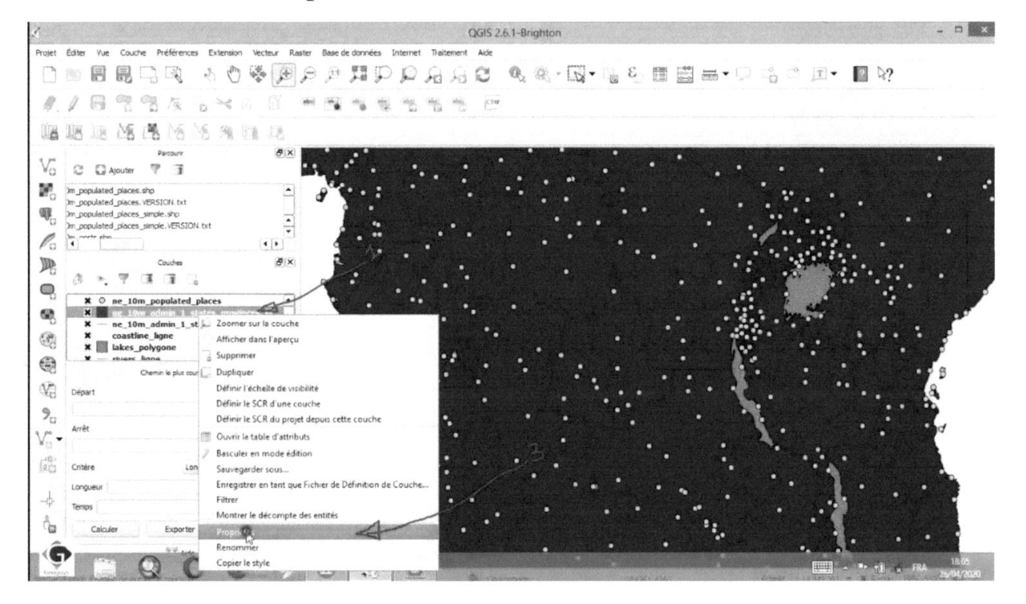

Dans la fenêtre Propriétés de la couche

- Sélectionnez le menu Générale, déroulez le curseur puis cliquez sur Constructeur de requêtes.

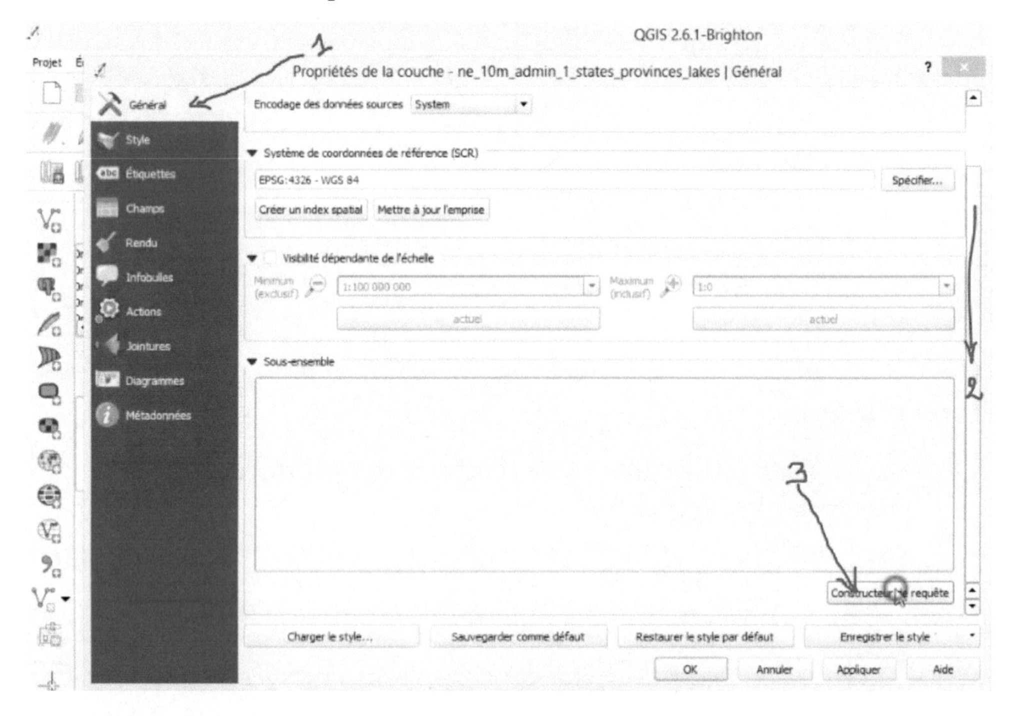

Dans la fenêtre constructeur de requit qui apparait

- Faites dérouler le curseur de l'espace champ puis doublecliquez sur l'attribut **admin0_a3** (qui contient le code de pays), vous la verrez apparaitre dans le champ **Expression de filtrage spécifique**…

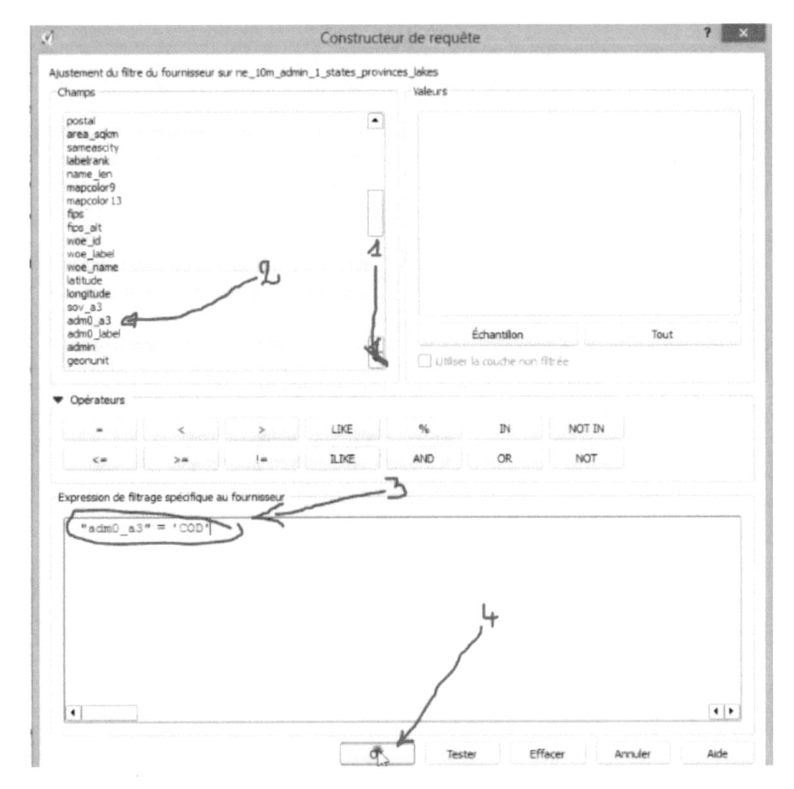

Dans ce champ, tapez le signe égal puis COD entre le cote (ici COD représenté le pays RDC).

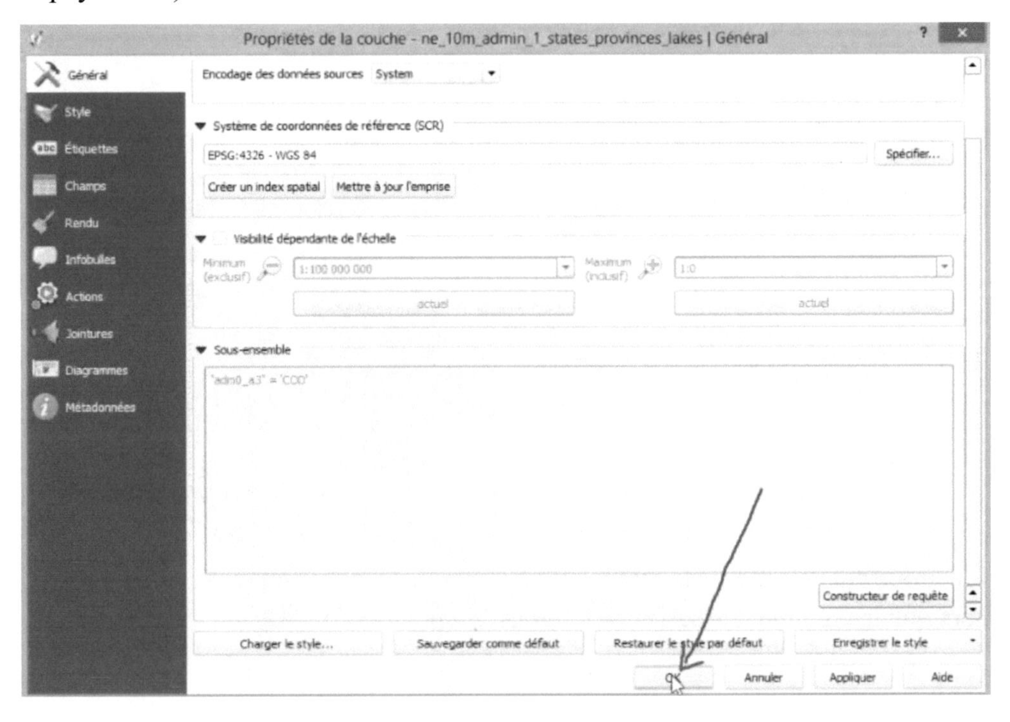

Remarquez sur la carte que la RDC est filtrée des autres pays.

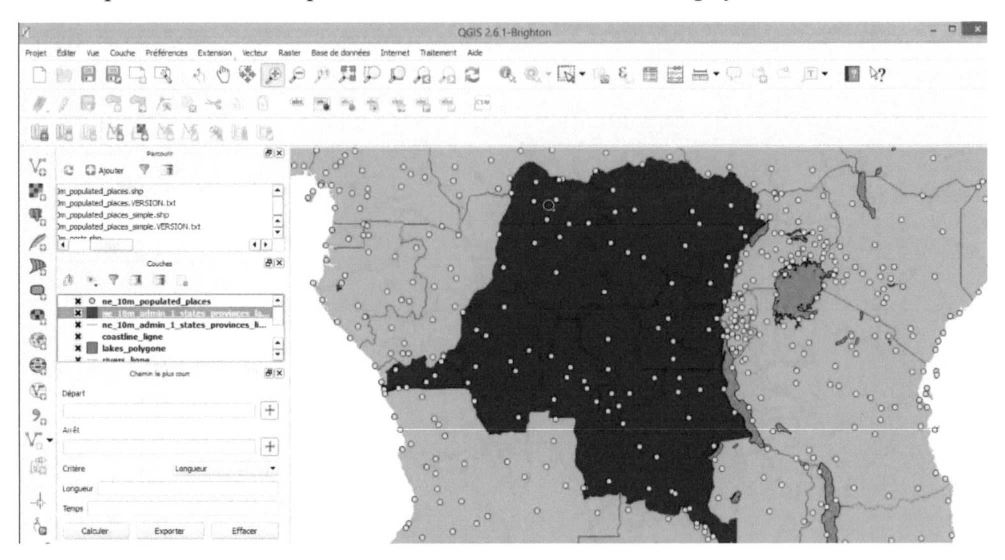

En suite pour filtrer les ethnies, pour ne les afficher que dans la RDC pas dans d'autres pays.

- Cliquez sur la couche Population place, ensuite cliquez sur l'outil **afficher la table d'attribut**.

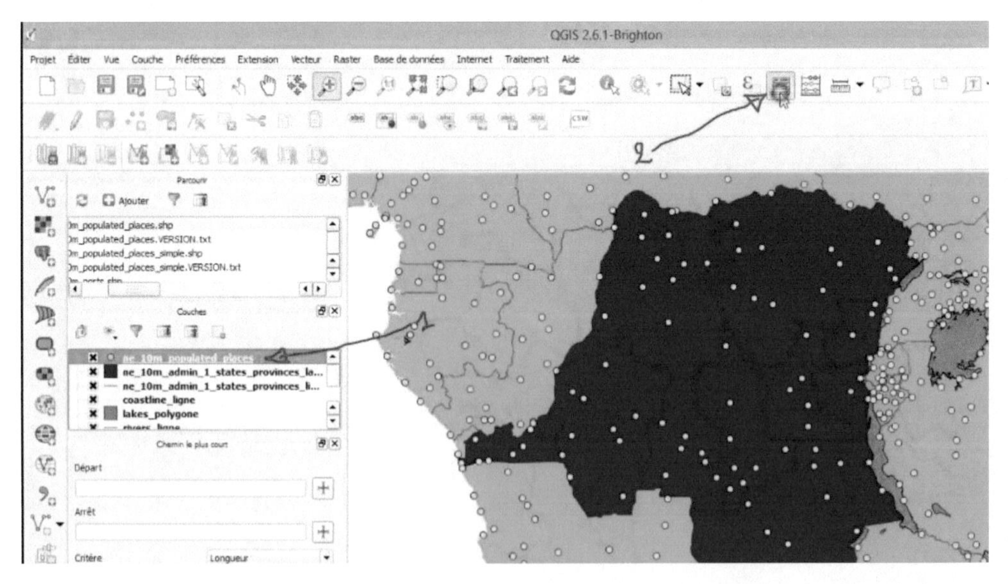

Remarquez dans cette table que la colonne des pays est nommée SOV0NAME alors que la colonne des codes attachés est nommée SOV_A3

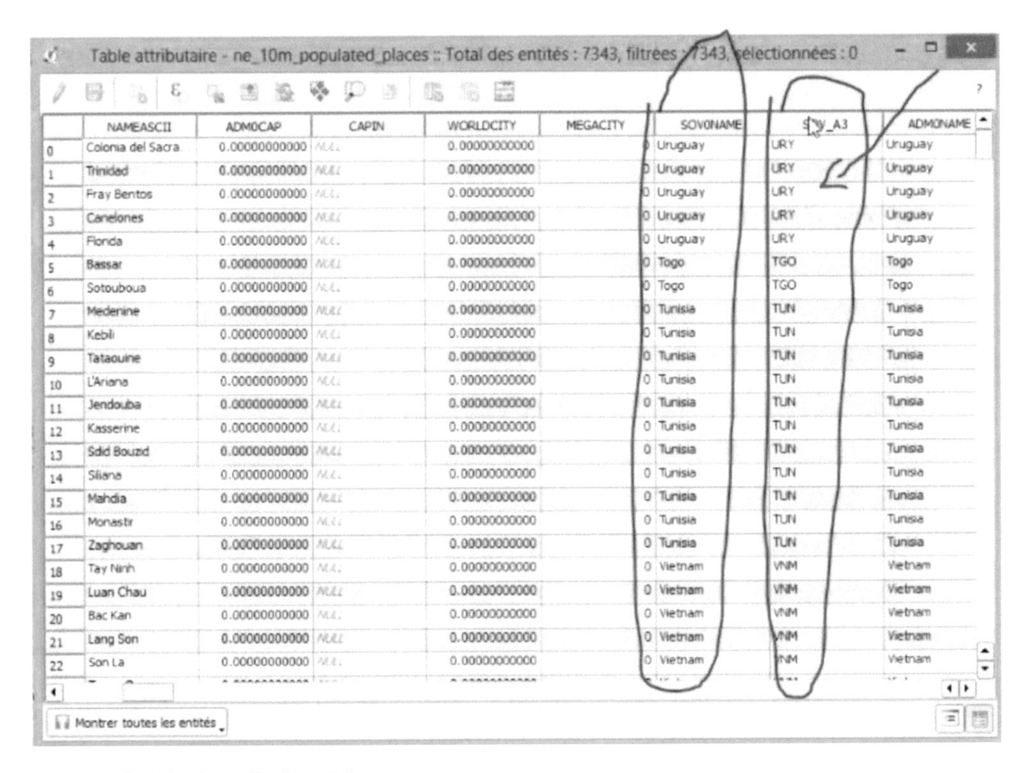

Table attributaire - ne_10m_populated_places :: Total des entités : 7343, filtrées : 7343, sélectionnées : 0

	NAMEASCII	ADM0CAP	CAPIN	WORLDCITY	MEGACITY	SOV0NAME	SOV_A3	ADM0NAME
0	Colonia del Sacra	0.00000000000	NULL	0.00000000000	0	Uruguay	URY	Uruguay
1	Trinidad	0.00000000000	NULL	0.00000000000	0	Uruguay	URY	Uruguay
2	Fray Bentos	0.00000000000	NULL	0.00000000000	0	Uruguay	URY	Uruguay
3	Canelones	0.00000000000	NULL	0.00000000000	0	Uruguay	URY	Uruguay
4	Florida	0.00000000000	NULL	0.00000000000	0	Uruguay	URY	Uruguay
5	Bassar	0.00000000000	NULL	0.00000000000	0	Togo	TGO	Togo
6	Sotouboua	0.00000000000	NULL	0.00000000000	0	Togo	TGO	Togo
7	Medenine	0.00000000000	NULL	0.00000000000	0	Tunisia	TUN	Tunisia
8	Kebili	0.00000000000	NULL	0.00000000000	0	Tunisia	TUN	Tunisia
9	Tataouine	0.00000000000	NULL	0.00000000000	0	Tunisia	TUN	Tunisia
10	L'Ariana	0.00000000000	NULL	0.00000000000	0	Tunisia	TUN	Tunisia
11	Jendouba	0.00000000000	NULL	0.00000000000	0	Tunisia	TUN	Tunisia
12	Kasserine	0.00000000000	NULL	0.00000000000	0	Tunisia	TUN	Tunisia
13	Sdid Bouzid	0.00000000000	NULL	0.00000000000	0	Tunisia	TUN	Tunisia
14	Siliana	0.00000000000	NULL	0.00000000000	0	Tunisia	TUN	Tunisia
15	Mahdia	0.00000000000	NULL	0.00000000000	0	Tunisia	TUN	Tunisia
16	Monastir	0.00000000000	NULL	0.00000000000	0	Tunisia	TUN	Tunisia
17	Zaghouan	0.00000000000	NULL	0.00000000000	0	Tunisia	TUN	Tunisia
18	Tay Ninh	0.00000000000	NULL	0.00000000000	0	Vietnam	VNM	Vietnam
19	Luan Chau	0.00000000000	NULL	0.00000000000	0	Vietnam	VNM	Vietnam
20	Bac Kan	0.00000000000	NULL	0.00000000000	0	Vietnam	VNM	Vietnam
21	Lang Son	0.00000000000	NULL	0.00000000000	0	Vietnam	NM	Vietnam
22	Son La	0.00000000000	NULL	0.00000000000	0	Vietnam	NM	Vietnam

Montrer toutes les entités

Fermer la fenêtre de la table

- Faites un clic droit sur la couche population place puis sélectionnez **Propriete**.

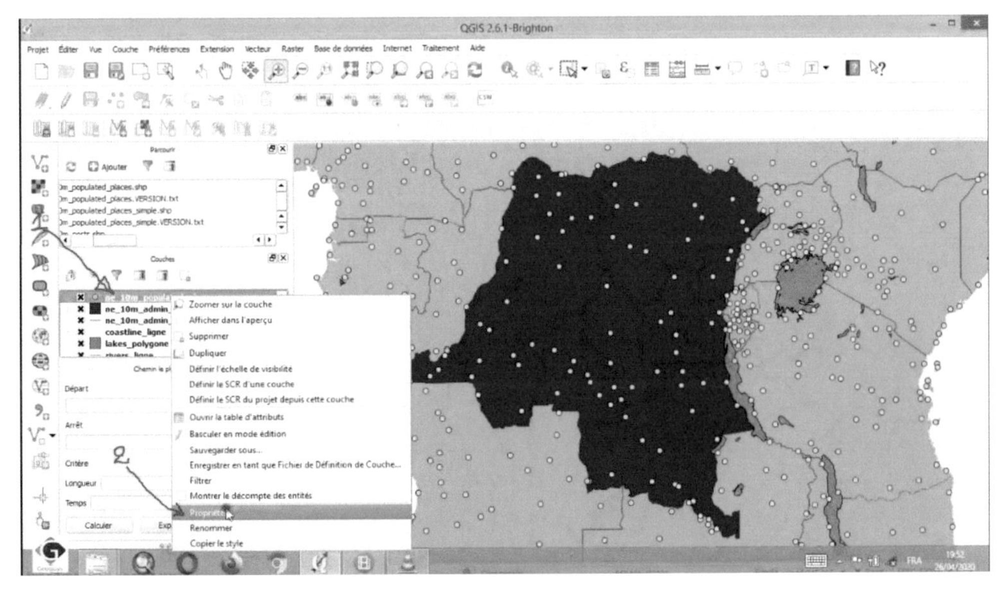

La fenêtre propriétés de la couche apparait

- Cliquez sur le Menu Géneral, faites dérouler le curseur puis cliquez sur le bouton constructeur de **Requiete**.

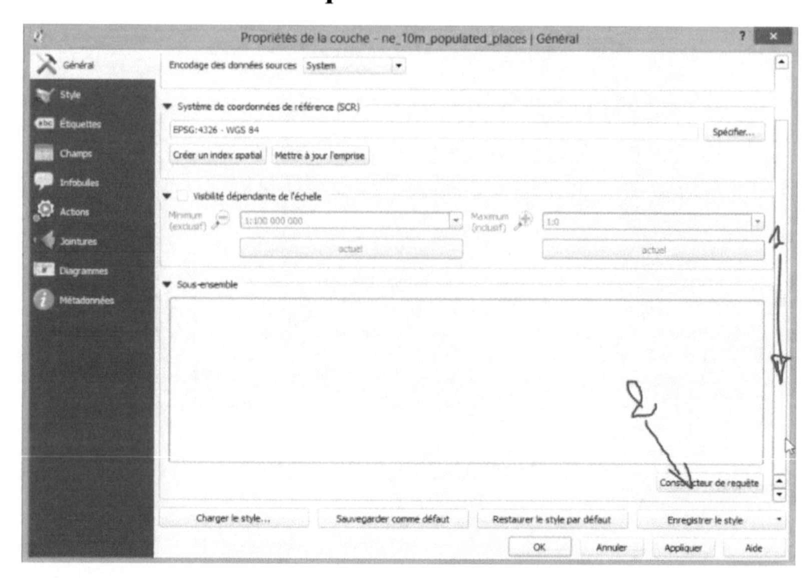

Dans la fenêtre Constructeur de requit, doublecliquez sur l'attribut **ADMIN0_A3**, dans le champ Expression de filtrage spécifique, tapez le signe égal puis le mot COD entre le cote. Puis cliquez sur **OK**.

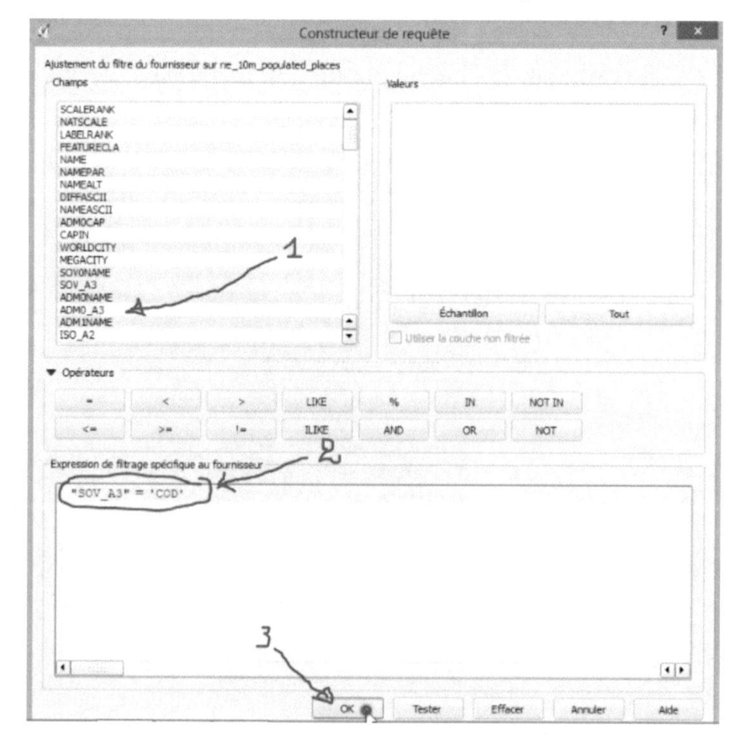

- Cliquez ensuite sur OK dans la fenêtre Propriétés de la couche

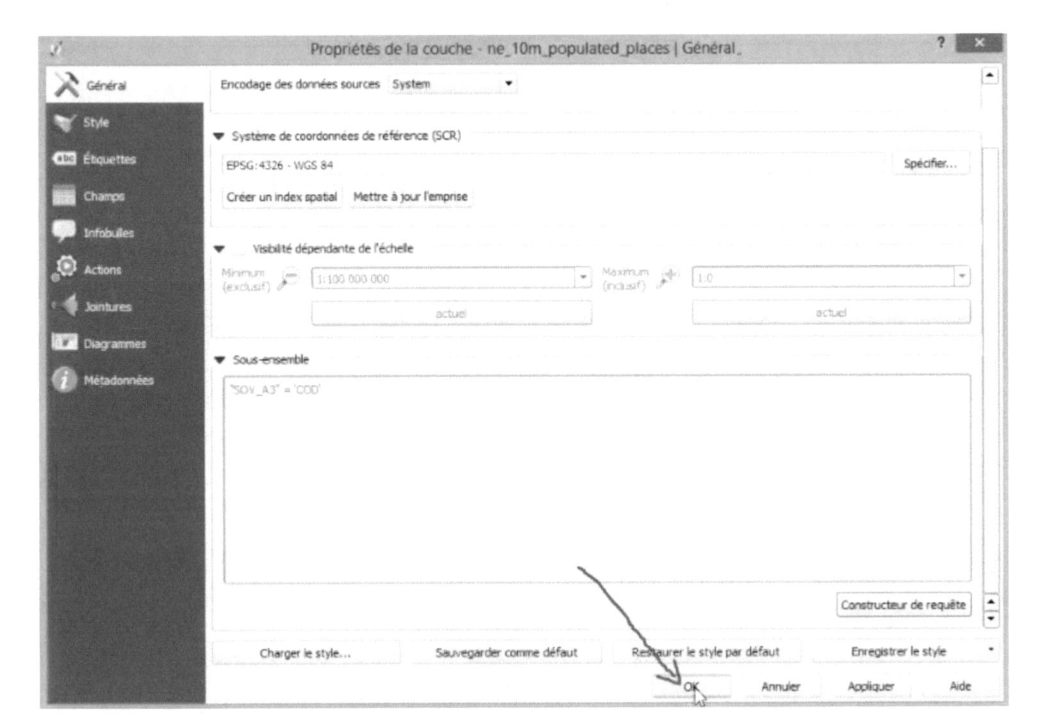

Voici le résultat

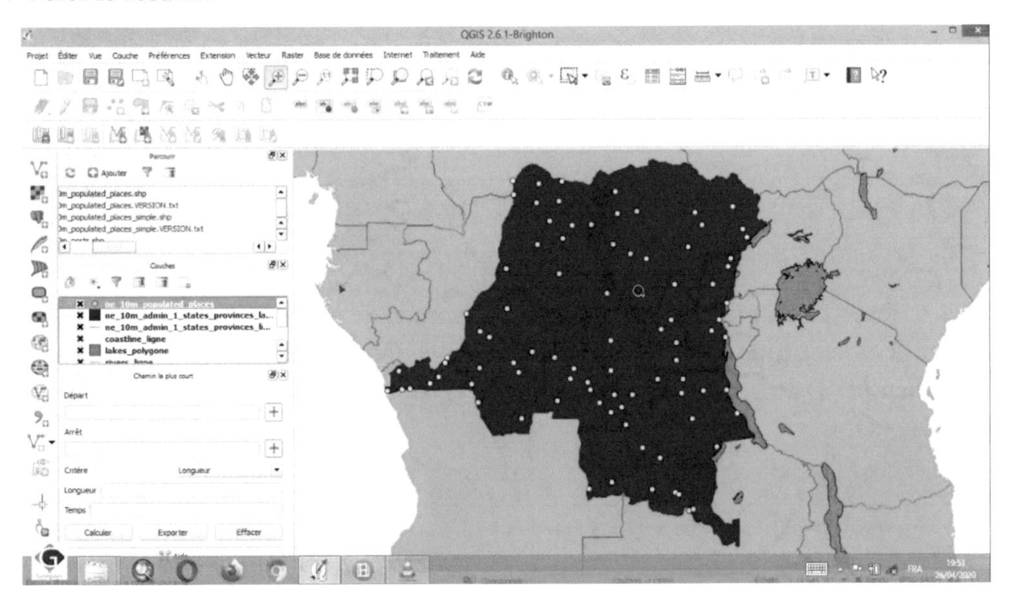

Pour définir les étiquettes pour chacun de ces points

- Faites un clic droit sur la couche population place puis sélectionnez Propriétés.

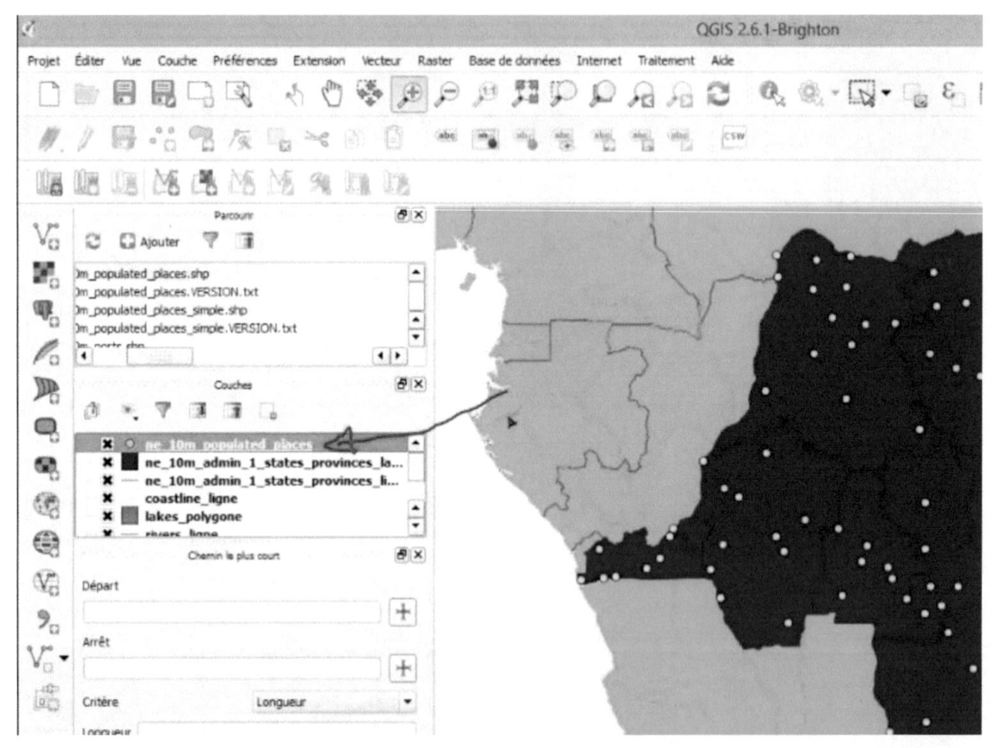

Dans la fenêtre Propriété de la couche, sélectionnez le menu Etiquiettes (1) puis cocher la case **étiqueter cette couche avec** (2). Cliquez dans la liste déroulante de ce champ (3) puis sélectionnez name (4). Ensuite cliquez sur appliquez (5) puis OK (6).

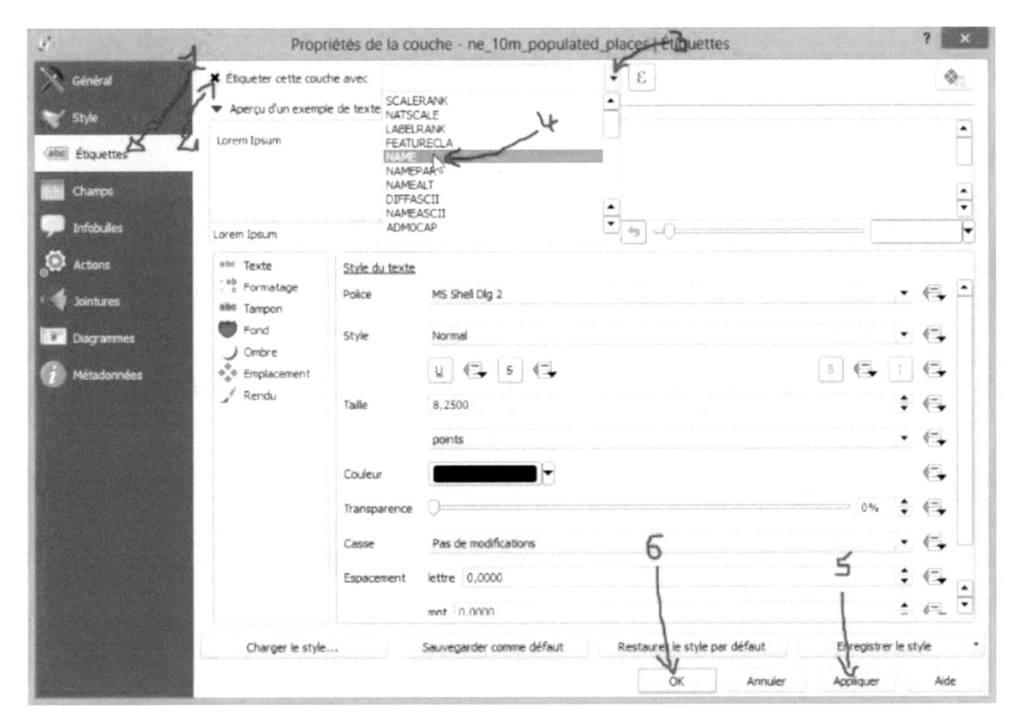

Voici le résultat

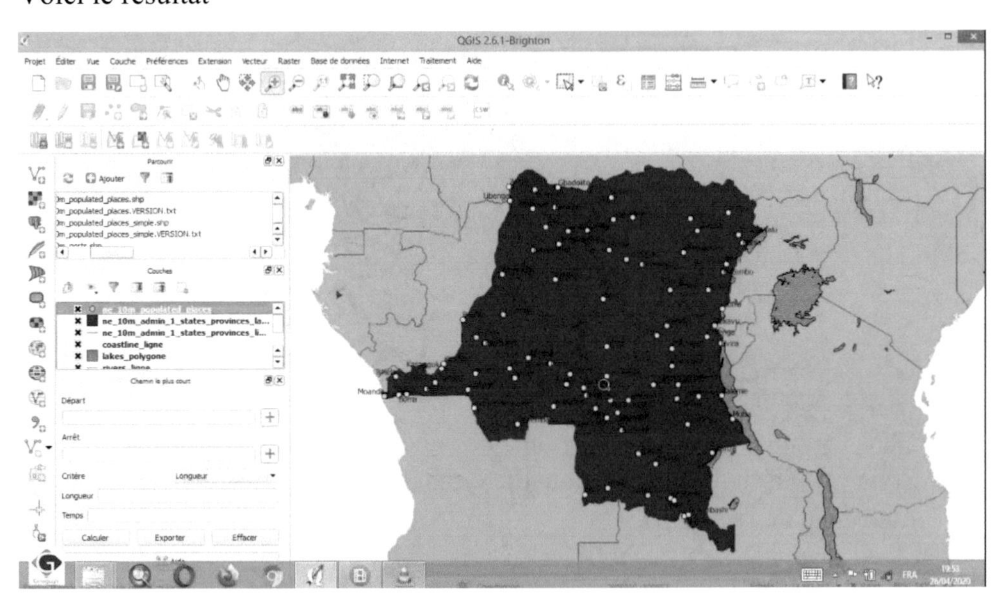

13. Création des symboles pour représenter les points de différents types

13.1 Introduction

Sur une même carte, plusieurs éléments peuvent être considéré comme point et par conséquent nécessiter l'utilisation de plusieurs symboles différents pour les distinguer.

La manipulation suivante consiste à définir 2 symboles différents dans Qgis. L'un qui représente les chefs-lieux de provinces et l'autre les ethnies.

13.2 Procédures

- Faites un clic droit sur la couche de point concerné puis sélectionner l'option **Propriété**

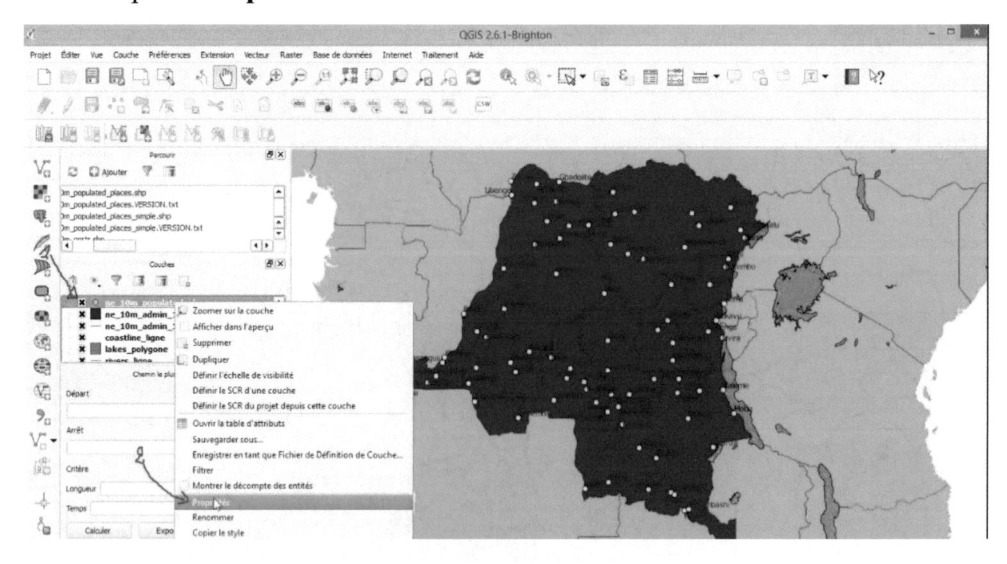

- Dans la nouvelle fenêtre (propriété de la couche), sélectionner le Menu Style (1). Sur la liste déroulante de Symbole Unique, sélectionner Ensemble de règles (3)

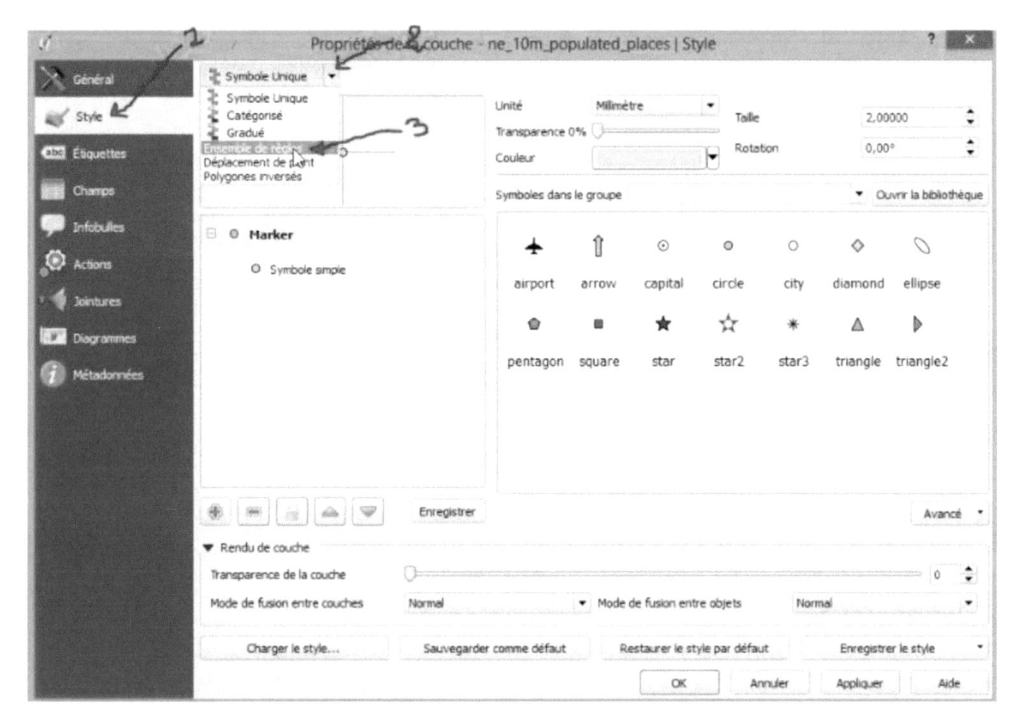

- Cliquez sur le symbole pour lequel vous voulez définir le style

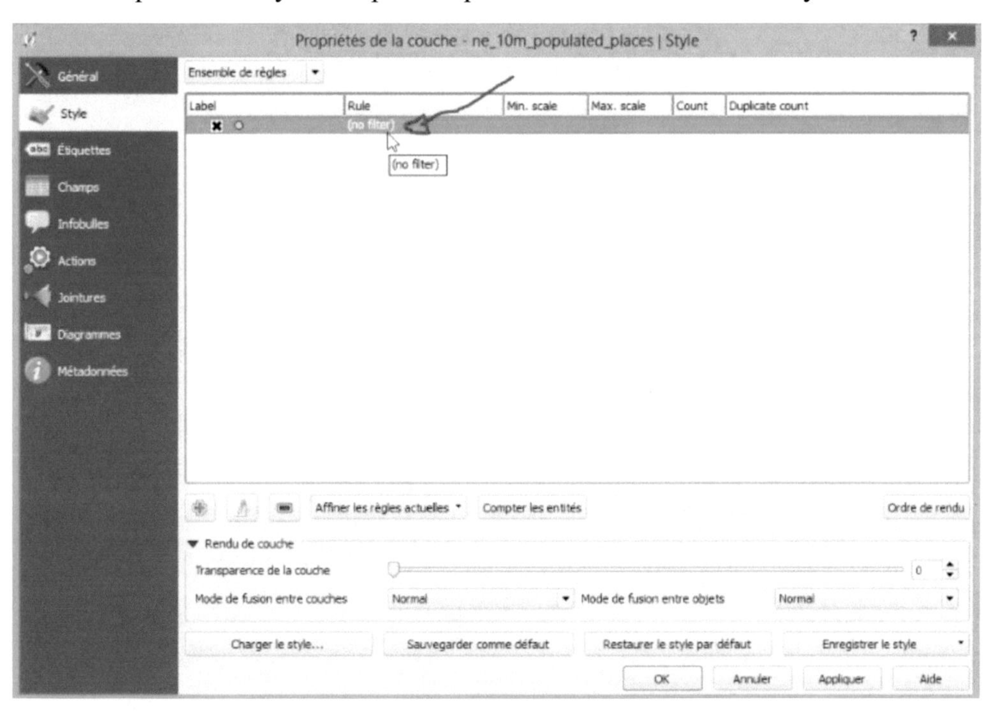

- Cliquez de nouveau sur le symbole dans les champs Maker (1), Cliquez dans le champ remplissage (2) et sélectionner la couleur préférer pour son symbole (3).

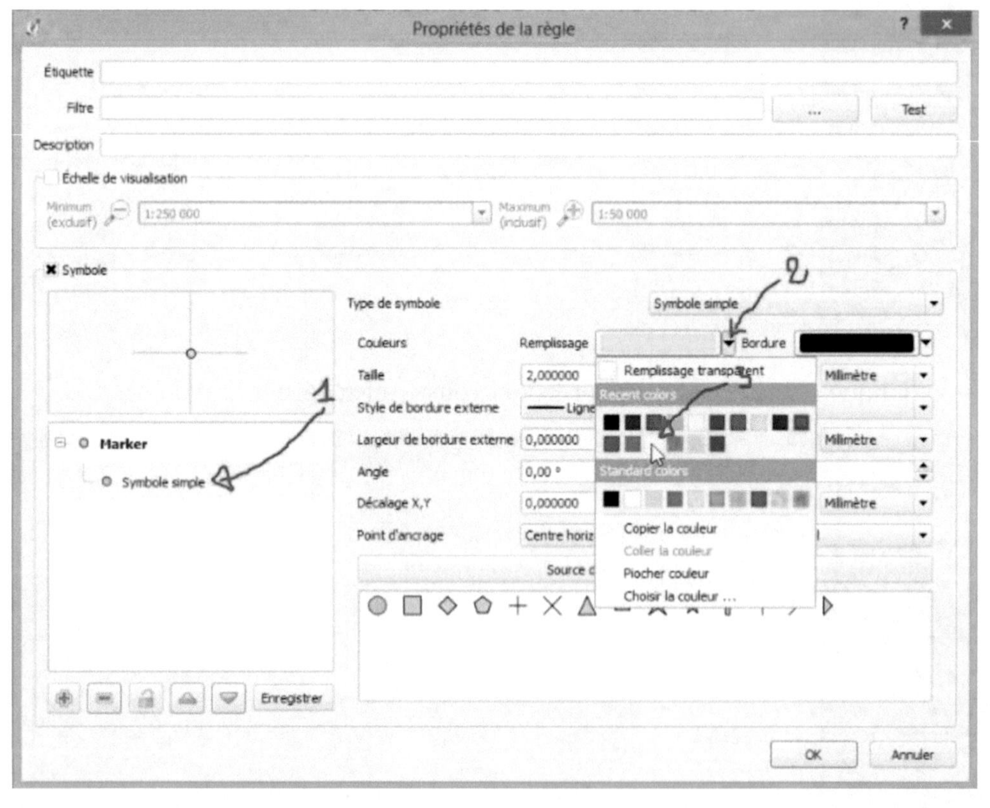

- Réduisez sa taille et changer choisissez sa forme (triangle, carré, carreau etc).

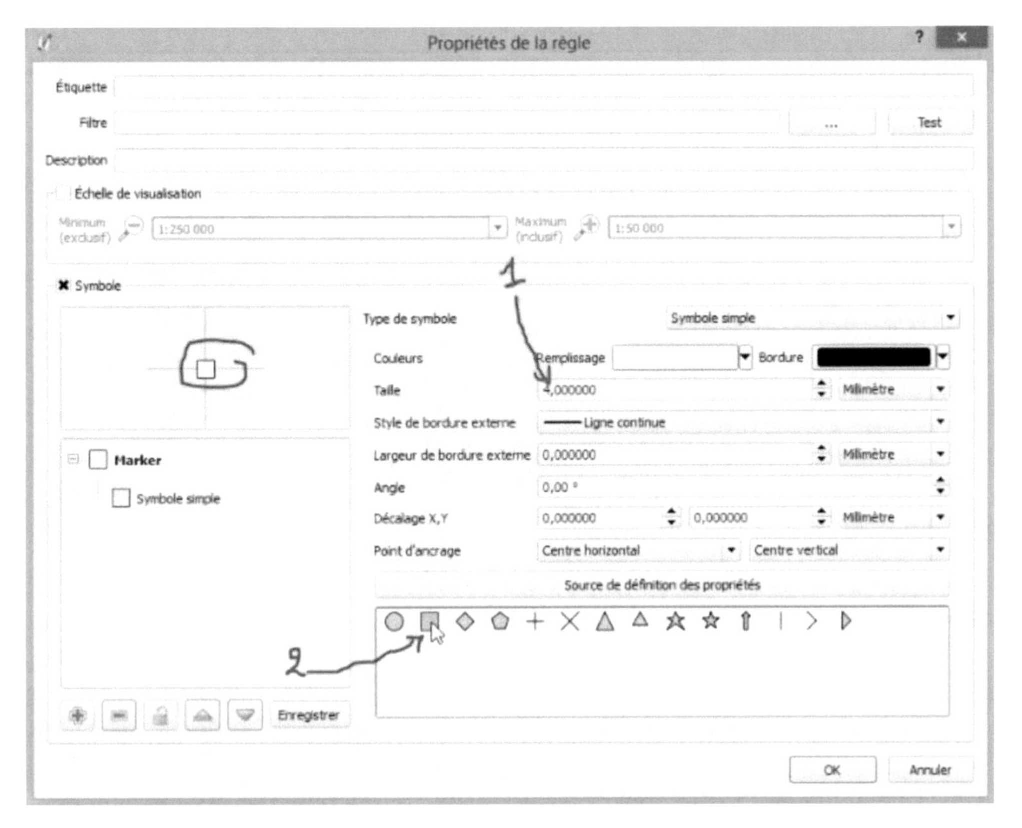

- Pour ajouter un symbole de point, cliquez sur le signe + à la base du fenêtre (1), choisissez le symbole (2) puis sur les trois pointiers de la fenêtre filtre (3).

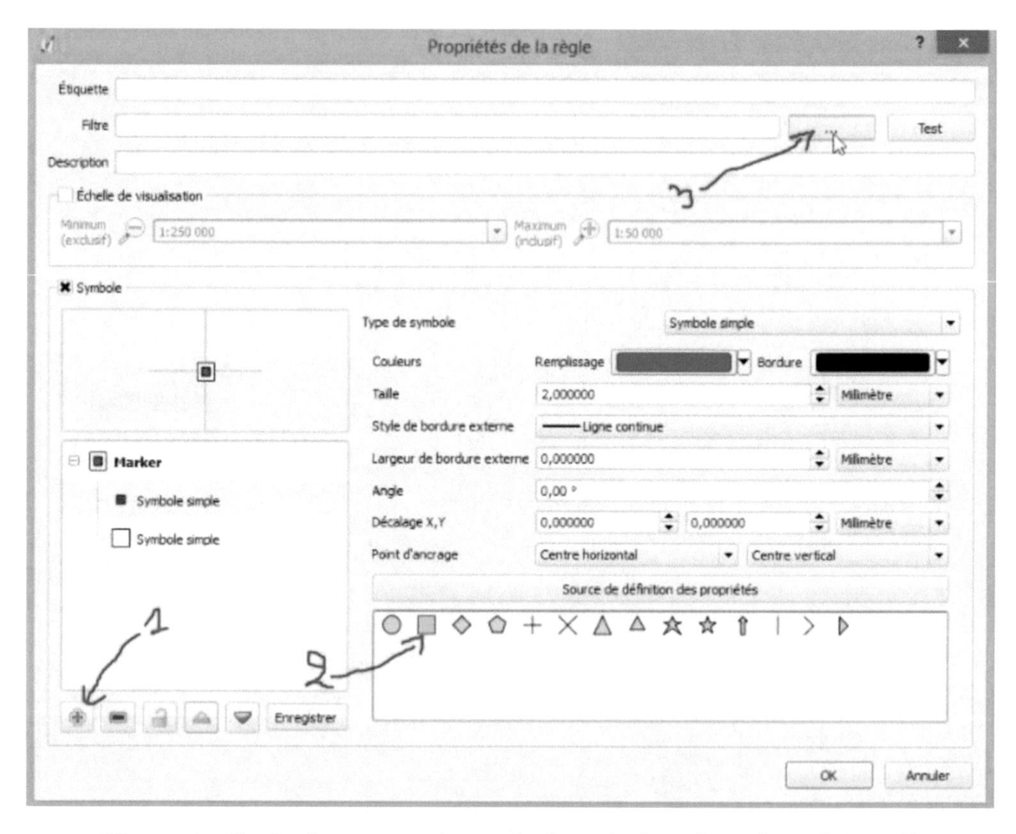

- Une nouvelle fenêtre apparait, sur la liste de fonction, derouler et cliquer sur **Champ et Valeur (1)**, puis selectionner le champ pour lequel vous voulez definir un nouveau symbole de point. Dans ce cas, il s'agit de FEATURE CLASS (2). Dans les champs de requête, tapez = (3), puis sur l'option charger les valeurs numériques, cliquez sur **Toute** (4)

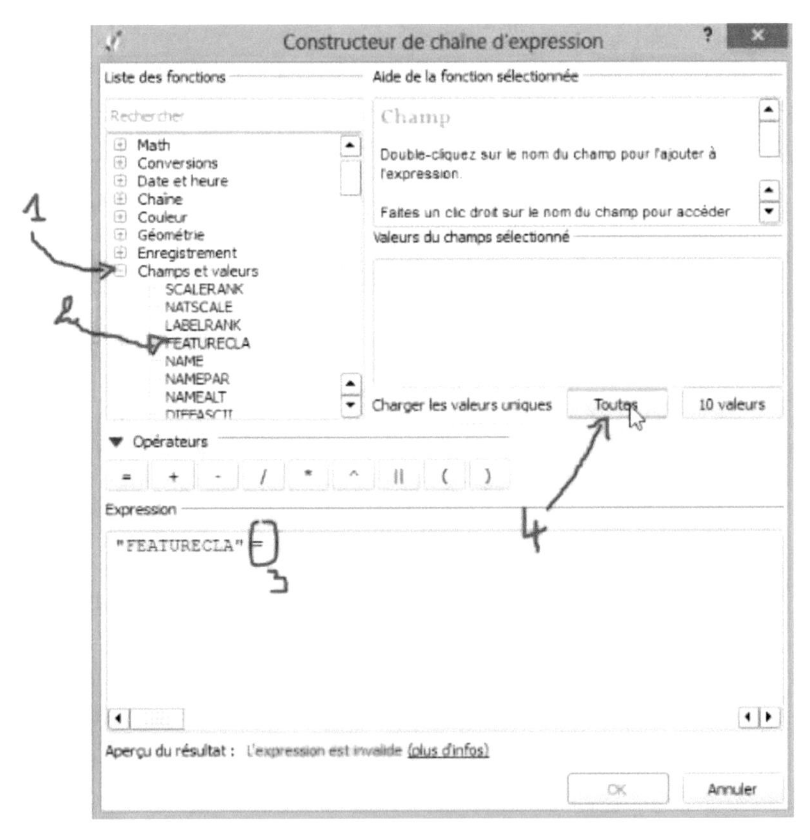

- Ensuite sélectionner l'attribut qui vous intéresse (Dans ce cas il s'agit de nom de la capitale) puis cliquez sur OK

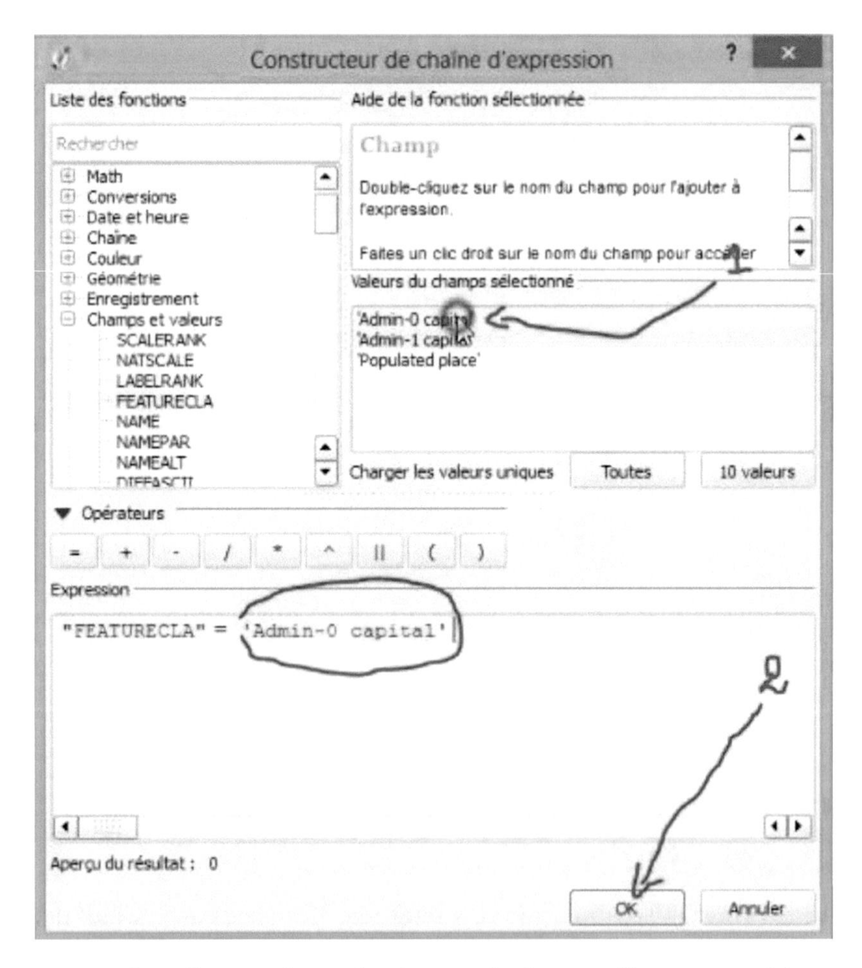

- Configurer le style de symbole ou cliquer sur Ok pour terminer

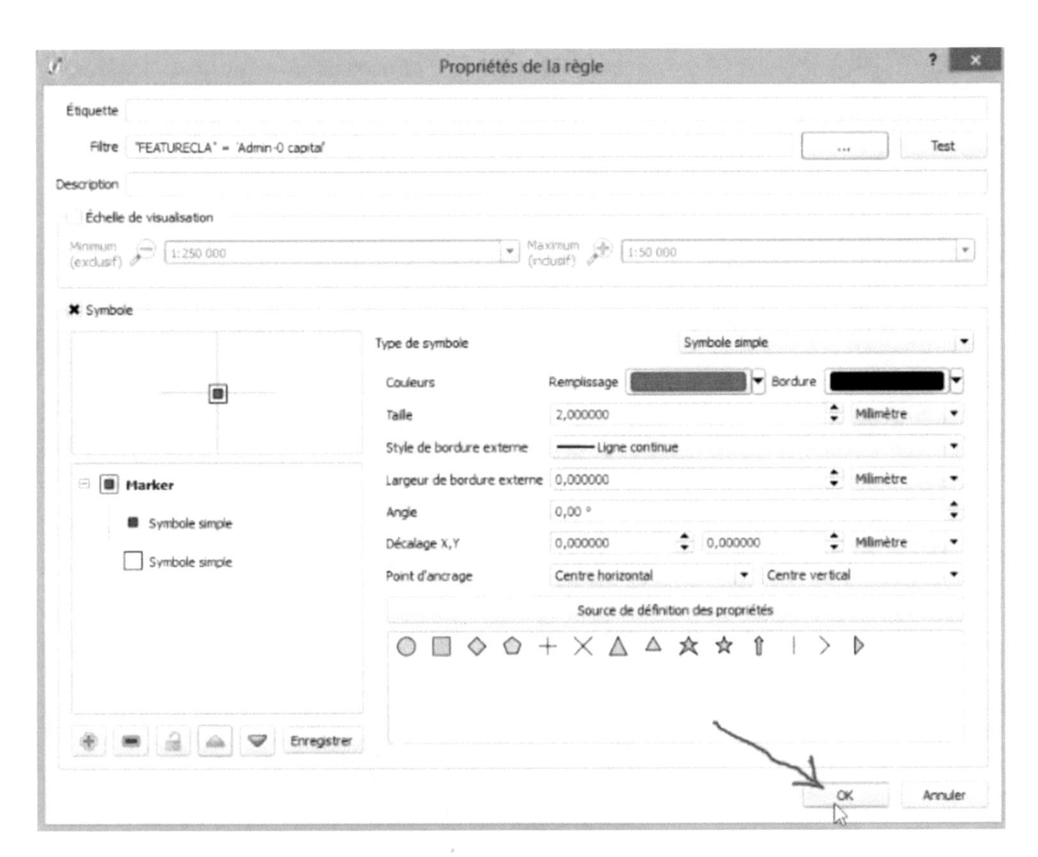

- Cliquez sur terminer

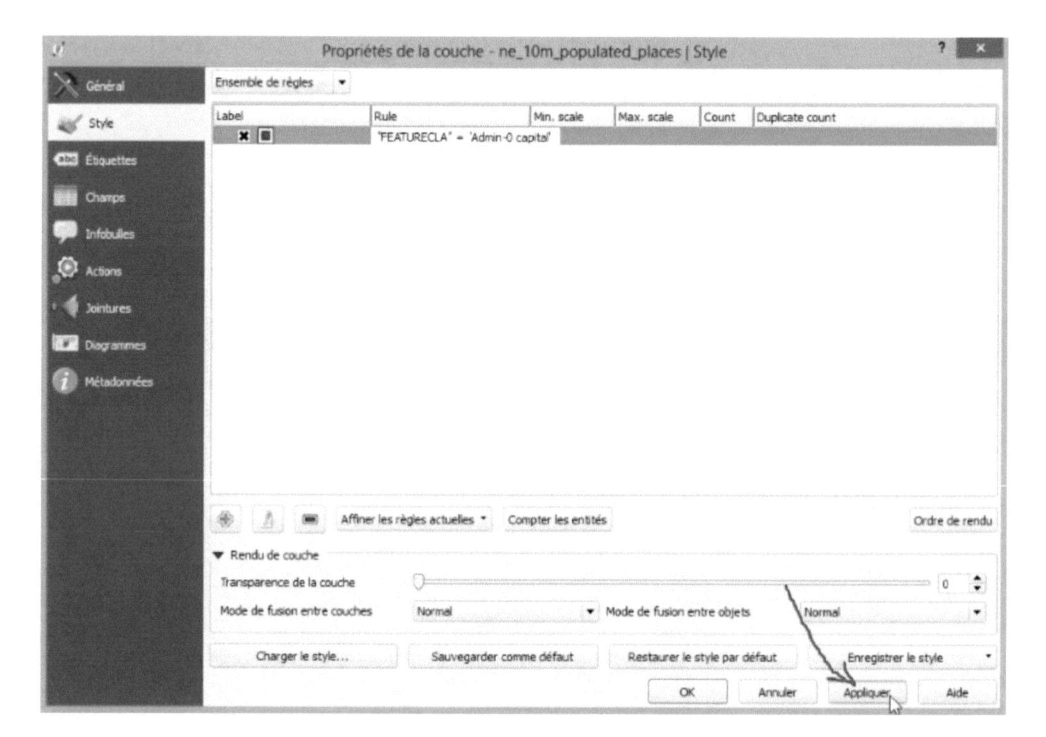

- Voici le résultat

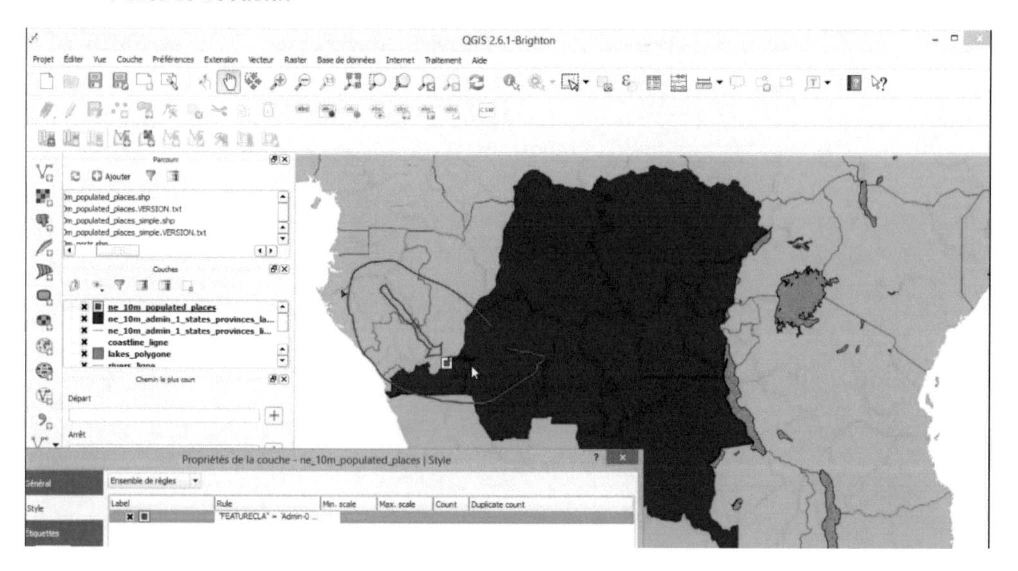

Pour ajouter un nouveau symbole (pour représenter cette fois ci les villes) :

- Cliquez sur le signe + vers au bas de cette fenêtre propriété de la couche

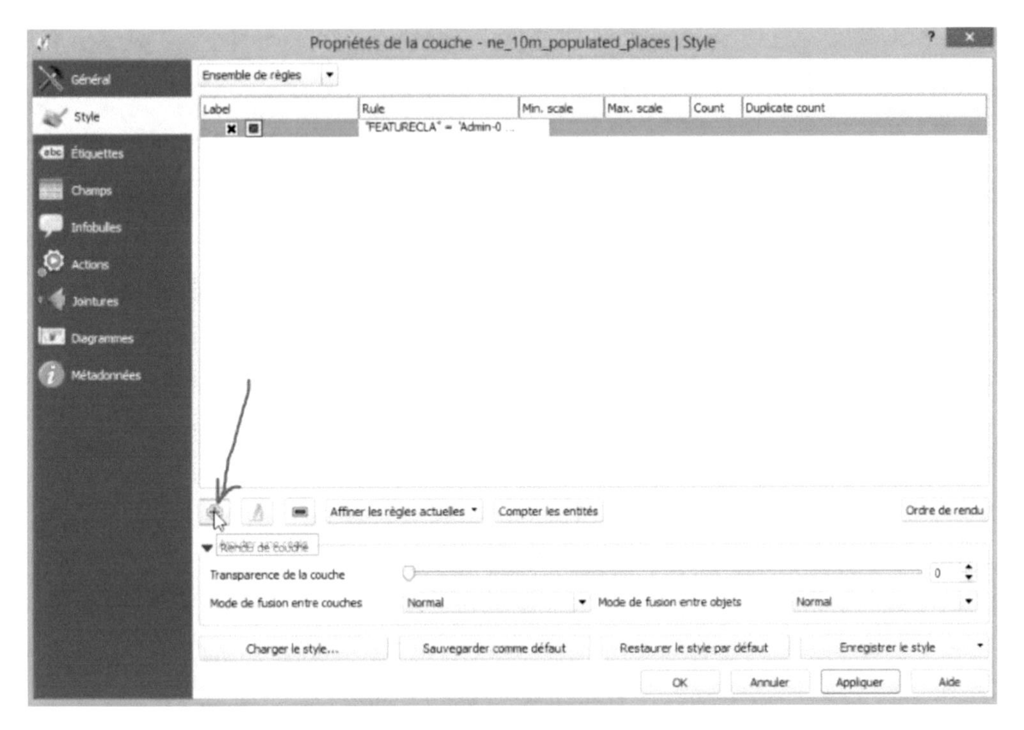

- Puis ajouter le symbole, choisissez le style, sa couleur, sa taille…

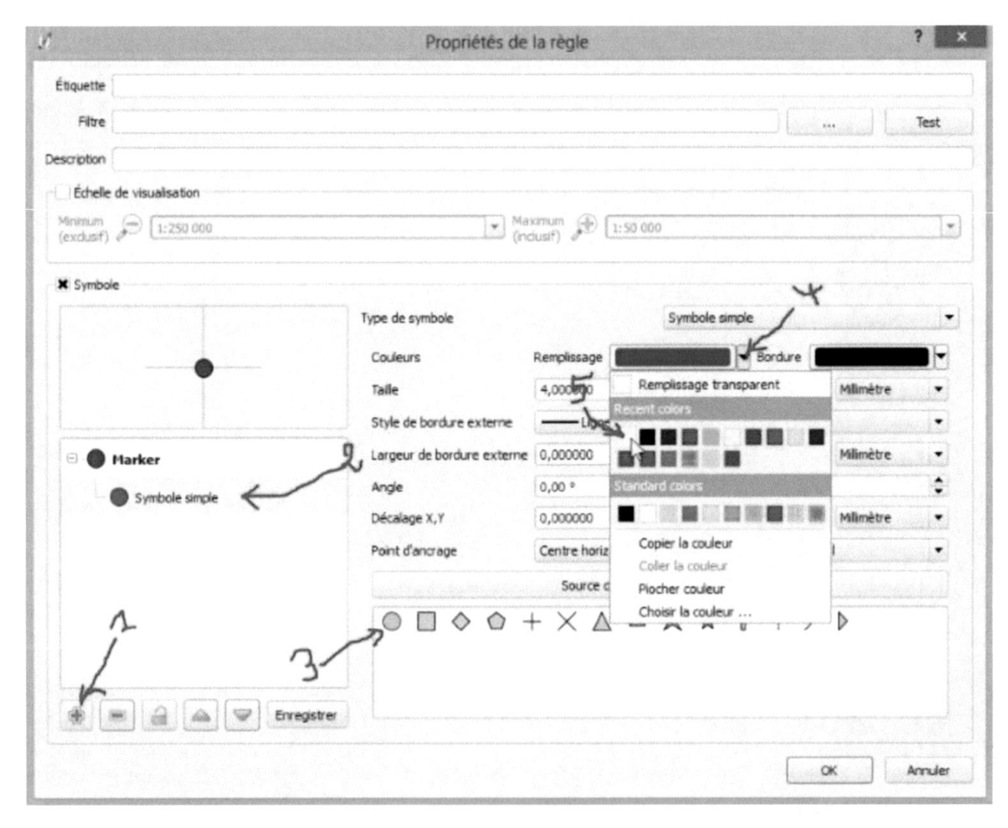

- Avant de cliquez sur ok, cliquez sur les trois pointiers à coté du champs Filtrer

- Une nouvelle fenêtre apparait, sur la liste de fonction, derouler et cliquer sur **Champ et Valeur**, puis selectionner le champ pour lequel vous voulez definir un nouveau symbole de point. Dans ce cas, il s'agit de FEATURE CLASS. Dans les champs de requête, tapez =, puis sur l'option charger les valeurs numériques, cliquez sur **Toute**.
- Ensuite sélectionner l'attribut qui vous intéresse (Dans ce cas il s'agit de nom de ville) puis cliquez sur OK

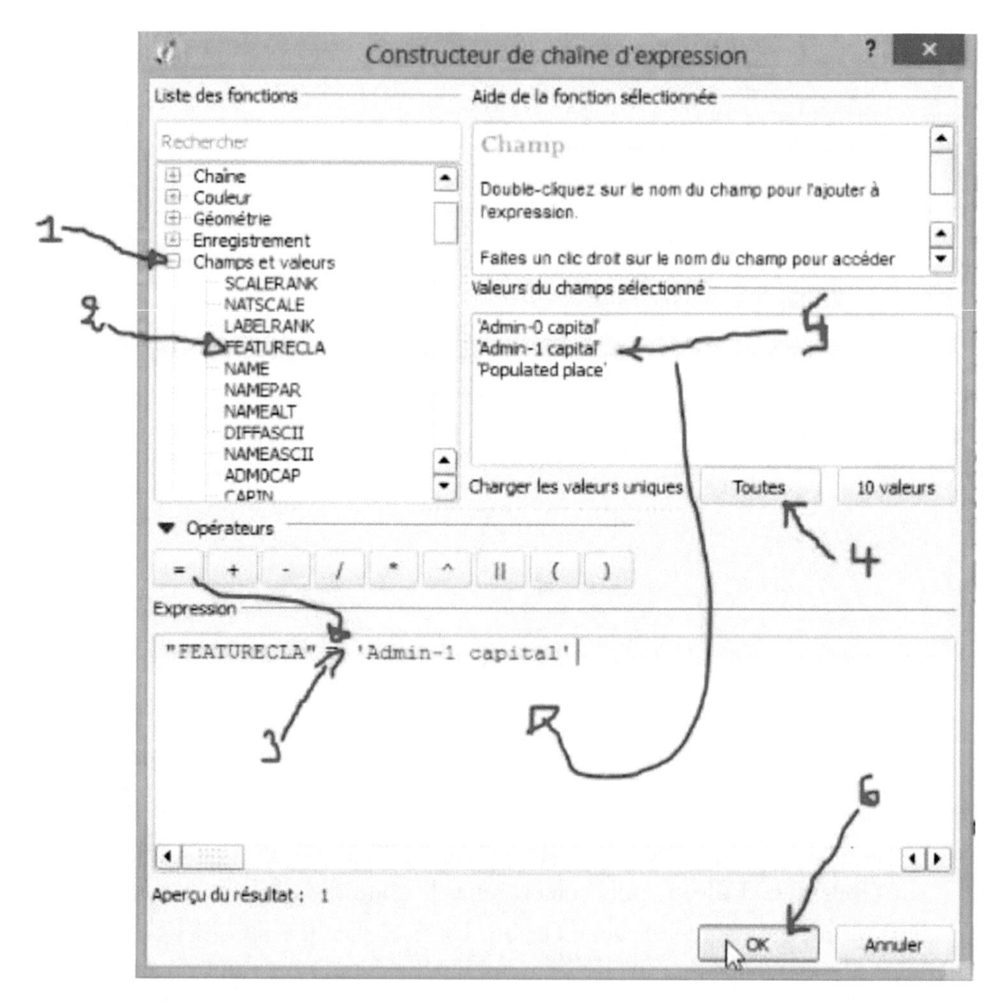

- Puis cliquez sur OK

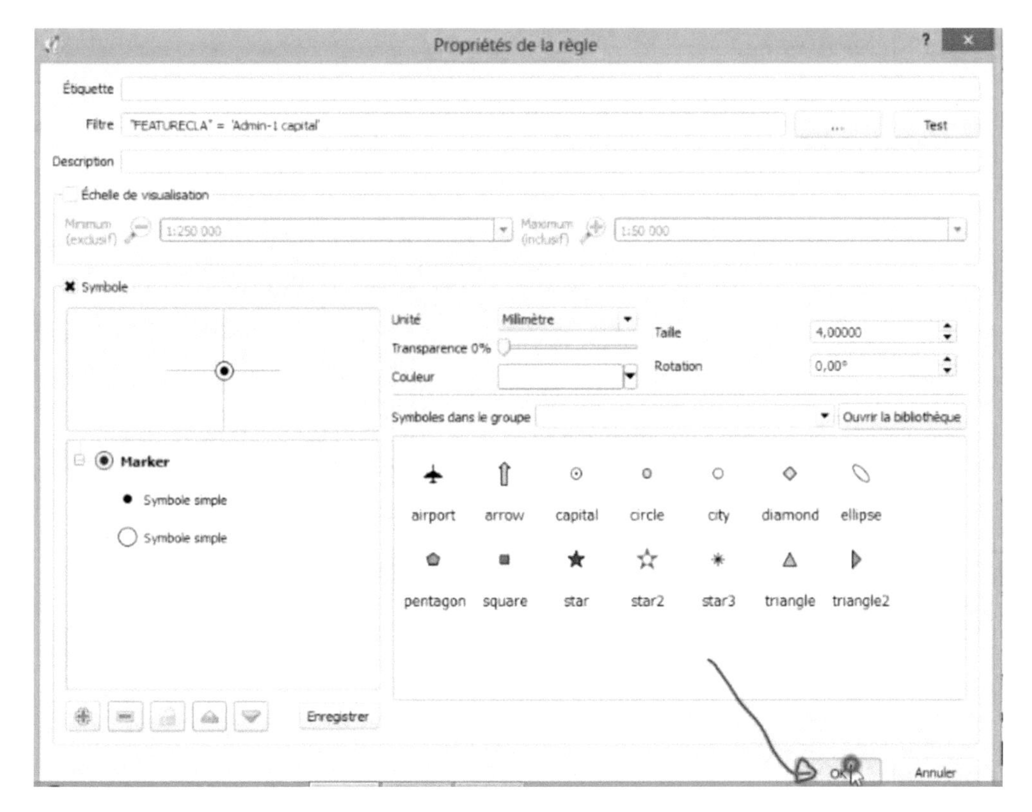

- Puis cliquez sur Appliquer

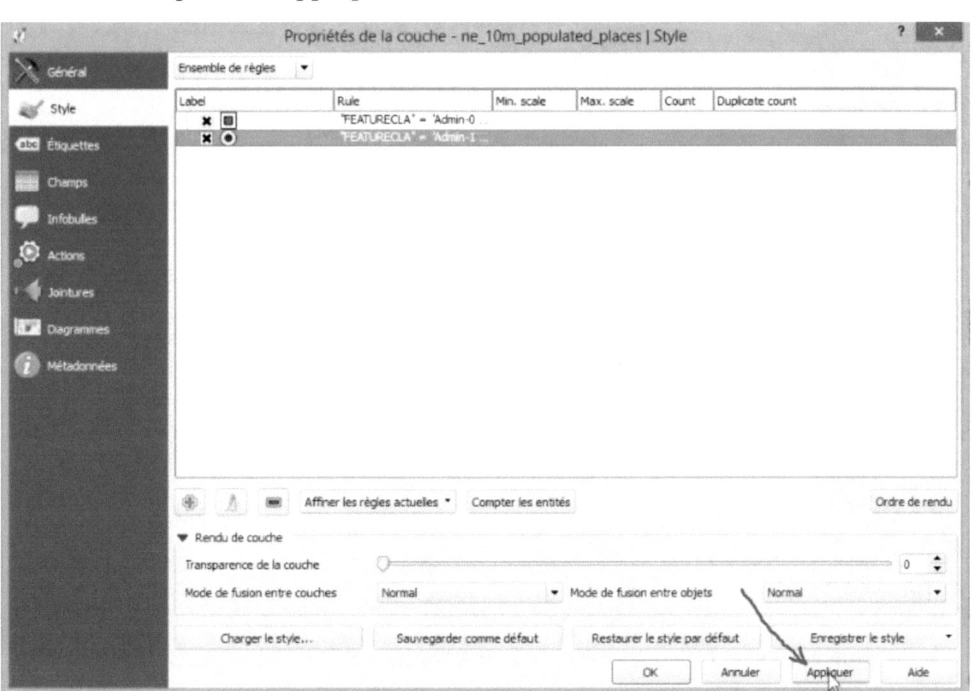

- Voici le résultat

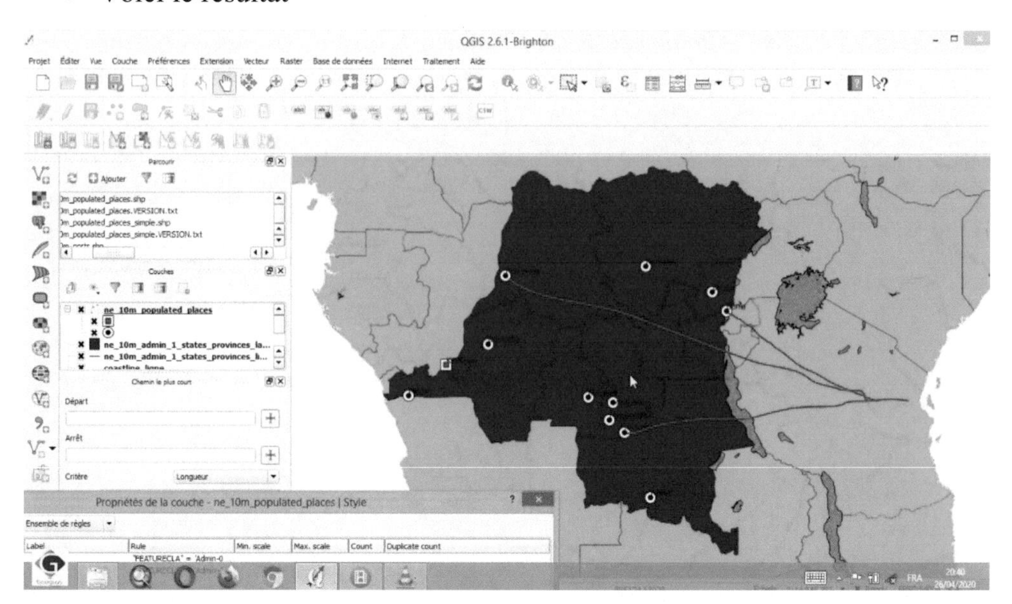

Dans le même ordre d'idées, nous pouvons ajouter les ethnies sur cette carte.

- Cliquez sur le signe + vers au bas de la fenetre

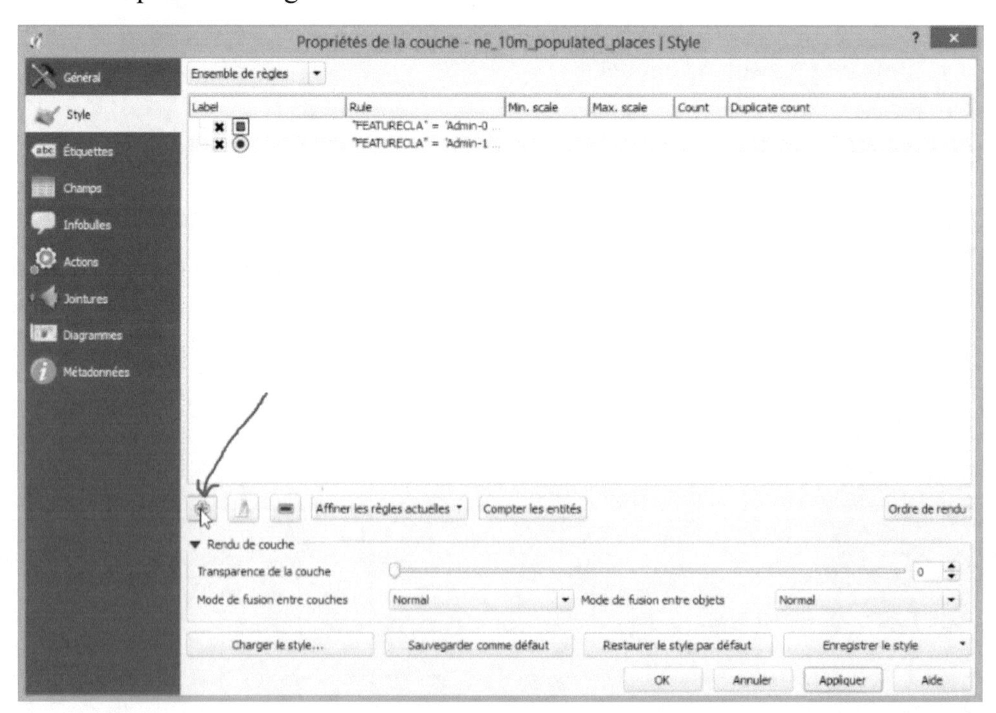

- Ajouter un symbole, choisissez le symbole, sa couleur et sa taille

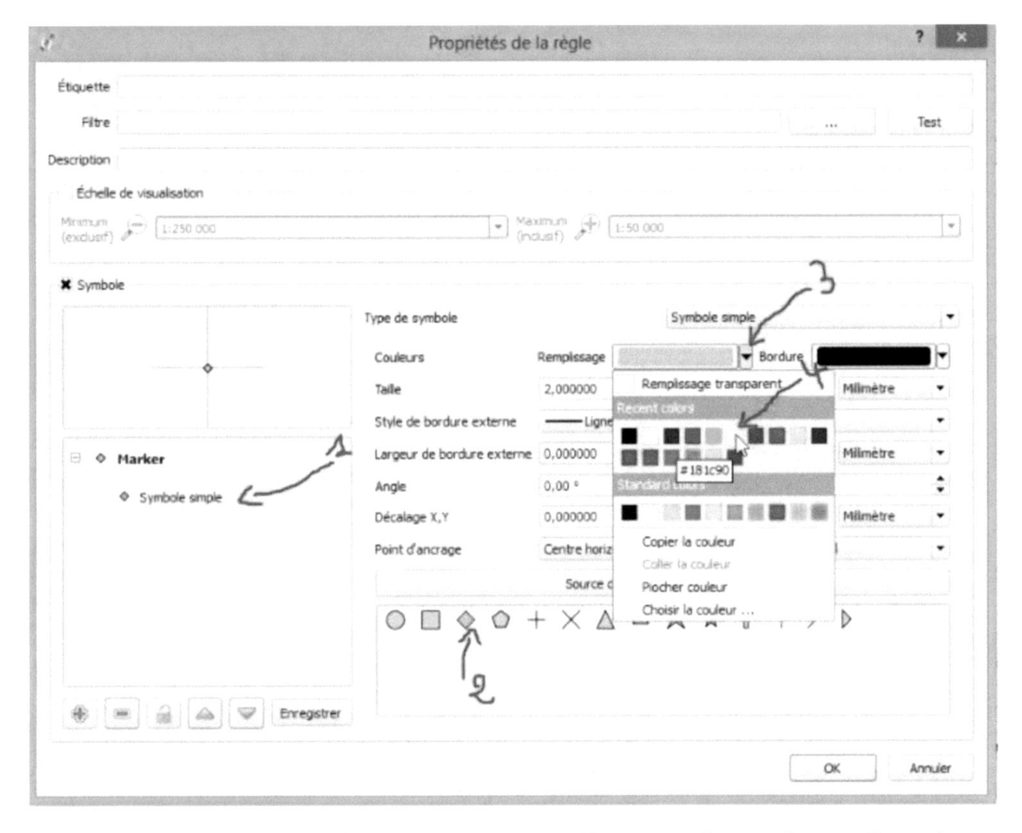

- Cliquez sur les 3 pointiers du champs Filtrer, configurer les attributs de noms de ethnies puis cliquez sur OK

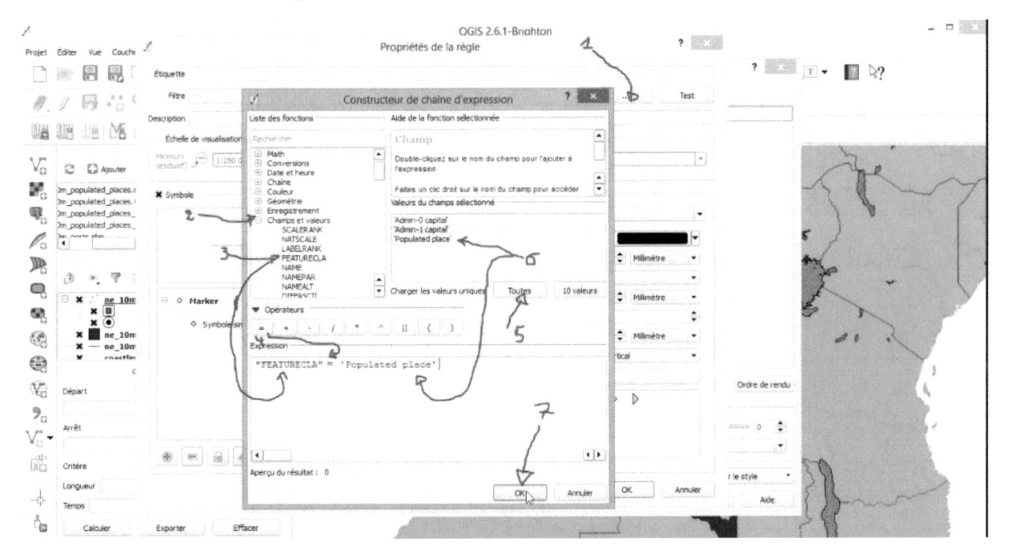

- Terminer la procedure avec OK

- Cliquez sur Terminer puis sur Ok

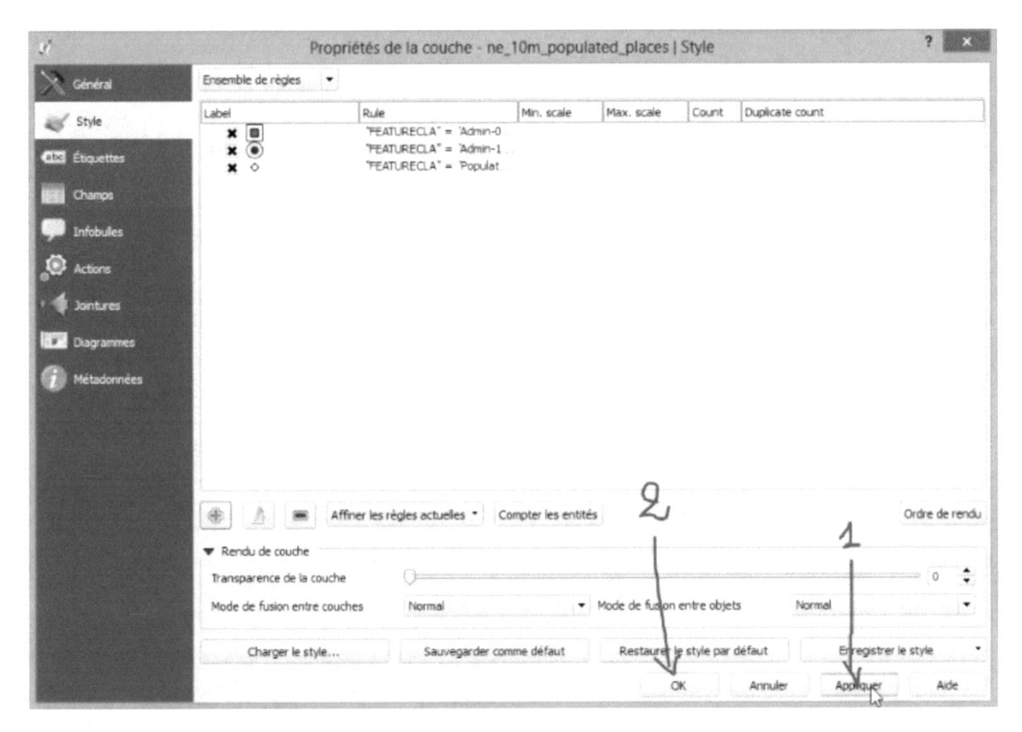

- Voici le résultat

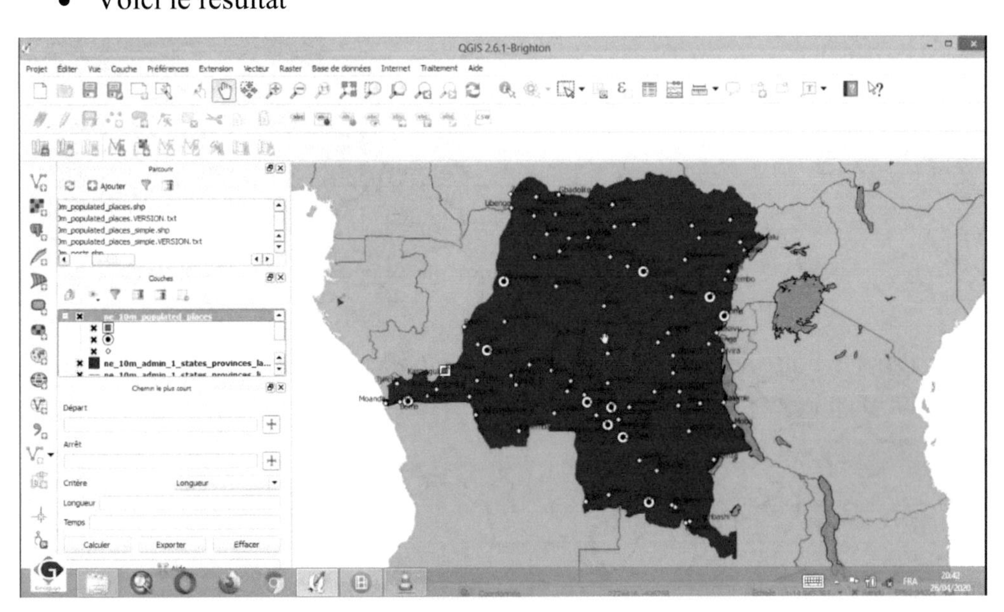

14.Mise en page

14.1 Introduction

La mise en page est un processus qui consiste à habiller une carte afin de rendre sa lecture plus facile et rendre rapide son interprétation. Et cela grâce à l'ajout sur la carte de certains éléments comme : le titre, l'orientation, la légende, l'échelle, la grille, l'image panoramique etc.

14.2 Comment faire la mise en page

Ouverture de la fenêtre de mise en page

- Cliquez sur le menu Projet (1), puis sélectionnez Nouveau concepteur d'impression (2)

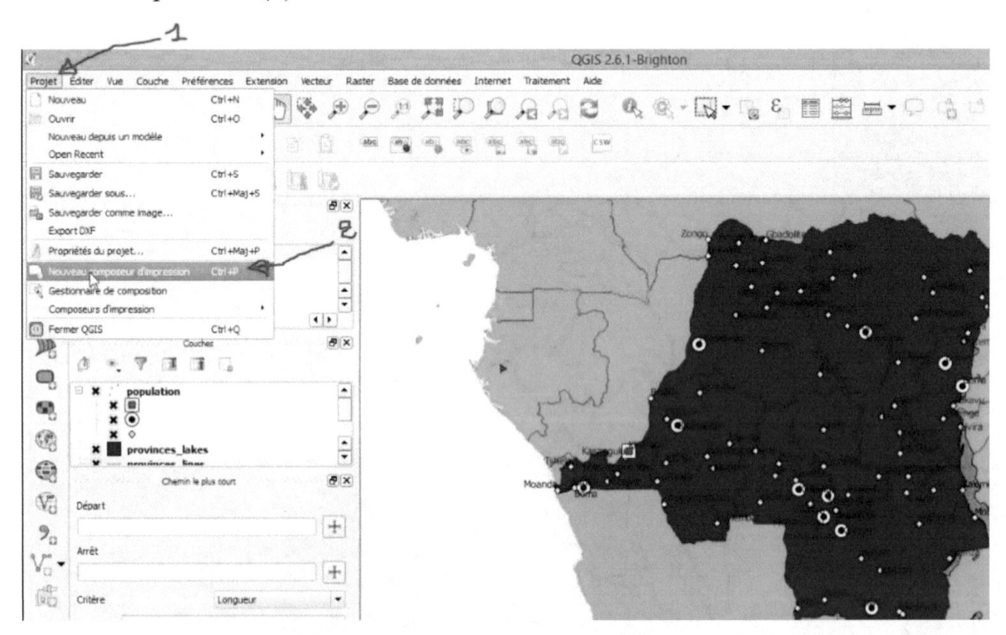

- Dans la boite de dialogue qui apparait, Donnez le nom à votre dossier de mise en page puis cliquez sur OK

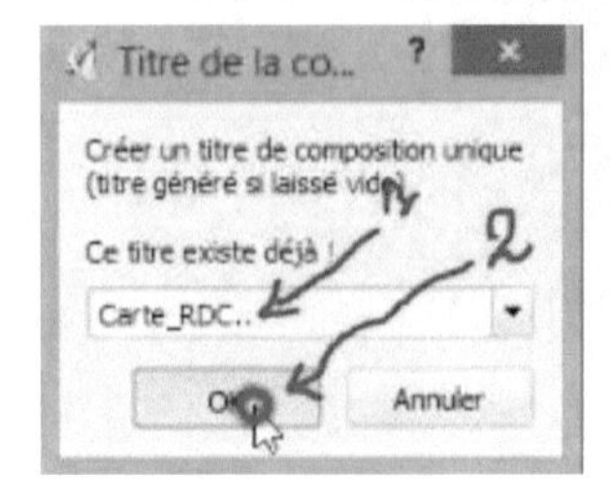

Choisir la dimension de votre feuille de mise en page.

- Dans l'espace droite, cliquez sur le menu compression (1), puis sur la liste déroulante du champ pré-configuration (2) et faites le choix de votre (3)

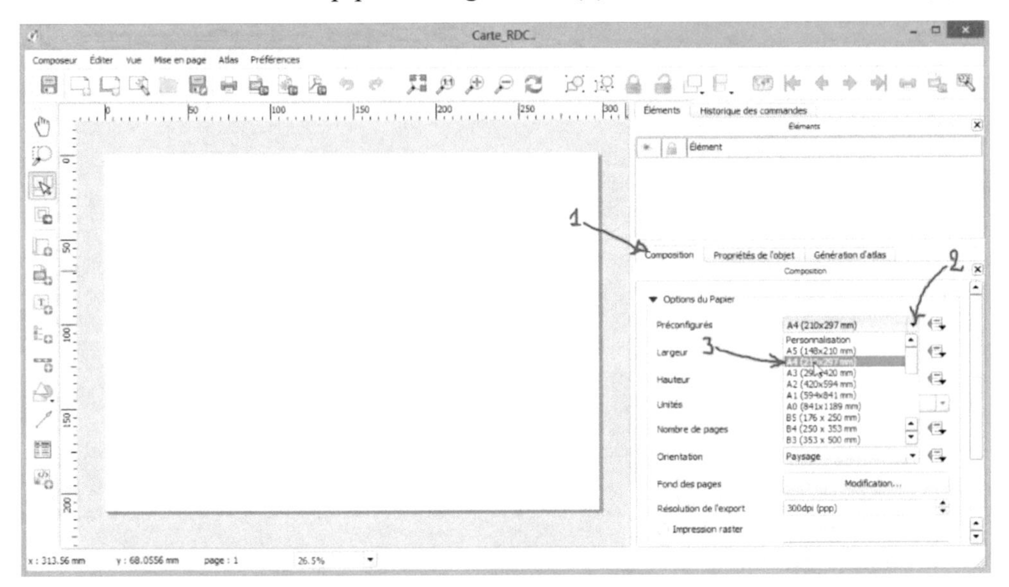

- Dans le champ Orientation, choisissez que votre carte en portrait (en longueur) ou en paysage (en largeur)

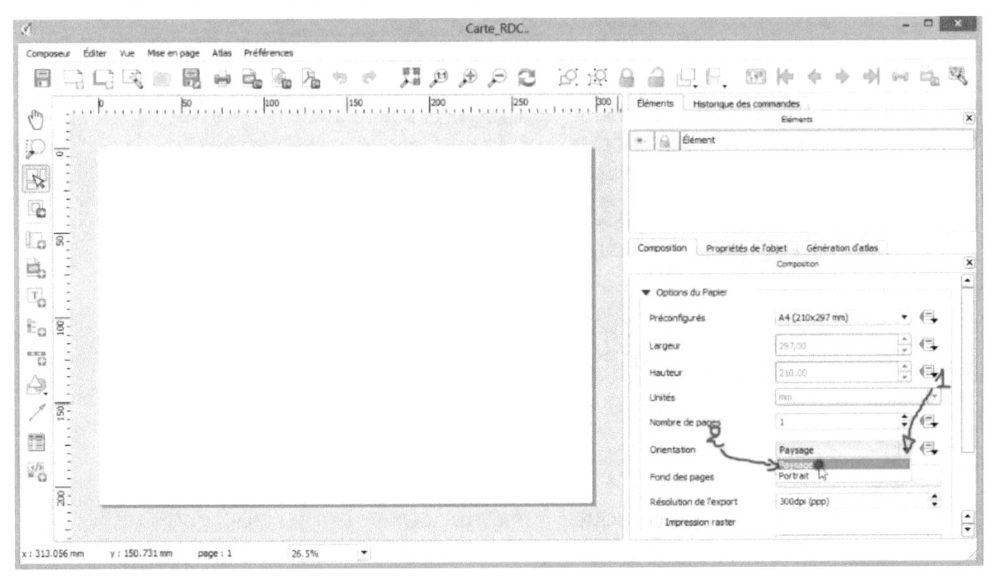

- Pour appeler la carte sur cette interface, cliquer sur le bouton dédié à gauche de la fenêtre, puis faites un cadre sur la feuille blanche.

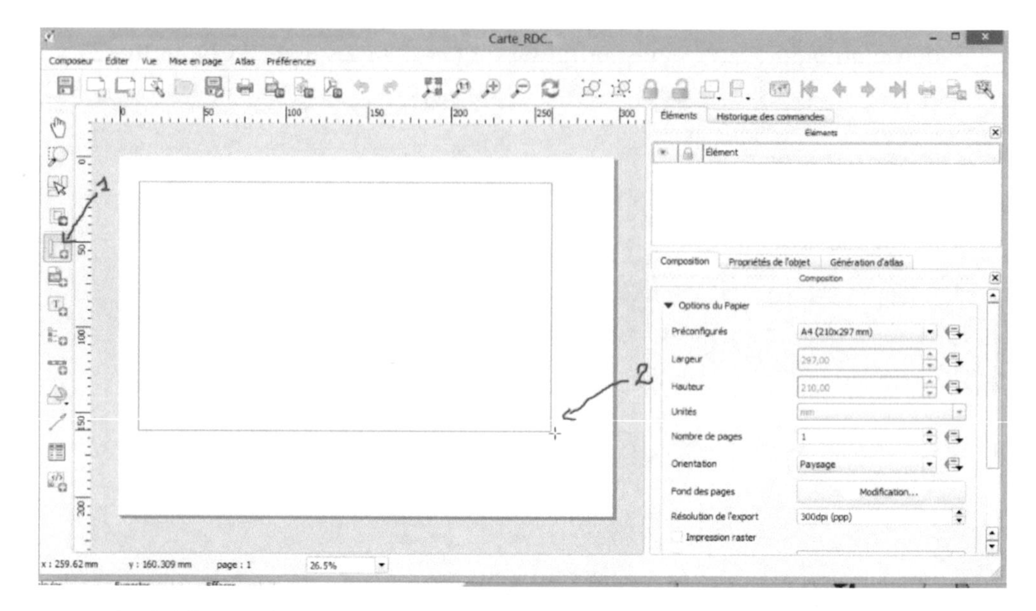

- Voici le resultat

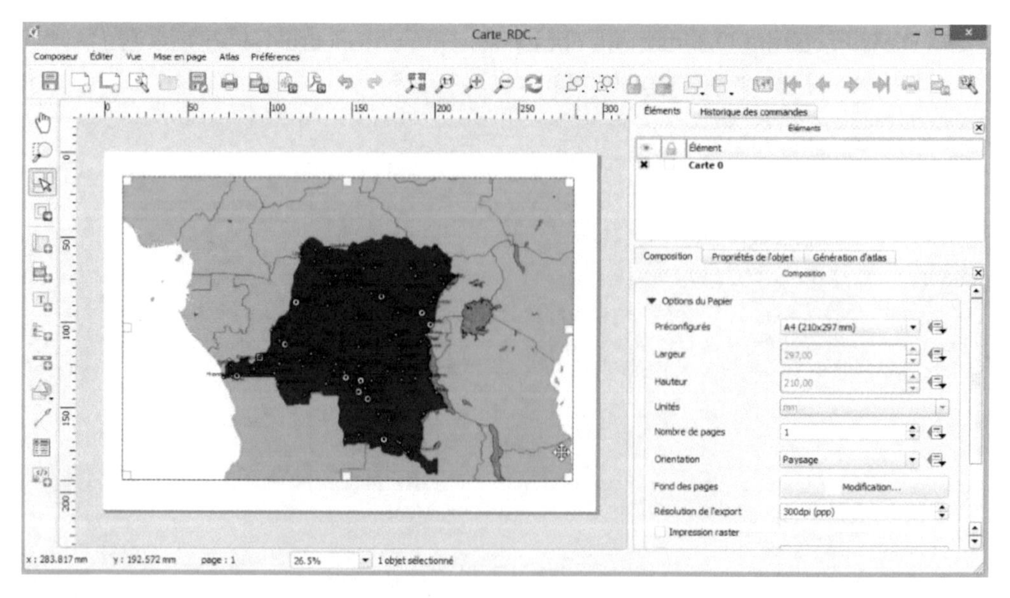

- Pour ajuster l'échelle, cliquez sur Propriété de l'objet puis entré une valeur de l'échelle adaptée.

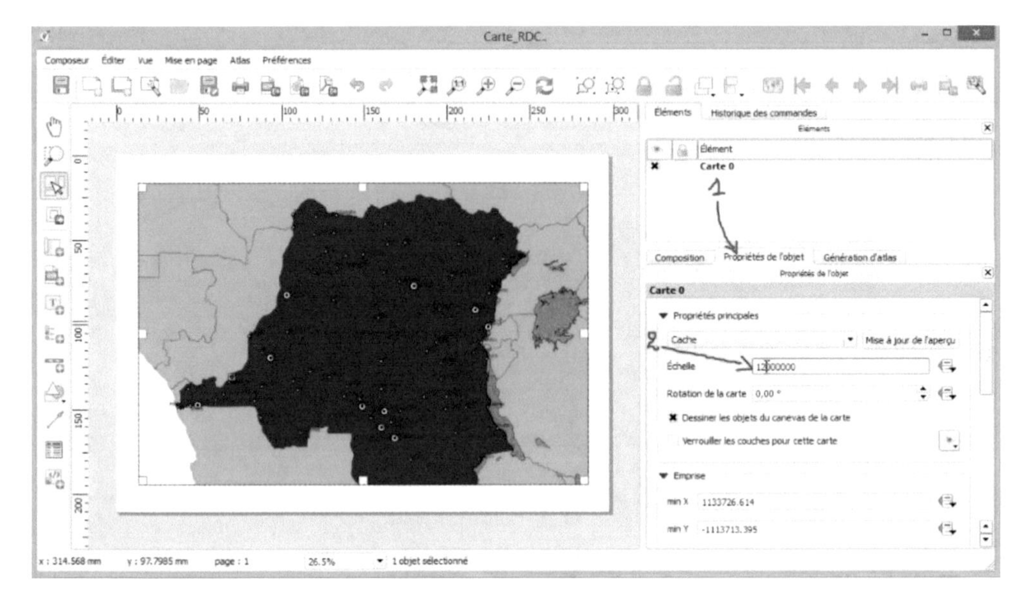

- Pour déplacer la carte de l'intérieur et la positionner selon son choix, cliquer sur le bouton dédié puis en maintenant un clic gauche, bouger la carte et placez-la ajustez-la.

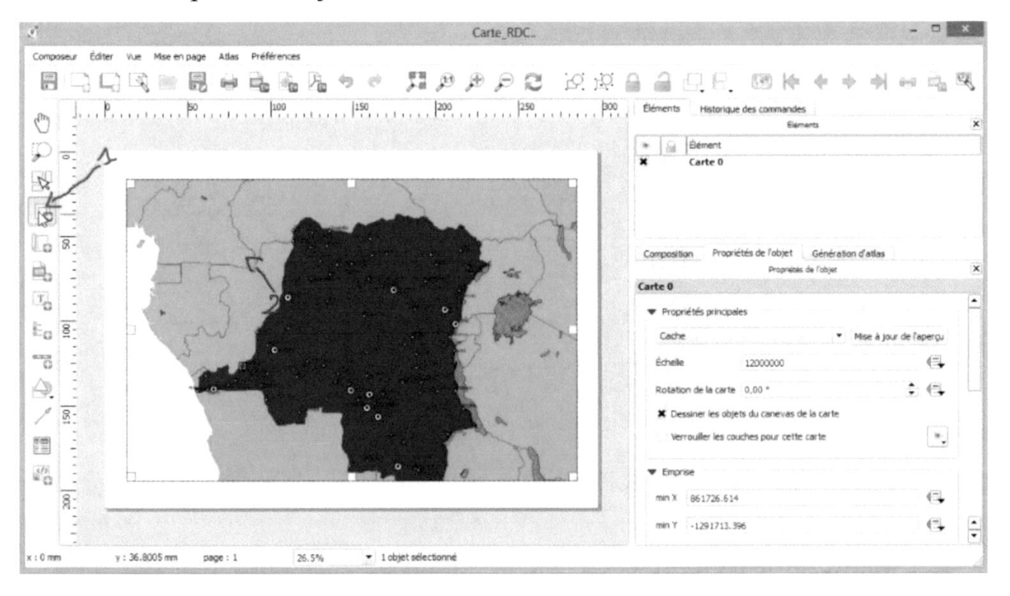

- Cliquez sur le bouton de l'échelle puis faites un carré sur la carte en maintenant un clic gauche et en lachant

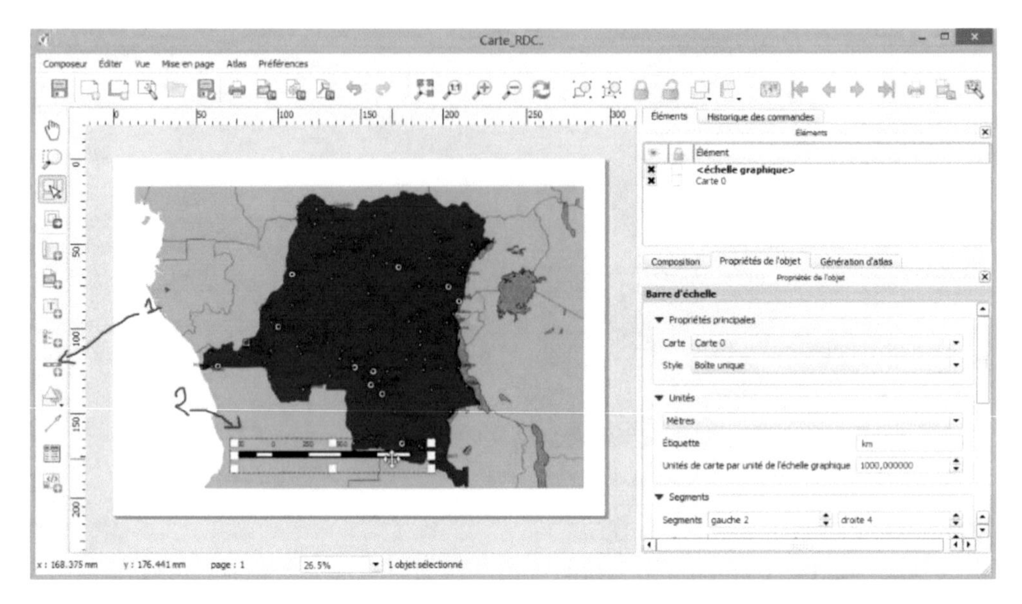

- Configurer l'affichage de l'echelle

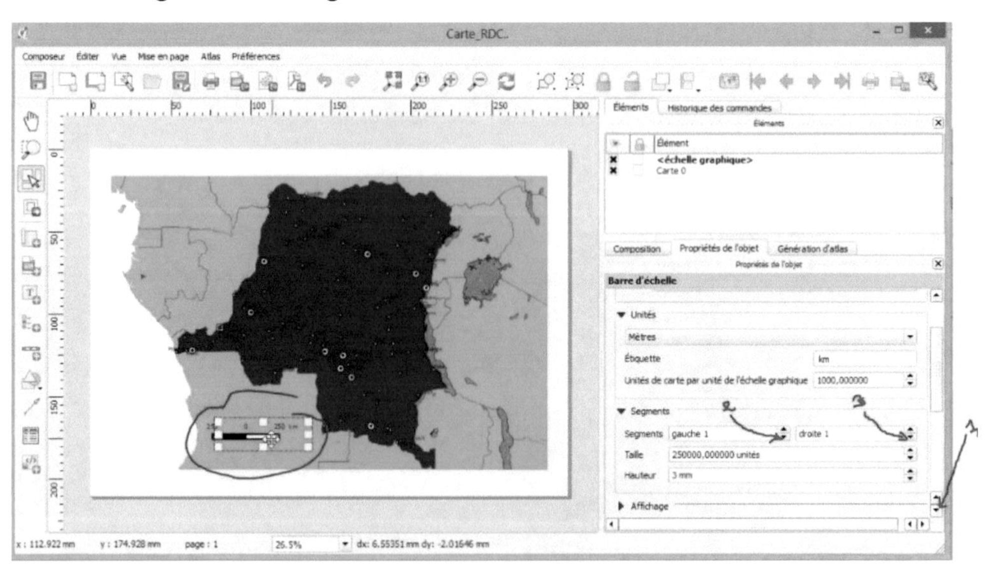

- Cliquez sur la carte, sélectionnez l'outil image puis faites un carrer sur l'image pour insérer l'orientation de la carte.

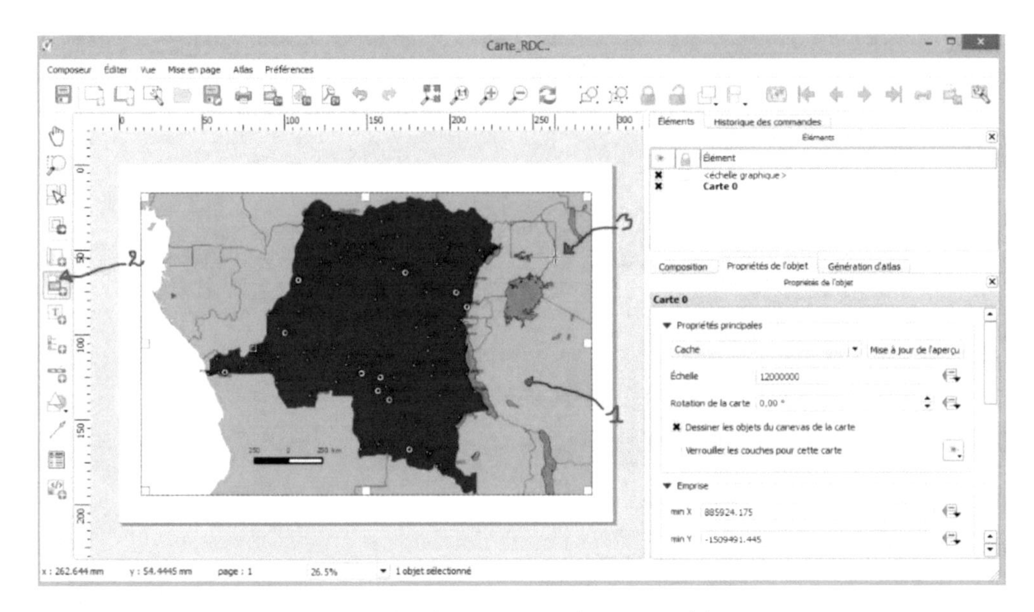

- Et en suite faites le choix de votre nord geographique

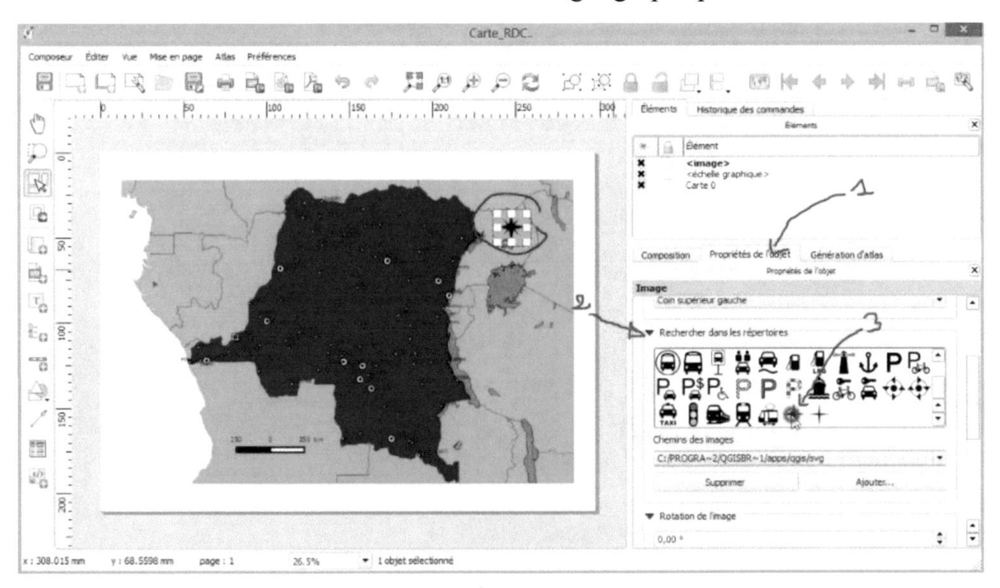

- Cliquez ensuite sur le signe + du champ Graticules

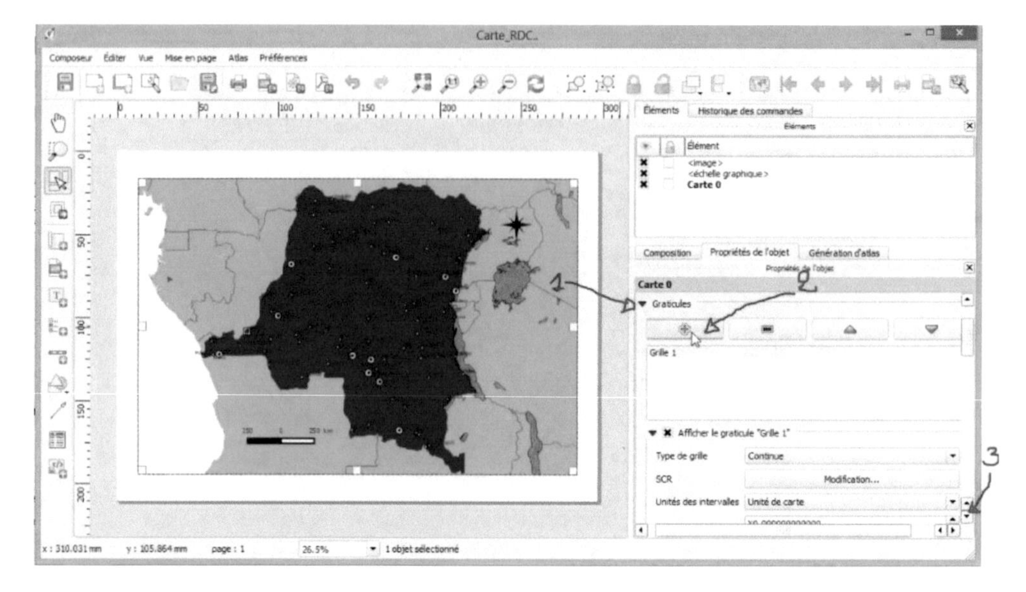

- Configurer les proprietés de la grille

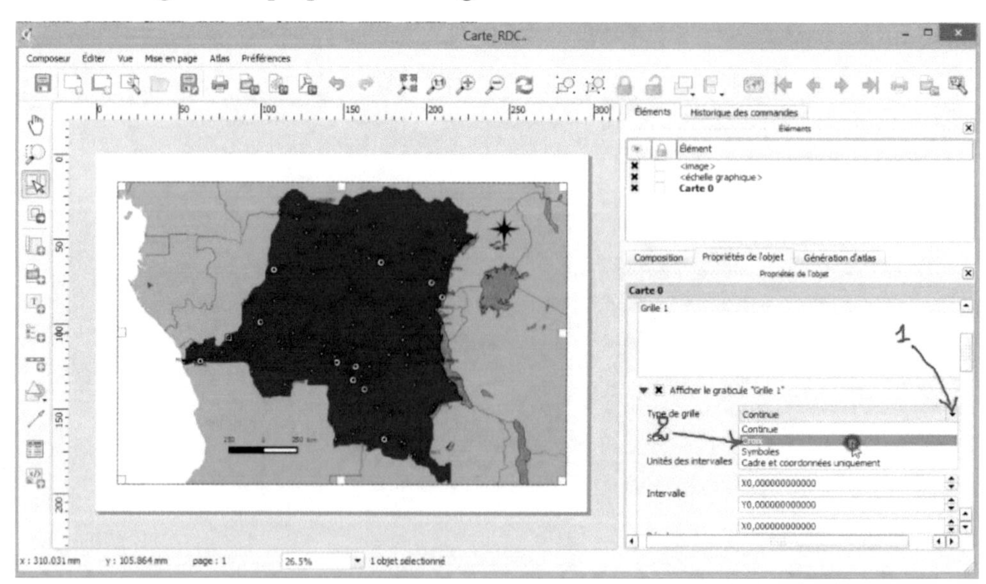

- Choisissez le système de projection

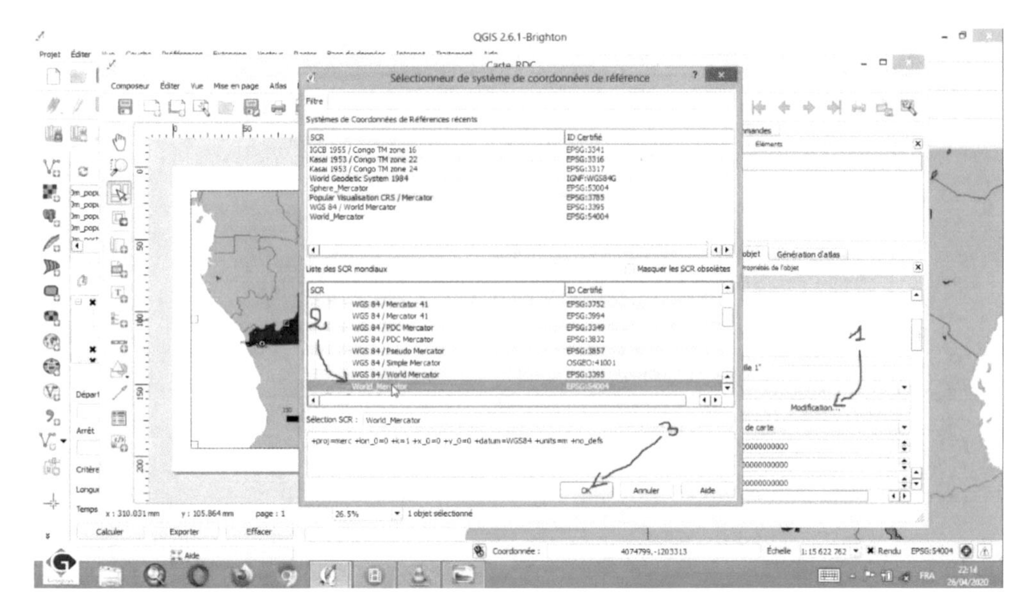

- Définissez l'unité d'espacement (cm)

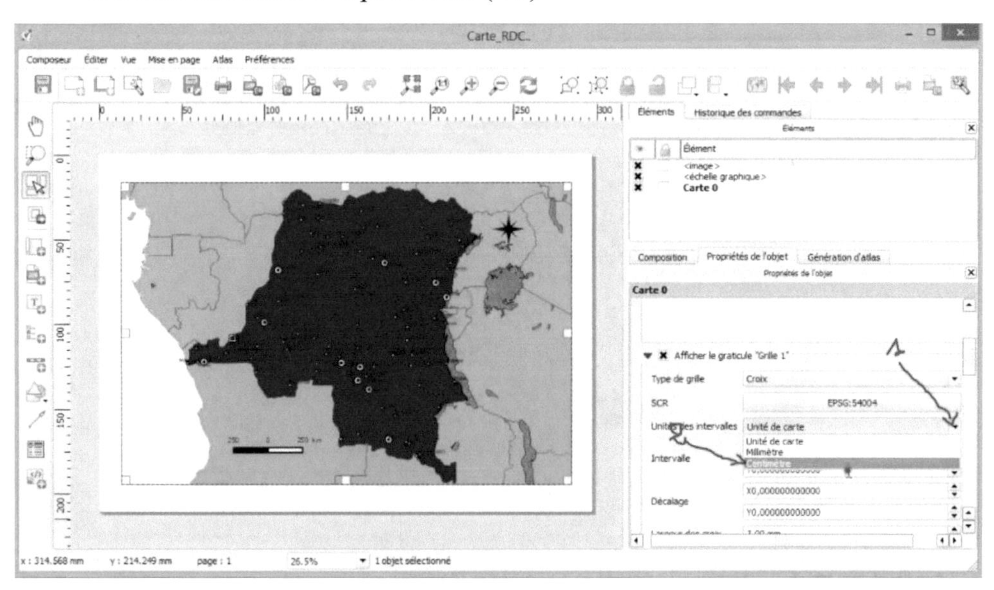

- Définissez l'écart d'espacement

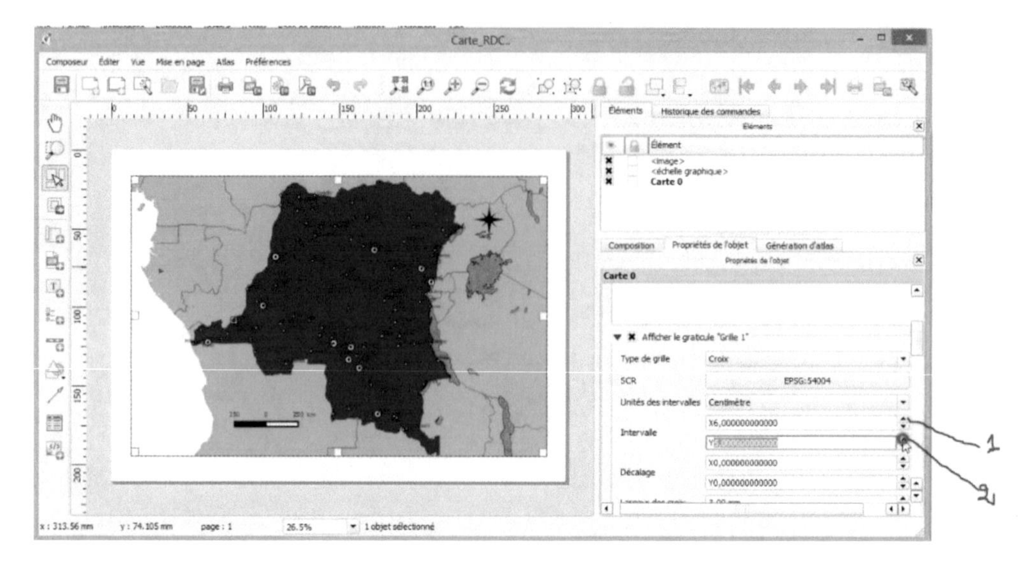

- Voici le resultat

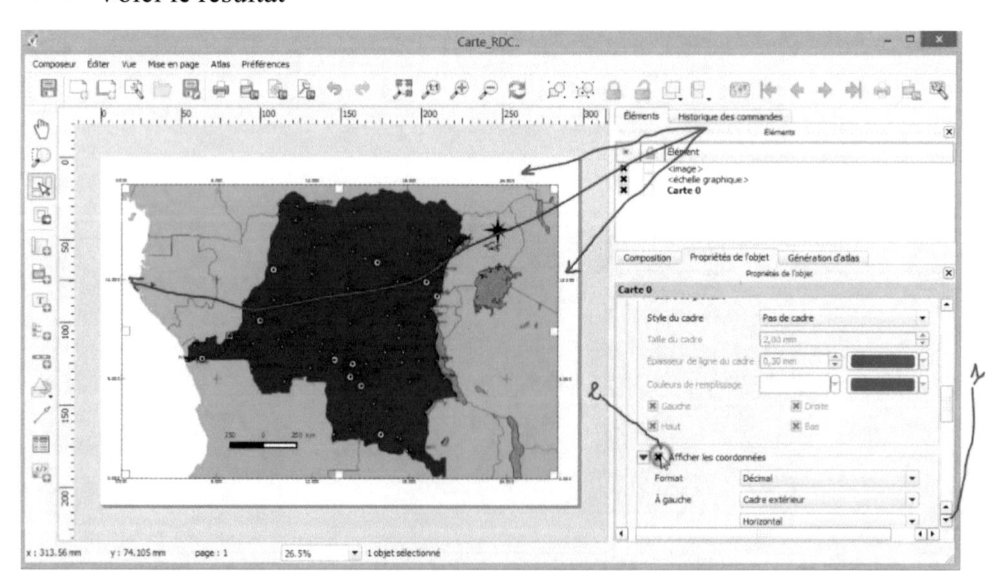

- Rende verticale sur la grille, les coordonnées à gauche

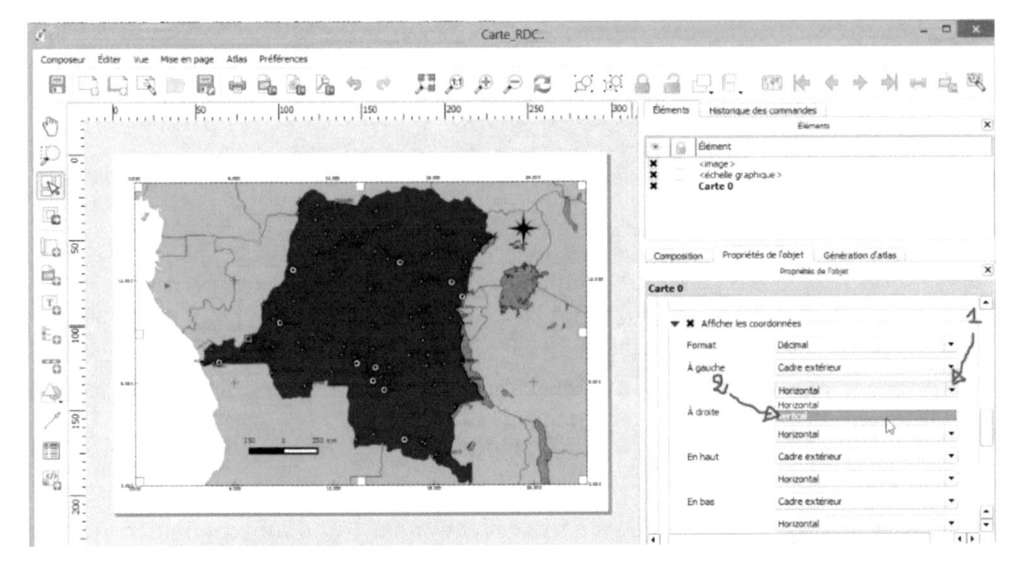

- Rende verticale sur la grille, les coordonnées à droite

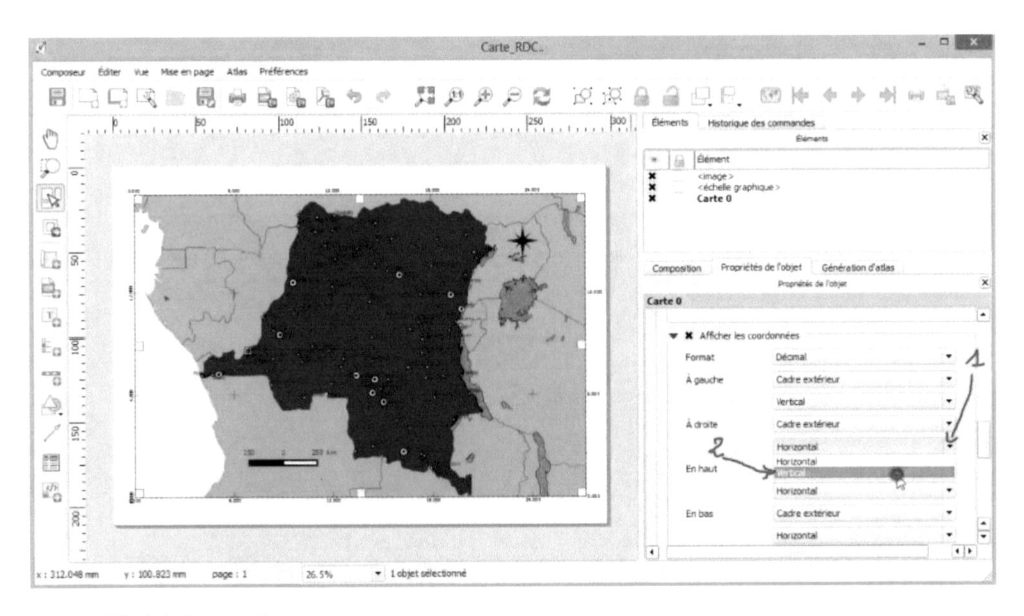

- Voici le resultat

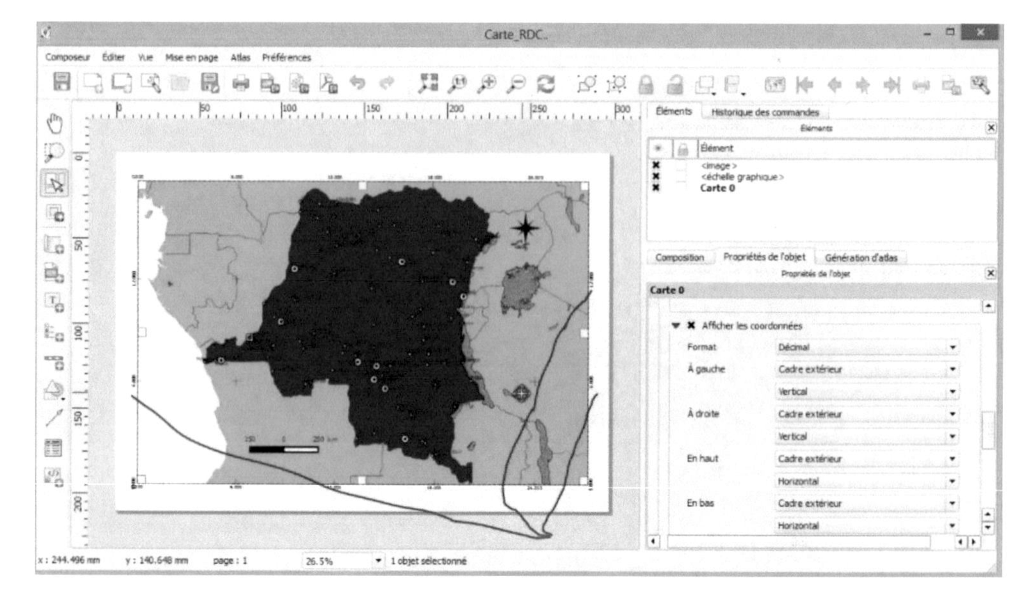

- Pour ajouter un cadre sur sa carte, sélectionner l'outil objet géométrique rectangle

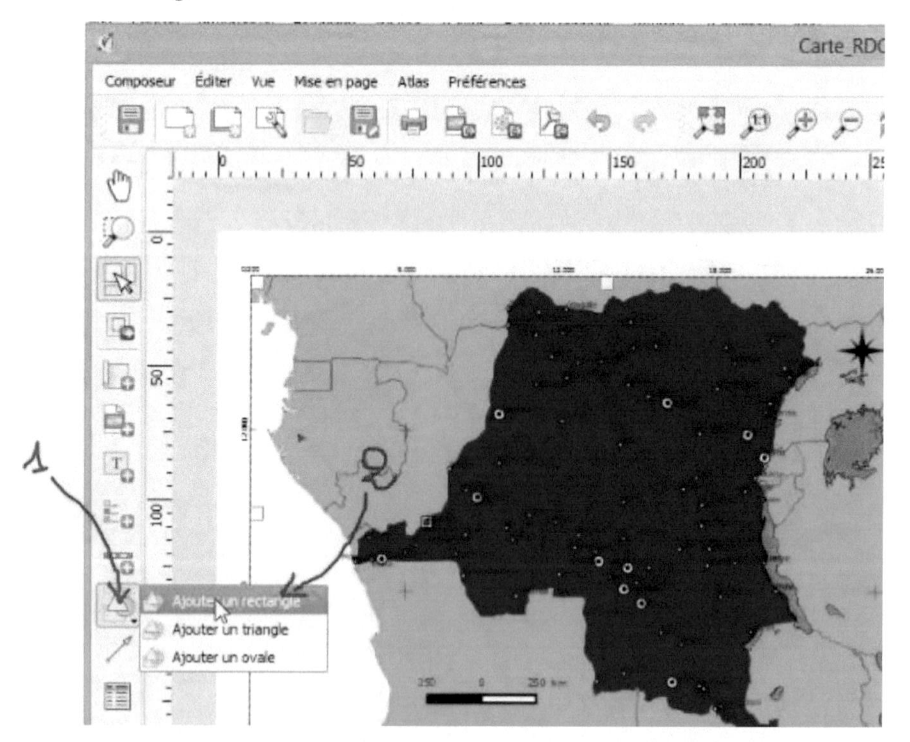

- Puis faites un cadre autour de votre carte

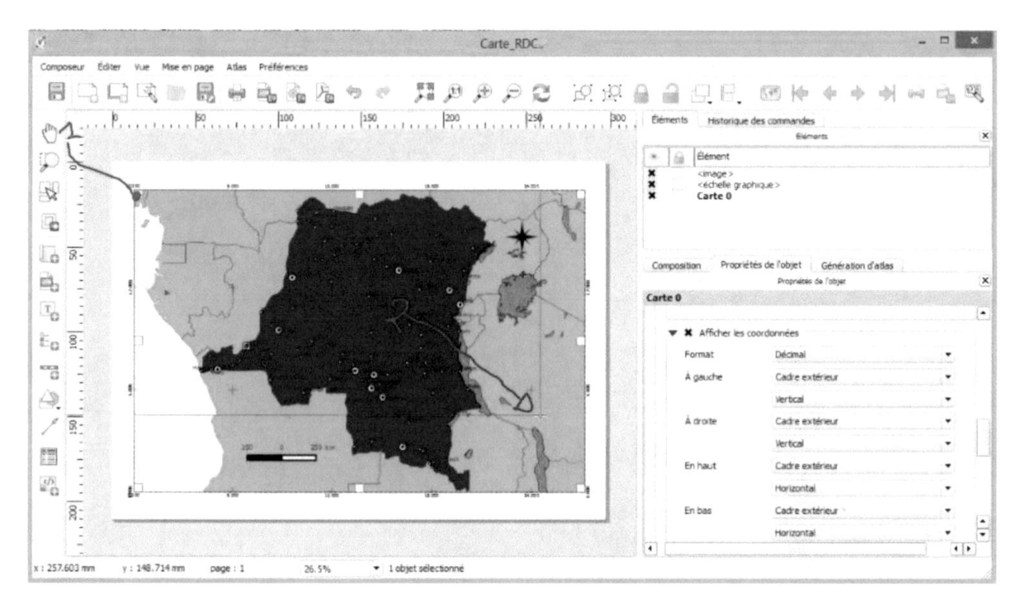

- Rendez en suite le cadre transparent en cliquant dans le champ Style sur le bouton Modification

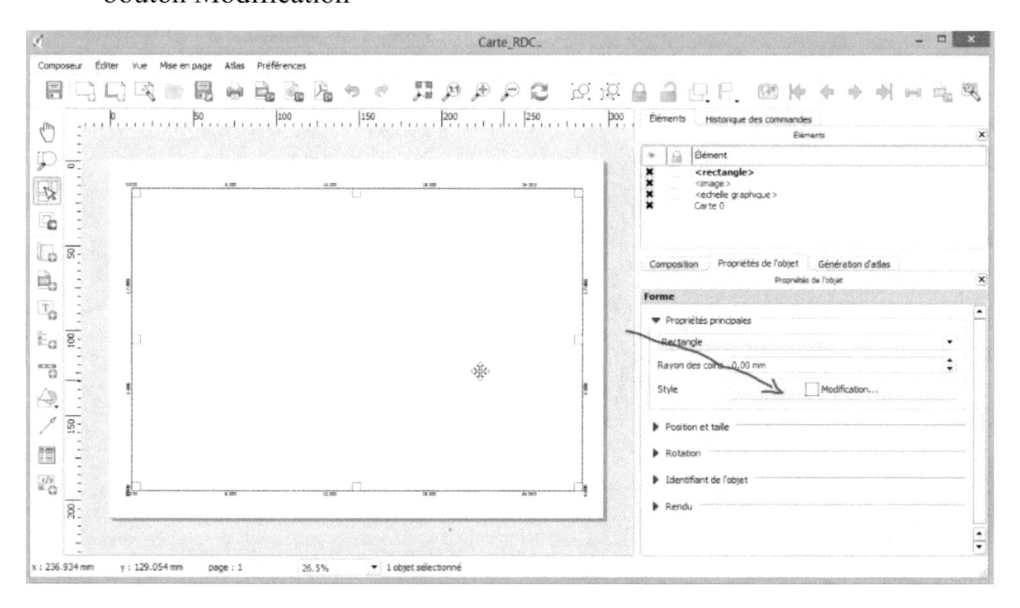

- Puis choisissez sur l'option Pas de remplissage

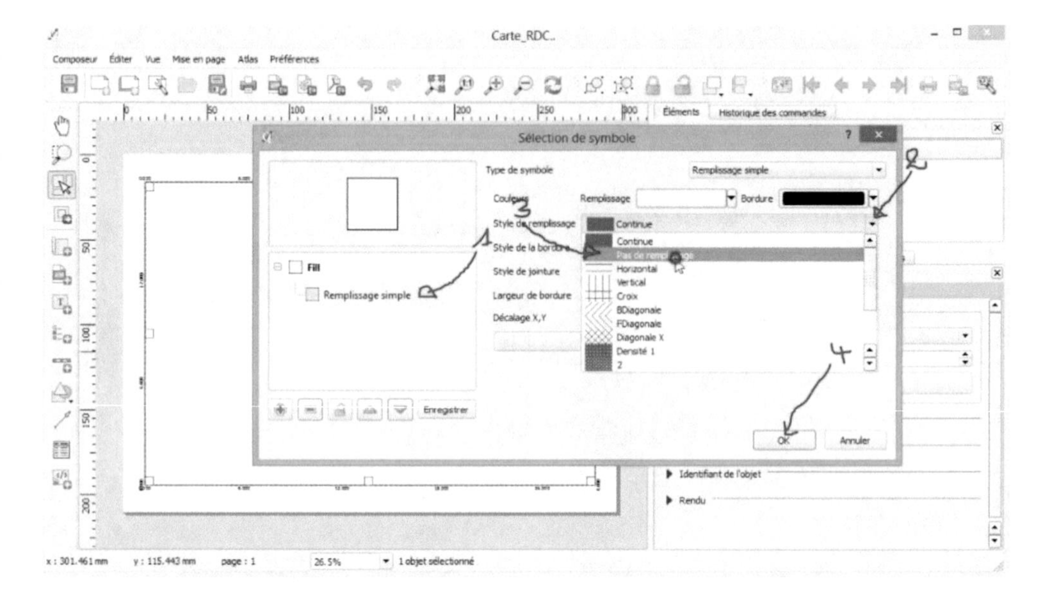

- Voici le resultat

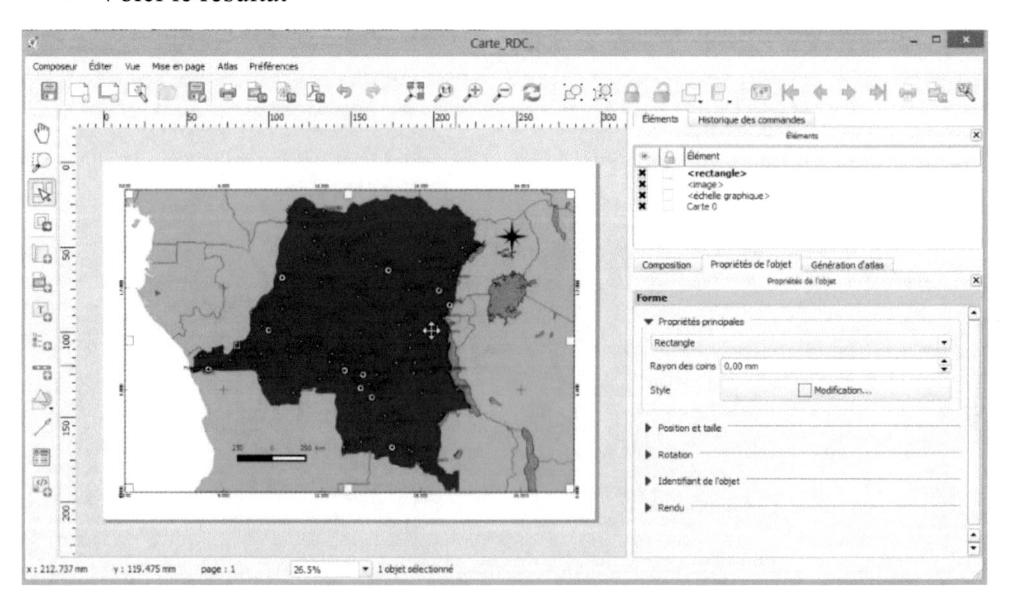

- Pour ajouter une légende, cliquer sur le bouton dédié puis faites un carrée sur la carte.

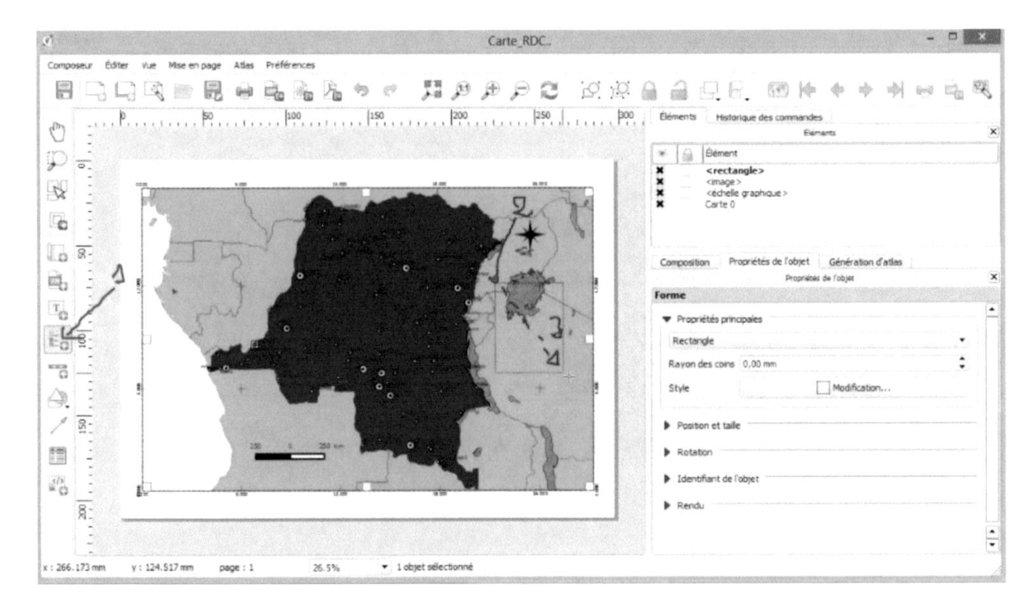

- Configurer la legende

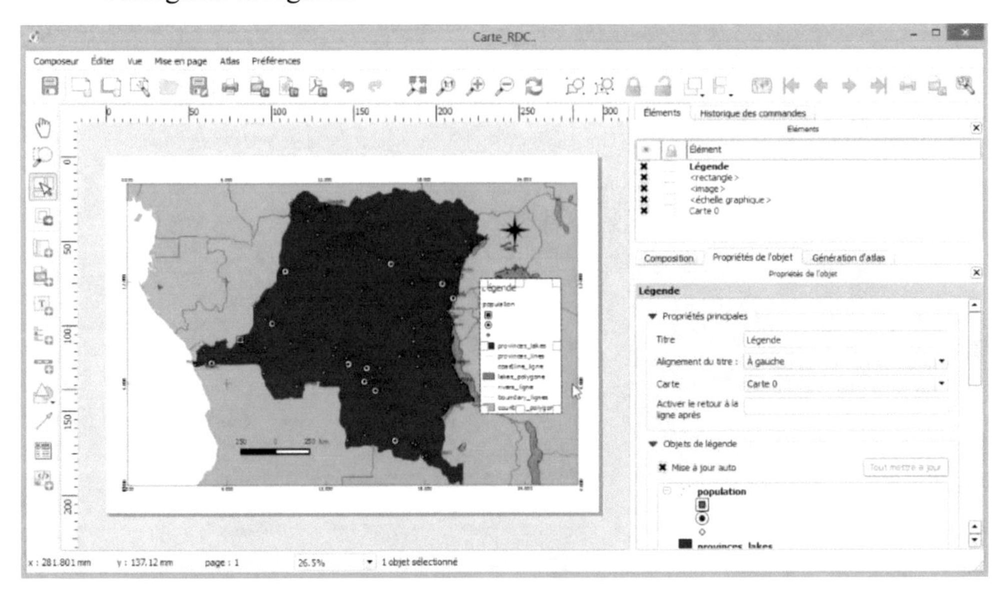

- Ajouter le titre de la carte

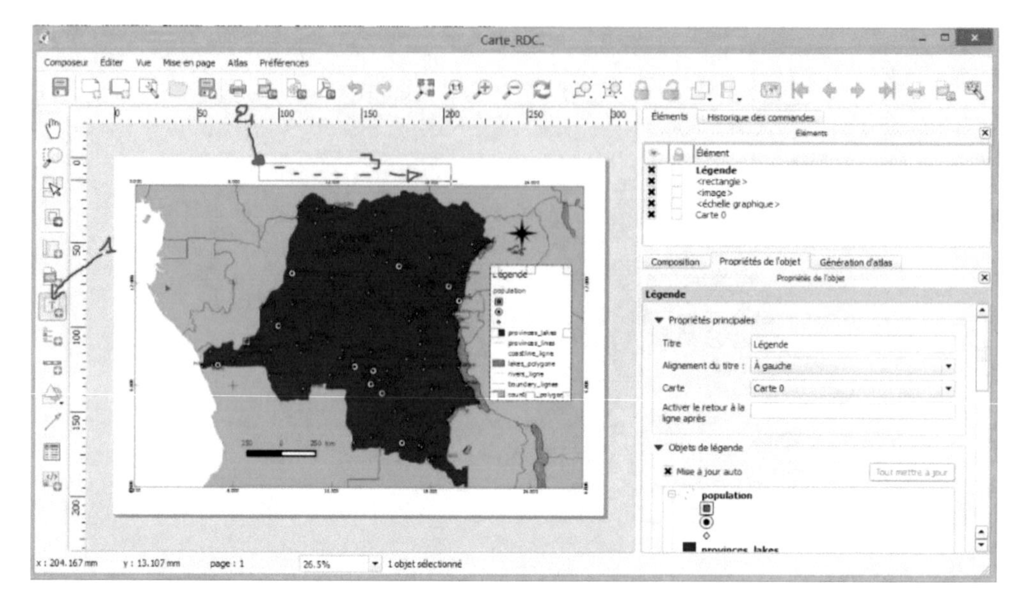

- Entrer le nom de votre titre

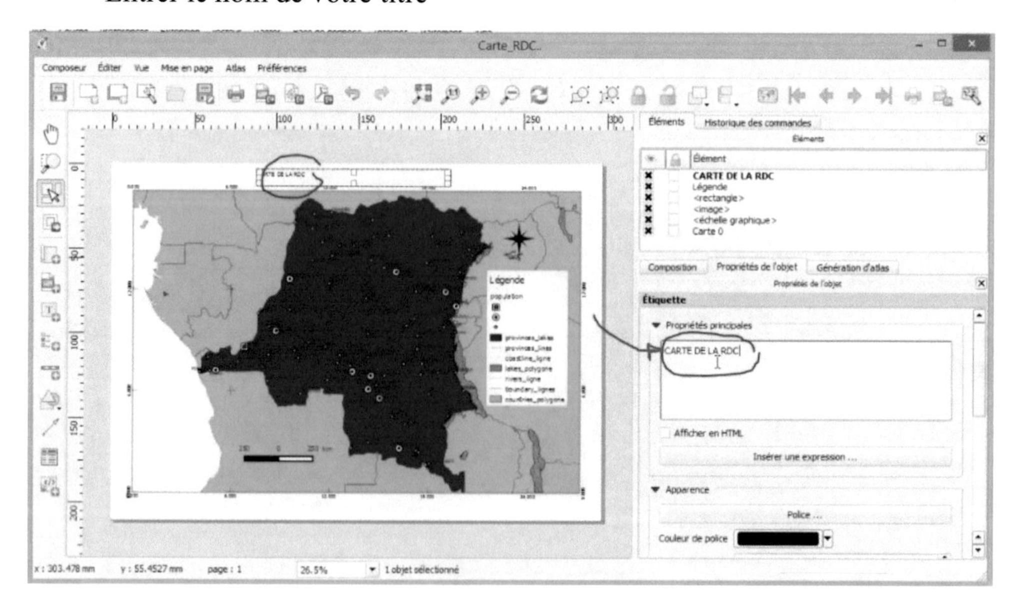

- Definir le style de votre titre

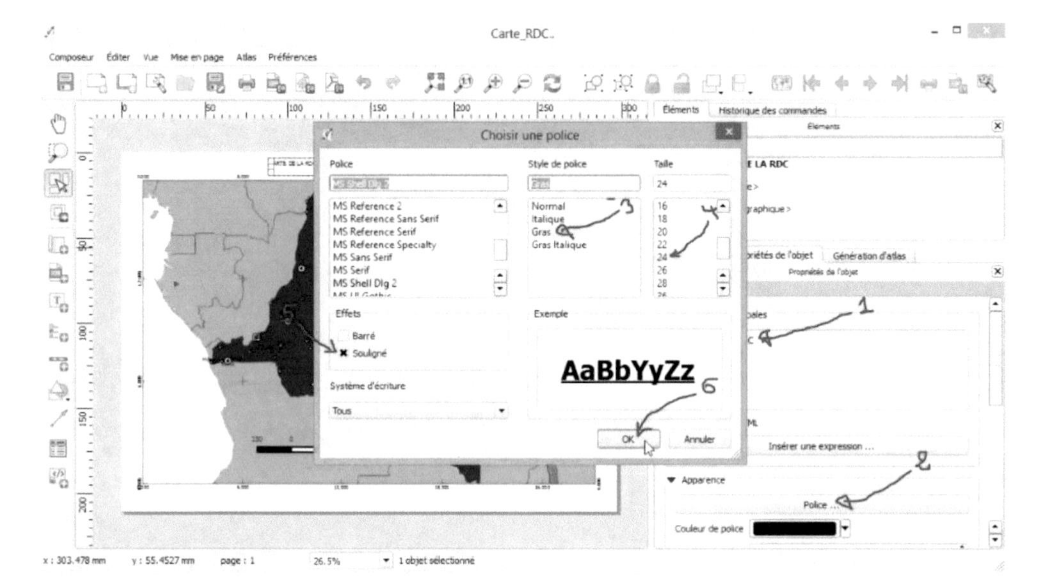

- Voici le resultat

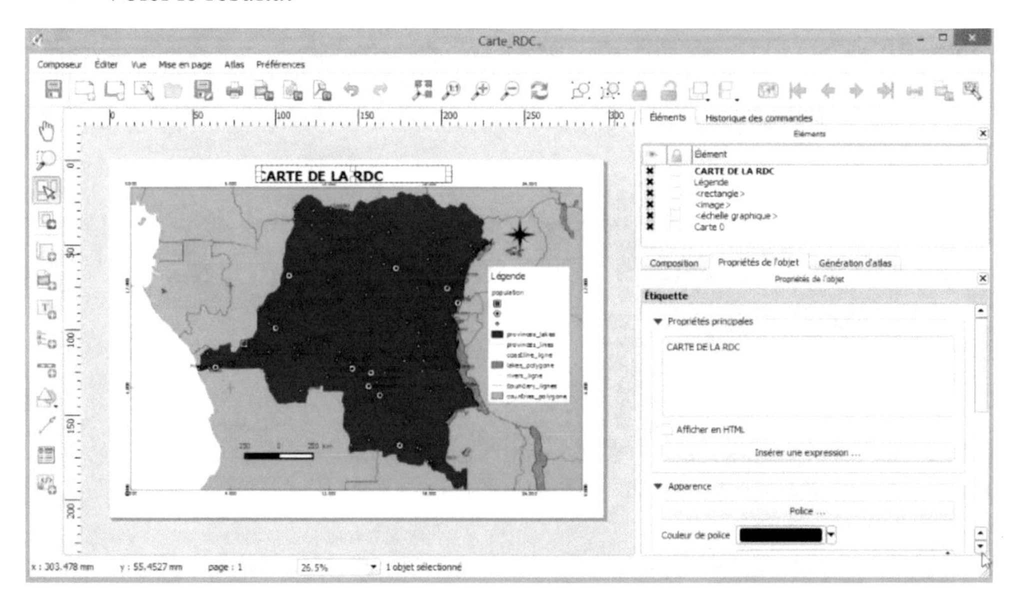

- Centrer votre titre

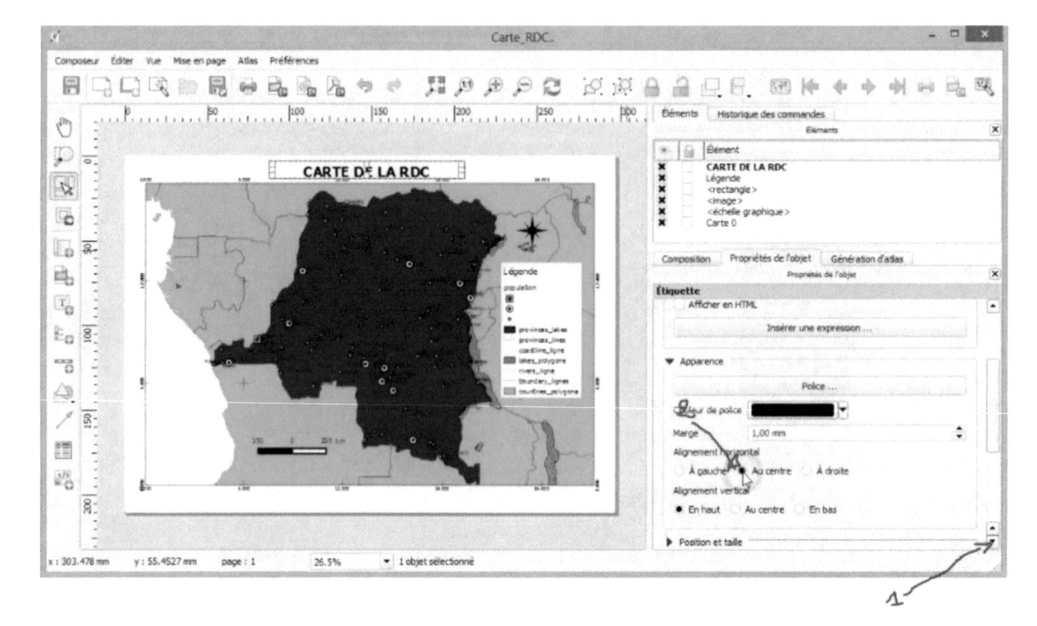

- Ajouter une image panoramique

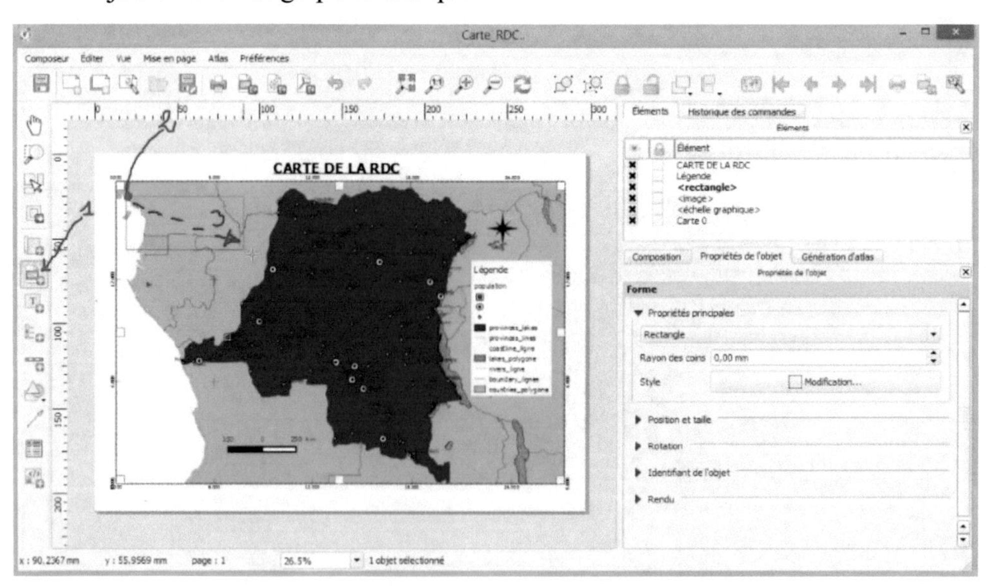

- Importer l'image panoramique

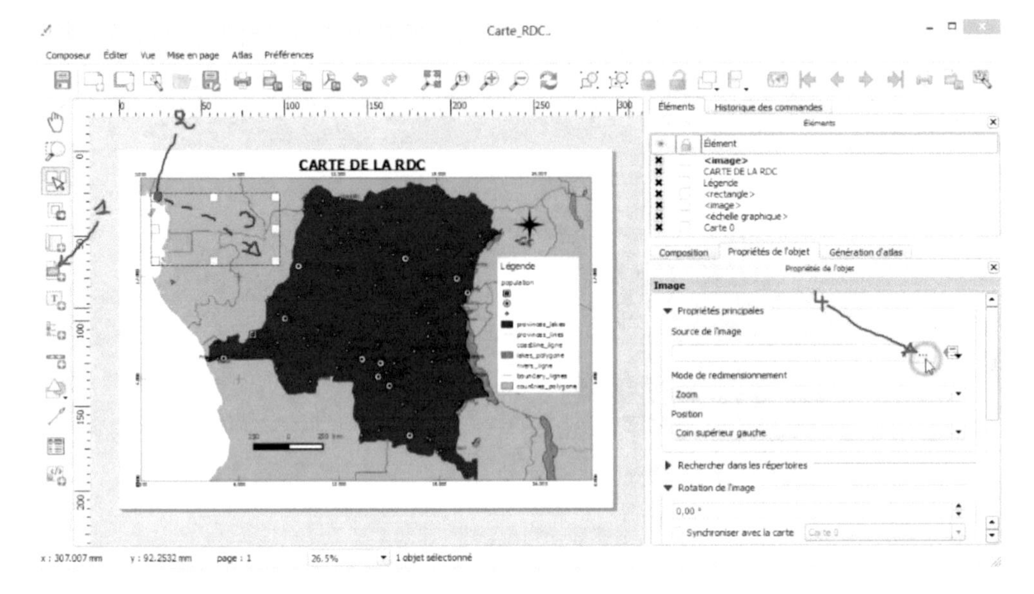

- Sélectionner l'image panoramique

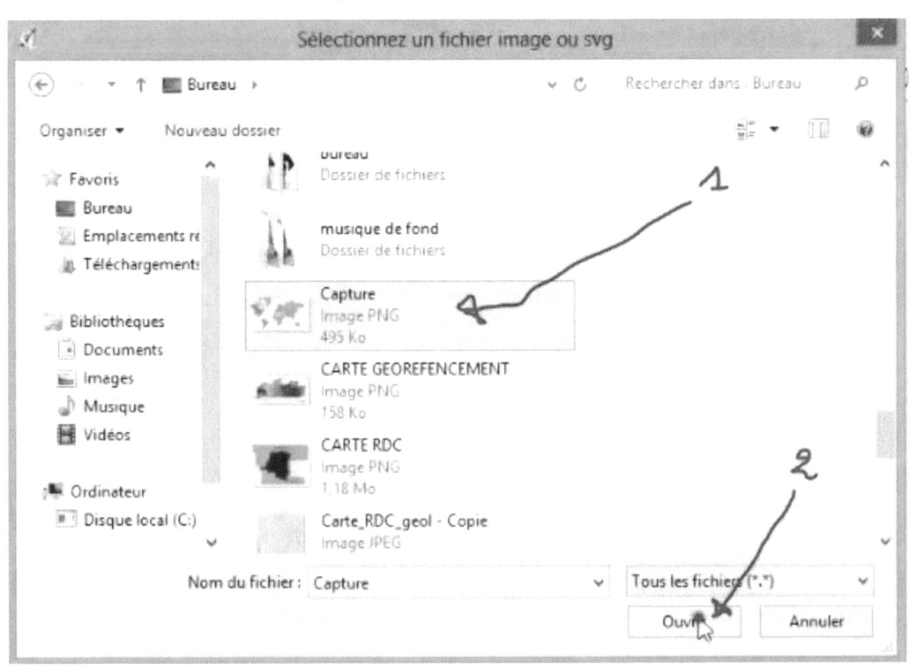

- Enregistrer la carte

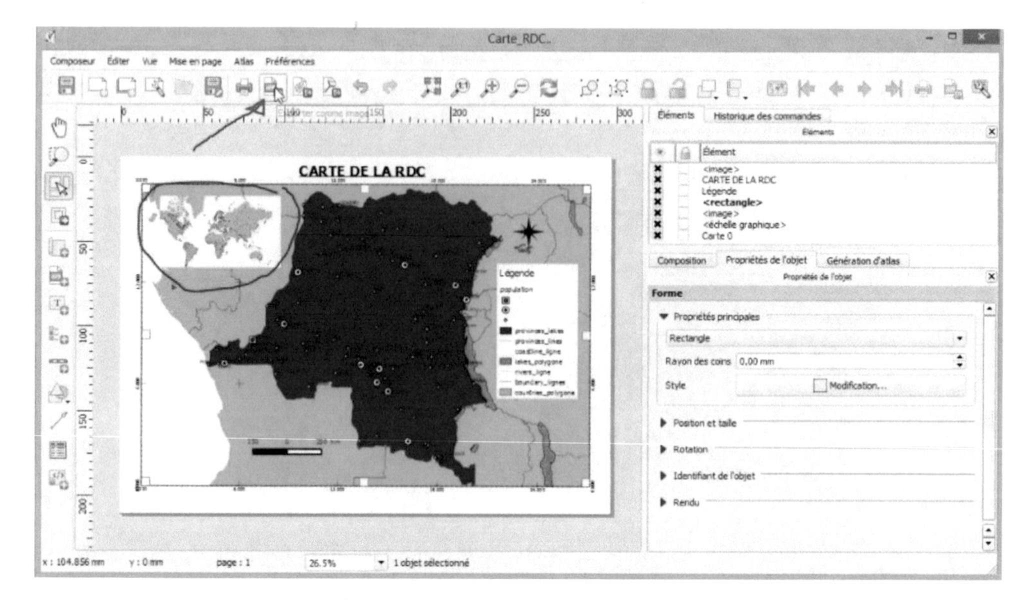

- Nommer votre carte

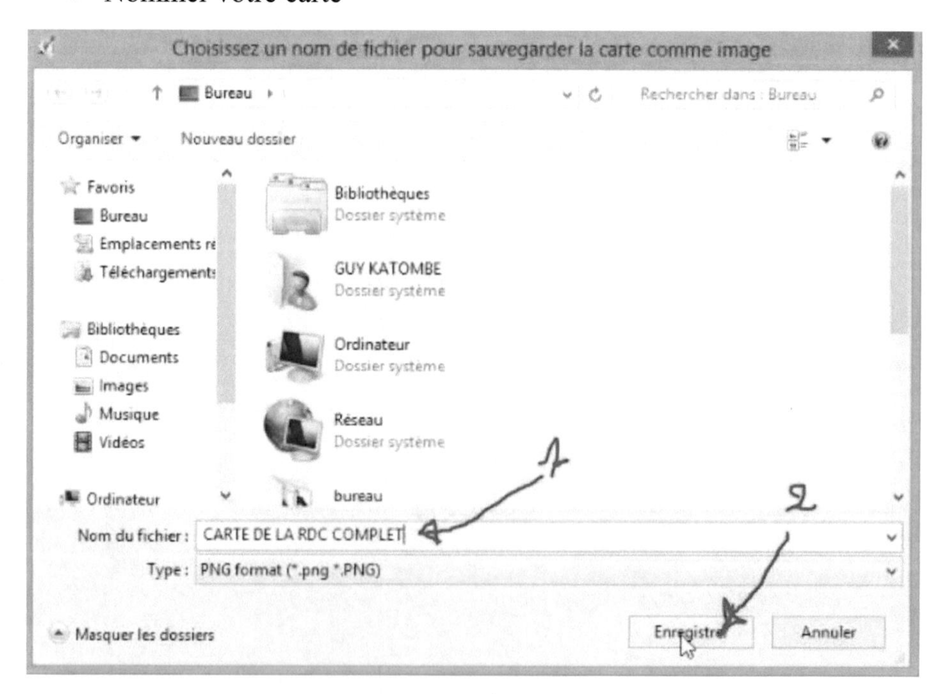

- Voici la carte sur bureau

- Voici le résultat

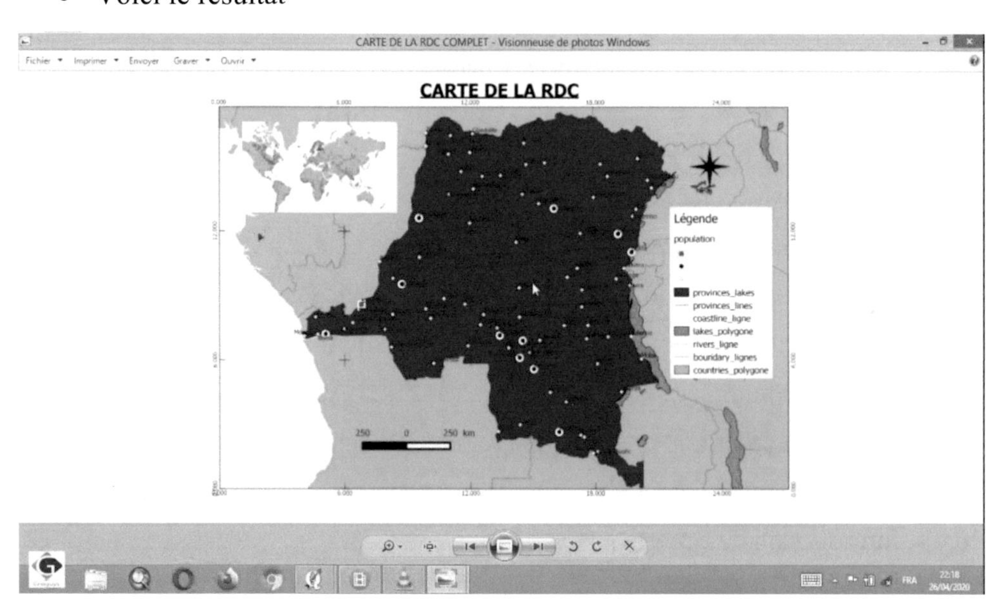

Table de Matière

Printed in France by Amazon
Brétigny-sur-Orge, FR